普通高等教育“十四五”规划教材

石油石化用材概论

鞠　虹　主　编
张大磊　李　焰　副主编

中国石化出版社
·北京·

内 容 提 要

本书以材料学科的内容为框架，结合石油石化领域从上游到下游所涉及的各个环节、设备以及选材用材，介绍了各类材料的基本规律、性能要求及发展趋势。本书共八章，系统介绍了石油石化基础材料概述、石油钻井设备用材、采油装备用材、油气储运用材、化工设备用材、热能设备用材、海洋石油装备及用材和油气田开发用新材料。

本书是一本系统介绍材料在石油石化领域中应用的教材，可供从事石油开发和材料研究的学生、科研和技术人员参考阅读。

图书在版编目(CIP)数据

石油石化用材概论 / 鞠虹主编 ; 张大磊，李焰副主编. -- 北京 : 中国石化出版社，2024. 12. -- ISBN 978-7-5114-7746-0

Ⅰ. TE65

中国国家版本馆 CIP 数据核字第 2024HC5334 号

未经本社书面授权，本书任何部分不得被复制、抄袭，或者以任何形式或任何方式传播。版权所有，侵权必究。

中国石化出版社出版发行
地址:北京市东城区安定门外大街 58 号
邮编:100011　电话:(010)57512500
发行部电话:(010)57512575
http://www.sinopec-press.com
E-mail:press@sinopec.com
北京科信印刷有限公司印刷
全国各地新华书店经销
*
710 毫米×1000 毫米 16 开本 19.25 印张 365 千字
2024 年 12 月第 1 版　2024 年 12 月第 1 次印刷
定价:58.00 元

前　　言

材料被认为是21世纪国民经济的三大支柱之一。材料是各行各业的基础，可以说没有先进的材料，就没有先进的石油开采技术。石油开采和加工应用材料种类繁多、用量巨大。其中，金属材料、水溶性高分子材料所占比例较大，近年来随着常规油气资源的减少，资源开发利用的难度越来越大，无机非金属材料和新型复合材料在石油开发中的作用也日益凸显。材料技术已成为石油能源进行有效开发和合理利用的物质基础和先导，学习和了解各种材料在石油开发中的应用显得尤为重要。

编者结合目前所从事的石油开发和材料科学的研究，针对石油石化领域中所涉及的设备、工艺和材料做了科学的分类研究。以材料学科的内容为框架，结合石油石化领域从上游到下游所涉及的各个环节、设备以及选材用材，重点强调了各类材料的基本规律、性能要求及发展趋势，编写力求语言简洁，内容充实，深度适中，实用性强。

本书的编著获得中国石油大学（华东）规划教材项目资助。本书是系统介绍材料在石油石化领域中应用的教材，对从事石油开发和材料研究的学生、科研和技术人员有较好的借鉴作用。

本书由中国石油大学（华东）从事材料科学科研和教学工作的鞠虹、张大磊和李焰三位老师编写。第1章石油石化基础材料概述、第2章石油钻井设备用材、第3章采油装备用材、第7章海洋石油装备及用材和第8章油气田开发用新材料由鞠虹编写，共约20.4万字；第4章油气储运用材、第5章化工设备用材由张大磊编写，共约11.1万字；第6章热能设备用材由李焰编写，共约 5 万字。本书在编写过程中，参考了大量的文献，在此对这些文献的作者表示衷心的感谢！另外，西安石油大学的朱世东老师对本书进行了校正，研究生李函芷、贾绪鹏、侯传军、韦一帆、赵松楠、韩富芳、金泓熹、何川、蒋涛、翟羽佳等参加了本书的文字校对、图形处理等工作，在此一并表示感谢！

本书由于涉及众多学科，不足之处敬请不吝指正。

编者

目　录

第1章　石油石化基础材料概述

在石油石化领域所涉及的各类相关材料中，金属、无机非金属和高分子材料是基础材料，是新材料发展的基础。因此，非常有必要学习和了解这些材料的品种、类型、性能和使用特点。

1.1　金属材料

1.1.1　常用金属材料

金属材料是最重要的工程材料，包括纯金属和合金。简单金属原子之间以金属键结合，过渡金属原子的结合键以金属键为主，也有部分共价键。由于金属键没有方向性，原子之间没有选择性，所以金属材料在受外力作用而相对运动时不会破坏金属键。以金属为主体的工程材料具有较高的弹性模量、硬度和强度、塑性、韧性，导电和导热性能优异。油气田钻采过程中需要大量金属材料，合理使用金属材料，正确认识和掌握金属材料基础知识，对充分发挥金属材料的作用很有实际意义。

1.1.1.1　钢铁

由于钢铁材料价格低廉、便于冶炼、容易加工、性能各异，能满足很多生产及应用方面的要求，因此钢铁材料成为使用最广、用量最大的金属材料，在现代工业、农业、科研、国防等行业均占有极其重要的地位。据统计，机械产品中钢铁材料占95%。

1)分类和编号

(1)分类

按用途分类是我国主要的钢材分类方法，根据用途一般将钢材分为三类：结构钢、工具钢和特殊性能钢。

按化学成分，可将钢材分为碳素钢和合金钢两大类。碳素钢又分为低碳钢、中碳钢、高碳钢；合金钢可分为低合金钢、中合金钢、高合金钢。

根据室温时的显微组织或平衡状态下的显微组织，可将钢材分为：亚共析钢、共析钢、过共析钢和莱氏体钢；或珠光体钢、贝氏体钢、马氏体钢、奥氏体钢、铁素体钢、复相钢。

按钢中P、S含量不同，可将钢材分为普通钢、优质钢、高级优质钢。

(2)编号

我国钢的编号，由三大部分组成：化学元素符号、汉语拼音字母和阿拉伯数字。其化学元素符号表示钢中所含的合金元素种类；汉语拼音字母用来对钢的种类、性质、特点、要求等内容加以说明；阿拉伯数字用来表示合金元素的含量或钢性能的数值。

①普通碳素结构钢。普通碳素结构钢牌号由Q、屈服强度数值、质量等级符号(分A、B、C、D四级)和脱氧方法(F、B、T、TZ)等四部分按顺序组成。

②优质碳素结构钢。优质碳素结构钢牌号用两位数字表示，这两位数字表示钢中的平均含碳量的万分数。如45钢表示平均含碳量为0.45%。如果是高级优质钢，则在牌号后面加“A”表示。

③碳素工具钢。碳素工具钢的编号是在T的后面附以数字来表示，数字代表钢中平均碳的质量分数，以0.1%为单位。例如，T12表示平均碳的质量分数$W_c=1.2\%$的碳素工具钢。

④合金结构钢。合金结构钢的牌号采用“二位数字加元素符号加数字”表示。前面两位数字表示钢的平均碳含量的万分数，元素符号表示钢中所含的合金元素，而后面数字表示该元素平均含量的质量百分数。

⑤合金工具钢。合金工具钢的牌号表示方法与合金结构钢相似，其区别在于用一位数字表示平均碳(C)含量的千分数。

2)碳素钢

碳素钢有结构钢和工具钢之分。结构钢是制造一般机械零件和工程结构所用的钢；工具钢主要用于制造刃具、量具和模具等。

(1)普通碳素结构钢

普通碳素结构钢对化学成分要求不甚严格，钢的磷、硫含量较高(P≤0.045%，S≤0.0055%)，但必须保证其力学性能。常用普通碳素结构钢的牌号有Q195、Q215、Q235等。

(2)优质碳素结构钢

优质碳素结构钢既要保证其力学性能，又要保证其化学成分，钢中的磷、硫含量较低(P、S含量均不大于0.035%)。使用前一般都要进行热处理。常用优质碳素结构钢的牌号有35、40、45等。

(3)碳素工具钢

碳素工具钢的含碳量一般在0.65%～1.35%，可分为优质碳素工具钢和高级优质碳素工具钢两类，随着碳含量的增加(从T7到T13)，钢的硬度无明显变化，但耐磨性增加、韧性下降。

碳素工具钢的优点是成本低、冷热加工工艺性好，在手用工具和机用低速切削工具上有较广泛的应用。常用碳素工具钢的牌号有T10、T10A、T9、T12等。

3)合金钢

合金钢是为改善碳素钢的某些性能而加入一种或几种合金元素形成的钢。可以分成合金结构钢、合金工具钢和特殊性能钢。

(1)合金结构钢

合金结构钢在低碳钢的基础上加入少量合金元素而得到，具有较高强度的合金钢。主要分为两种：一种是普通低合金结构钢，另一种是机器结构钢。合金结构钢具有强度高的性能特点，用此类钢可提高构件的可靠性，并能减轻重量，节约钢材。主要用于制造桥梁、船舶、车辆、锅炉、高压容器、输油输气管道、大型钢结构等。常用合金结构钢的牌号有16Mn、20Cr、20CrMnMo、40Cr、35CrMo等。

(2)合金工具钢

合金工具钢是在碳素工具钢的基础上，加入合金元素(Si、Mn、Cr、V等)制成的。由于合金元素的加入，提高了材料的热硬性、耐磨性，并改善了材料的热处理性能。合金工具钢常用来制造各种切削刃具、模具、量具和其他耐磨工具。因而对应地也就有刃具钢、模具钢、量具钢之分。其性能、化学成分和组织状态也不同。常用合金工具钢的牌号有9SiCr、W18Cr4V、Cr12MoV、5CrMnMo等。

(3)特殊性能钢

凡具有特殊的物理、化学性能的钢，称为特殊性能钢。特殊性能钢的种类很多，比较重要的有不锈钢、耐热钢和耐磨钢。

①不锈钢。不锈钢是指在腐蚀性介质中具有高度化学稳定性的合金钢。能在酸、碱、盐等腐蚀性较强的介质中使用的钢，又称为耐蚀钢，或称耐酸钢。耐蚀钢一般都具有良好的抗大气腐蚀性能。按组织不同，不锈钢可分为马氏体型不锈钢、铁素体型不锈钢、奥氏体型不锈钢和双相不锈钢。常见不锈钢的牌号有1Cr13、2Cr13、1Cr18Ni9Ti、1Cr21Ni5Ti等。

②耐热钢。耐热钢是指在高温下具有高的热化学稳定性和热强性的特殊钢。热化学稳定性是钢在高温下对各类介质化学腐蚀的抗力；热强性是钢在高温下具有较高强度的性能。

为了提高钢的抗氧化性，加入 Cr、Si 和 Al 等合金元素，在钢的表面形成完整稳定的氧化物保护膜；但 Si 和 Al 含量较多时易使钢材变脆，所以一般以加 Cr 为主。为了提高钢的热强性，加入 Ti、Nb、V、W、Mo、Ni 等合金元素。

耐热钢按组织不同可分为奥氏体型耐热钢、珠光体型耐热钢、马氏体型耐热钢。常用耐热钢的牌号有 1Cr13Mo、1Cr13、Cr11MoV、4Cr9Si2 等。

③耐磨钢。耐磨钢主要用于承受严重磨损和强烈冲击的零件，如车辆盟带板、挖掘机铲斗、破碎机颚板和铁轨分道岔、防弹板等。对耐磨钢的主要要求是有很高的耐磨性和韧性。高锰钢一般含有较高的碳(1.0% ~1.3%)和锰(11% ~14%)，还含有一定量的硅以改善钢的流动性。其牌号主要有 ZGMn13 - 1 ~ ZGMn13 - 5。

1.1.1.2 有色金属合金

除钢铁以外的金属材料称为有色金属。人们把密度低于 $4.5\times10^3kg/m^3$ 的金属称为轻金属。目前，全世界金属材料的总产量为 8×10^8t，其中有色金属占 5% 。习惯上把有色金属分为以下几大类：

有色轻金属，如镁、铝等；

有色重金属，如铜、锌、铅、锡等；

稀有金属，如钛、钨、钒、钼、锆等；

贵金属，如金、银、铂、铑等；

放射性金属，如铀、镭、钍、钋等。

有色金属种类繁多，性质千差万别，用途极其广泛。随着航空、航海、石油化工以及空间技术的发展，轻金属铝和钛在工业上越来越占有重要的地位。

1)铝及铝合金

铝及铝合金具有比强度高、塑性优良、导电、导热性能优异等特点，同时还具有良好的加工性能和耐蚀性，在航天、航空、电气、石油、化工、运输等领域都有应用。

纯铝为银白色，密度为 $2.7\times10^3kg/m^3$，熔点为 660℃，沸点为 2327℃，强度、硬度较低，塑性较好，导电性和导热性好。将合金元素加入纯铝中可以获得一系列铝合金。这些合金元素加入后，通过固溶或析出形成不同的相，分布在铝的基体内，可以不同程度地影响铝的物理性能、力学性能、加工性能及耐腐蚀性能。铝合金的种类很多，根据铝合金的工艺性能可分为铸造铝合金和变形铝合金。铸造铝合金主要包括硅铝合金、镁铝合金、铝铜合金等；变形铝合金主要有铝锰(镁)合金、铝铜镁合金等。

在油气钻采中，铝合金占有重要地位。如用于石油天然集输管线的铝合金管是挤压无缝管，铝合金有1A70A、3A21、6061、6063等；在石油天然气钻探过程中制作钻探器，如美国生产的2014铝合金钻探器等。

2）钛及钛合金

钛习惯上被归为稀有金属，但实际上其储量极为丰富，仅次于铝、铁和镁，位居金属中第四位。钛及钛合金具有重量轻、强度高、耐高温、耐腐蚀及良好的低温韧性等优点，因而在航天、航空、石油、化工等方面获得了广泛的应用。

纯钛为银白色，密度为$4.5\times10^3kg/m^3$，熔点为1668℃，强度不高，高塑性，耐蚀性和耐热性较好。钛合金按微观结构可分为三类：α钛合金、$\alpha+\beta$钛合金和β钛合金。α钛合金具有高温性能好，在300～550℃具有优良的高温强度和抗氧化性、组织稳定等特点，可用于制造管道、高压容器等，如Ti－5A－2.5Sn。$\alpha+\beta$钛合金在常温时强度高，高温（>500℃）强度较低，焊接性能差，可用于制造叶片、容器等。β钛合金其特点是塑性好，但性能不稳定，高温强度和抗氧化性能较差，常用作飞机结构件和紧固件。

3）铜及铜合金

铜及铜合金的性能特点是具有高度导热性、导电性、抗蚀性，中等强度且塑性很高，工艺性能良好，铜及铜合金可分为四大类：紫铜、黄铜、青铜和白铜。按加工状态可分为铸造铜合金和加工铜合金。

纯铜呈紫红色，密度为$8.9\times10^3kg/m^3$，熔点为1083℃，强度低，硬度低，塑性好，导电性能和导热性能好，主要用作导电、导热及抗腐蚀器材。

黄铜是以锌为主要合金元素的铜合金，具有优良的机械性能，易于加工成型，对大气有优异的抗腐蚀性能，黄铜可分为普通黄铜和特殊黄铜。特殊黄铜可用于制作油气田中常用的石油管材。

青铜是指以锡、铅等为主要合金元素的铜合金，有锡青铜、铅青铜、硅青铜、铍青铜等。青铜常用于耐磨、耐腐蚀的器材。

白铜是以镍为主要合金元素的铜合金，具有优异的耐腐蚀性能，可用作蒸发器、凝汽器等腐蚀环境中的器件。

4）镁及镁合金

镁是现代工业合金中密度最小、力学性能较低，应用范围受到很大限制的金属元素。纯镁的耐蚀性能很差，但加入一些合金元素制成镁合金，通过制造工艺加以控制，获得的系列镁合金可以大大改善镁合金的耐蚀性能。虽然镁合金的强度、弹性模量比铝合金、合金钢低，但其比强度明显高于铝合金和钢，比刚度则与铝合金和钢大致相同，而且镁合金还具有优良切削加工性能和散热快、抗电磁干扰能力强等特性，使镁合金在飞机、导弹、军工中得到广泛的应用。

镁合金可分为铸造镁合金和变形镁合金两大类。铸造镁合金适用于铸造工艺，用于生产各种铸件，如砂型铸件、蜡模铸件、压铸件等；变形镁合金适用于变形加工工艺，用于生产各类加工材，如板、棒、线、型、管等。

1.1.2 金属材料的性能

在油气田钻采过程中选用材料时，必须考虑材料本身的性能是否能够满足使用要求。金属材料的性能用来表征材料在给定外界条件下的行为参量，一般分为使用性能和工艺性能两类。使用性能是指材料在使用过程中所表现的性能，包括力学性能、物理性能和化学性能。工艺性能是指材料在加工过程中所表现的性能，包括铸造、锻造、焊接、热处理和切削性能等。

1.1.2.1 金属材料的力学性能

金属材料在加工和使用时会受到外力作用，金属材料受外力后所表现的行为规律：首先，发生弹性变形；其次，发生弹塑性变形；最后，裂纹形成与扩展，直至断裂。金属材料在外力的作用下抵抗外力所表现的性能称为力学性能。衡量金属材料的力学性能常用的指标有强度与塑性、硬度和韧性、疲劳等。

1)强度与塑性

测定金属材料力学性能最基本的方法是静态拉伸试验，它可以测定弹性、强度、塑性等许多重要力学性能。按 GB/T 228.1—2021 规定，将标准拉伸试样安装在材料拉伸试验机上，沿两端缓慢施力，进行轴向拉伸，使之变形直至断裂，便可以得到连续载荷 F 和相应伸长量 ΔL 的相互关系。以伸长量 ΔL 为横坐标，载荷 F 为纵坐标，表示载荷 F - 伸长量 ΔL 关系的曲线，称为拉伸曲线。经过处理，可以得到表示试样所受应力 R(试样单位原始横截面积上的力)与发生的应变 ε(试样原始标距的伸长与原始标距之比的百分率)之间关系的曲线，称为应力 R - 应变 ε 曲线。

(1)强度

材料在外力作用下抵抗永久变形和破坏的能力称为强度，是表征金属材料抵抗塑性或断裂的物理性能。根据施加载荷的不同分为屈服强度、抗拉强度、抗压强度、抗弯强度、抗剪强度和抗扭强度等。其中常用的是屈服强度和抗拉强度指标。

①屈服强度。屈服强度反映材料抵抗塑性变形的能力，材料开始产生明显塑性变形时的应力称为屈服强度，也称屈服极限。用 R_{el} 表示，即

$$R_{el} = F_{el} / S_0 \tag{1-1}$$

式中　F_{el}——材料在屈服点的拉力，N；

S_0——试样截面积，mm^2。

低碳钢、中碳钢、铜、铝等少数金属具有明显的屈服现象，但大多数金属材料没有明显的屈服现象，因此工程上规定，把试样产生的塑性变形量为标距长度的0.2%时所对应的应力值定为该材料的条件屈服强度，用$R_{0.2}$表示。

②抗拉强度。抗拉强度反映材料抵抗断裂破坏的能力，材料在受拉时所能承受的最大应力称为抗拉强度，以R_m表示，即

$$R_m = F_m / S_0 \tag{1-2}$$

式中　F_m——试样拉断前的最大外力，N。

(2)塑性

塑性是金属的一个重要特征，是指材料受力破坏前发生不可逆永久变形的能力。塑性变形不仅改变金属的外形和尺寸，而且还引起其组织和性能的变化，常用断后伸长率和断面收缩率表示。

①断后伸长率。试样拉断后，标距段的残余伸长与原始标距之比的百分率称为断后伸长率，用A表示。

$$A = \frac{(L_H - L_0)}{L_0} \times 100\% \tag{1-3}$$

式中　L_0——试样初始标距，mm；

L_H——试样拉断后标距段长度，mm。

②断面收缩率。试样拉断后，缩颈处截面积的减少值与原始横截面积之比的百分率称断面收缩率，用Z表示。

$$Z = \frac{(S_0 - S_H)}{S_0} \times 100\% \tag{1-4}$$

式中　S_0——试样原始横截面积，mm^2；

S_H——试样拉断处的最小横截面积，mm^2。

断后伸长率A和断面收缩率Z越大，材料的塑性越好；但对材料塑性要求有一定限度，并不是越大越好，否则会限制材料强度使用水平的提高，不能发挥材料强度的潜力。

2)硬度

材料抵抗局部变形，特别是塑性变形、压痕或划痕的能力称为硬度。硬度是衡量材料软硬的判据。测量硬度的方法和条件不同，测量的硬度值则具有不同的含义，其数据也不相同，一般不能进行比较。

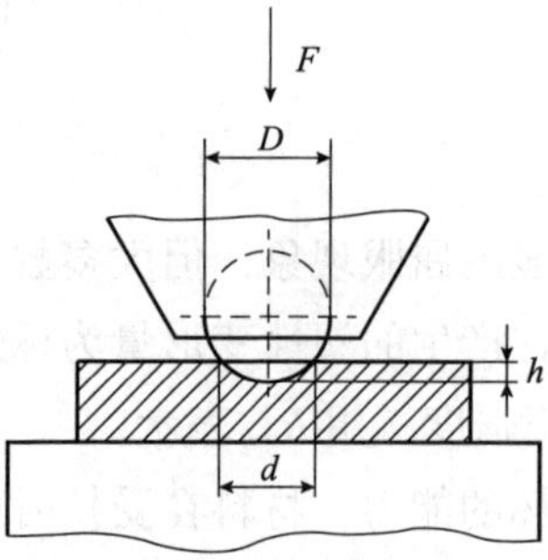

图1－1　布氏硬度试验原理示意图

(1)布氏硬度

布氏硬度试验原理示意图如图1－1所示。把规定直径 D 的淬火钢球或硬质合金球以一定的压力 F 压入材料表面，保持规定时间后卸除载荷，所施加的载荷与压痕表面积的比值即为布氏硬度(HB)。通常测量表面压痕直径 d，用式(1－5)计算硬度：

$$HB = \frac{F}{S} = 0.102\frac{2F}{\pi D(D - \sqrt{D^2 - d^2})} \tag{1-5}$$

式中　F——实验力，N；

S——压痕表面积，mm^2；

D——球体直径，mm；

d——压痕平均直径，mm。

另外，可以根据测量 d 值，查表得出 HB 值。

布氏硬度的优点是测量误差小，数据稳定；缺点是压痕大，不宜测量成品及薄壁件，主要用于测定铸铁、有色金属以及经退火、正火或调质处理的材料的硬度。

(2)洛氏硬度

洛氏硬度试验原理示意图如图1－2所示。用顶角为120°金刚石圆锥体或直径为1.588mm的淬火钢球作为压头，先施加初始载荷力 F_0(1线为压头受初始力 F_0后压入的位置)，再加上主载荷力 F_1，此时载荷力为 $F = F_0 + F_1$(2线为加上主试验力 F_1后压入的位置)，压入试样表面，保持一定时间，卸除主载荷 F_1仍保持初始载荷 F_0，试样弹性变形的恢复使压头升至3的位置。

为了适应习惯上数值越大硬度越高的概念，故用一个常数 K(金刚石压头 $K=0.2$，钢球压头 $K=0.26$)减去压痕深度 h 表示硬度值，并规定每0.002mm为一个硬度单位，用符号 HR 表示，并用式(1－6)计算：

$$HR = \frac{K - h}{0.002} \tag{1-6}$$

实际测量材料的洛氏硬度时，在卸除主载荷 F_1后，可直接在硬度计表盘上读出，无须用公式计算。

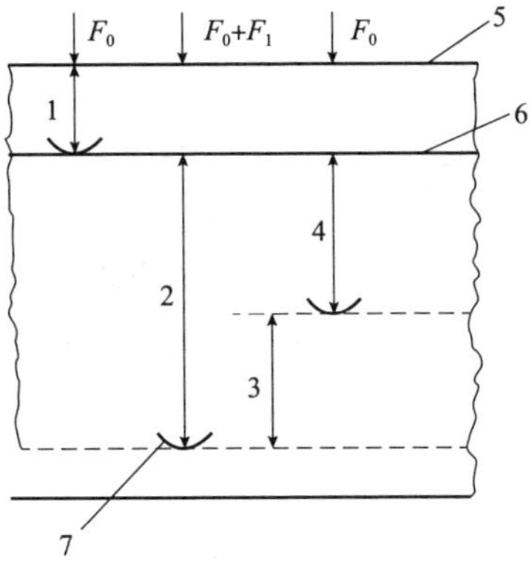

图1－2　洛氏硬度试验原理示意图

1—在初试验力 F_0 下的压入深度；2—由主试验力 F_1 引起的压入深度；
3—卸除主试验力 F_1 后的弹性恢复深度；4—残余压入深度；5—试样表面；6—测量准面；7—压头位置

根据压头与载荷不同，组合成不同洛氏硬度标尺。我国常用有 HRA、HRB、HRC，其试验条件(GB/T 230.1—2018)及应用范围见表1－1。

表1－1　洛氏硬度试验条件及应用范围

硬度符号	压头类型	总试验力 F/N	硬度值有效范围	应用举例
HRA	120°金刚石圆锥体	588.4	20～95HRA	硬质合金、渗碳层
HRB	ϕ1.5875mm 钢球	980.7	10～100HRB	非铁金属、退火等
HRC	120°金刚石圆锥体	1471.1	20～70HRC	淬火钢、调质钢等

洛氏硬度的优点是测量范围大，操作简便，压痕小；可测量成品、较薄的工件。缺点是因为压痕小，对组织不均匀的材料，硬度值波动较大，需要测量多点，取平均值。

(3)维氏硬度

维氏硬度试验原理与布氏硬度试验原理相同。它是利用顶角136°的金刚石四棱锥体作为压头，在一定的载荷 F 作用下压入试样表面，经规定的保持时间后卸载载荷，在试样表面形成底面为正方形的四方形锥形压痕，测量压痕两对角线的平均长度 d。根据 d 算出压痕的表面积 S，以 F/S 作为维氏硬度值，用式(1－7)计算：

$$HV = 0.1891F/d^2 \qquad (1-7)$$

实际使用中，可以直接以硬度计读出对角线长度 d，或者调出其对角线平均长度，再通过查表法求出相应的硬度值。

3)冲击韧性

材料在冲击载荷作用下抵抗变形和断裂的能力称为冲击韧性。冲击韧性能灵

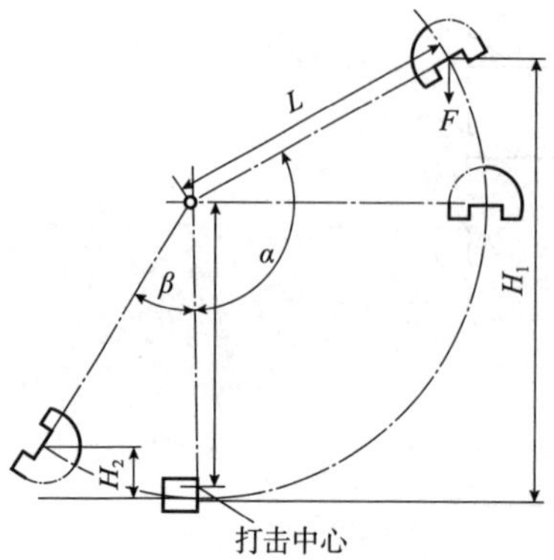

图 1-3　冲击试验示意图

敏地反映材料品质、宏观缺陷和显微组织方面的微小变化，可通过冲击试验来测得冲击功，原理如图 1-3。

将欲测量的材料加工成标准缺口试样，然后安放在试验机支座上，使试样缺口背向摆锤冲击方向。将具有一定重量 F 的摆锤举至一定高度 H_1，使具有势能(F_1)，然后放下摆锤冲击试样，试样断裂后，摆锤经过支承点顺势升至高度 H_2。摆锤冲击试样所做的功称为冲击吸收功，用 A_k 表示，单位为 J，其大小为

$$A_k = FH_1 - FH_2 \tag{1-8}$$

一般可用冲断试样所需的能量除以试样的横截面积来表示材料的抗冲击能力，称为冲击韧性，用 α_k 表示，单位为 J/m^2。

$$\alpha_k = \frac{A_k}{S} \tag{1-9}$$

式中　S——试样缺口处截面积，m^2。

材料的冲击吸收功 A_k 越大、冲击韧性值 α_k 就越大，其韧性越好。试验表明，金属材料在受到能量很大、冲击次数很少的冲击载荷作用下，其抗冲击能力主要取决于冲击功。因此，对承受冲击载荷的零件，要求具有一定的冲击功，以保证零件安全使用。金属材料在多次小能量冲击下，其多次冲击抗力主要取决于材料的强度和塑性。

4)断裂韧性

许多机械产品在假定材料是均匀、连续、各向同性的条件下进行设计，确定结构材料的许用应力范围。一般认为，机械产品在许用应力以下工作就不会发生断裂；然而在实际应用中，高强度材料的机械零件有时会在工作应力远远低于屈服强度的状态下发生低应力脆性断裂。大量断裂事例表明，低应力脆性断裂是由于宏观裂纹的存在，但裂纹的存在是很难避免的。因此断裂力学认为，在应力的作用下，裂纹将发生扩展，一旦扩展失稳，便会发生低应力脆性断裂。

实际材料内部存在大量缺陷，在缺陷的尖端处出现应力集中，形成一个裂纹尖端的应力场。根据断裂力学对裂纹尖端应力场的分析，裂纹前端附近应力场的强弱主要取决于应力场强度因子 K_1，单位为 MPa · m$^{1/2}$。

$$K_1 = Y\sigma\sqrt{\alpha} \tag{1-10}$$

式中　Y——裂纹形状系数，无量纲，一般 $Y=1\sim2$；

σ——外加拉应力，MPa；

α——裂纹长度的一半，m。

由式(1－10)可知，一个有裂纹的试样上的应力 σ 逐渐加大，或者裂纹逐渐扩展时，裂纹尖端的应力场强度因子 K_1 也随之逐渐增大。当增至某一临界值时，试样中的裂纹将产生突然的失稳扩展，导致脆性断裂。这个应力场强度因子 K_1 的临界值就称为材料的断裂韧性，用符号 K_{1C} 表示。

K_{1C} 断裂韧性是材料固有的力学性质指标，是强度和韧性的综合体现，反映材料抵抗裂纹失稳扩展或者抵抗脆性断裂的能力，是评定材料阻止宏观裂纹失稳扩展能力的重要机械性能指标。当 $K_1<K_{1C}$ 时，裂纹扩展很慢或者没有扩展；当 $K_1>K_{1C}$ 时，则材料发生失稳脆断。

5)疲劳

在交变应力应变作用下，会使材料在小于抗拉强度，甚至小于屈服强度的情况下突然断裂，这种现象称为金属的疲劳。疲劳是材料、构件和机械最常见的失效方式，占构件全部失效的50%～90%。疲劳断裂经常是突然发生的，具有很大的危险性，容易造成重大事故。

当金属材料在无限次重复交变载荷作用下，而不破坏的最大应力，称为疲劳强度。金属材料疲劳强度的测定通常在旋转对称弯曲疲劳试验机上进行。通过疲劳试验，可以测定材料所受交变应力 σ 与断裂前应力循环次数 N 的关系曲线，称为疲劳曲线。如图1－4所示。

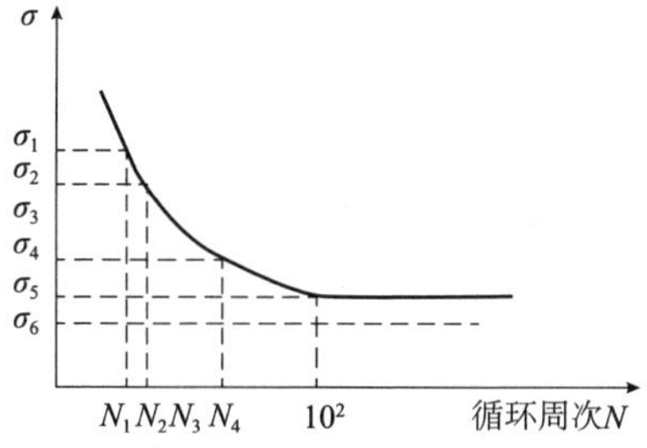

(a)有水平线段

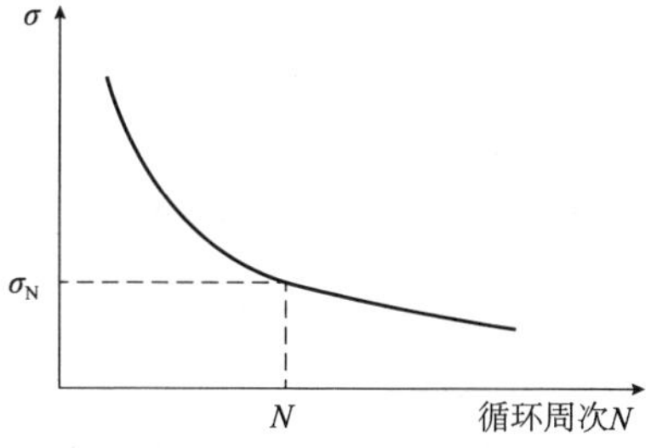

(b)无水平线段

图1－4　疲劳曲线

由疲劳曲线可以看出：交变应力 σ 越大，断裂前的循环次数越少；反之，σ 越小，则 N 越大。当应力低于某值时，曲线呈水平直线，即材料经受无数次循环也不会发生疲劳断裂，此应力称为材料的疲劳极限，以 σ_{-1} 表示。

钢铁材料的疲劳曲线有明显的水平部分，规定循环达到 10^7 次的最大应力作为疲劳强度；其他金属不出现水平直线，则规定循环次数达到10^8次对应的应力作为疲劳强度。

材料的σ_{-1}与材料的抗拉强度R_m密切相关，$\sigma_{-1}=(0.45\sim0.55)R_m$，随$R_m$增大而增大。$\sigma_{-1}$还与材料的塑性有关。

1.1.2.2 金属材料的物理性能

材料的物理性能是指材料的密度、熔点、热膨胀性、导热性、导电性和磁性等性能，它们都是材料固有的属性。

1)密度

材料的密度是材料的基本性能指标。密度是指在同一温度下物质单位体积的质量，常用符号ρ表示。与水的密度(1×10^3kg/m^3)之比称为相对密度。除了少数轻金属外大多数金属具有较高的密度，一般将密度小于5×10^3kg/m^{3}的金属称为轻金属(如铝、钛等)，密度大于5×10^3kg/m^{3}的金属称为重金属(如铜、铁等)。材料的抗拉伸强度与密度之比称为比强度；弹性模量E与相对密度之比称为比弹性模量。有些情况下，比弹性模量和比强度是材料的重要性能指标。

2)熔点

熔点是指材料的熔化温度。纯金属都有固定的熔点，即熔化过程在恒定的温度下进行，合金的熔化过程则是在一个温度范围内进行。金属的熔点对于材料的成型和处理工艺十分重要。

我们把熔点高的金属称为难熔金属(W、Mo等)，常用来生产在火箭、导弹、燃气轮机等方面应用的高温零件；熔点低的金属称为易熔金属(Sn、Pb等)，常用来制造保险丝和防火安全阀等零件。

3)热膨胀性

热膨胀性指材料由温度的变化而导致体积变化的现象。通常用线膨胀系数α表示，对精密仪器或精密机械的零件，特别是高精度配合零件，热膨胀系数是尤为重要的性能参数。

一般情况下，陶瓷材料的热膨胀系数较低，金属次之，而高分子材料最大，工程上有时也利用不同材料的膨胀系数的差异制造控制元件，如电热式仪表的双金属片。

4)导热性

材料传导热量的能力称作导热性，一般用导热系数λ[W/(m·k)]表示。材料的导热系数越大，导热性能越好。一般来说，金属越纯，其导热性越好，在金属中即使含有少量杂质，也会显著地影响它的导热能力。因此，合金钢的导热性一般都比碳钢的导热性低，而且在钢中合金元素越多时，导热性能也就越差。

导热性对热加工有十分重要的意义。金属材料在加热和冷却过程中，表面和中心，薄壁和厚壁之间会产生一定的温差，导致零件不同部分产生不同的膨胀或收缩，从而产生内应力，引起变形和破坏。所以在生产过程中，对导热性差的金属材料通常采用预热或缓慢加热和缓慢冷却等措施，以防零件的变形和开裂。

5)导电性

材料传导电流的能力称为导电性，用电导率γ(S/m)表示。导电性的高低用电阻率表示，电阻率小，导电性高。导电性最高的金属是银，其次是铜和铝，与纯金属相比，合金的导电性稍差。

6)磁性

材料导磁的能力或被磁化的能力称为磁性，用磁导率μ(H/m)表示。根据金属在磁场中磁化程度的不同，可分为铁磁性材料、顺磁性材料、抗磁性材料。铁磁性材料在外磁场中能强烈地被磁化，具有较高的磁性，如铁、钴、镍；顺磁性材料(Mn、Cr等)在外磁场中只能微弱地被磁化；抗磁性材料(Cu、Zn等)抵抗外部磁场对材料本身的磁化作用。

铁磁性材料可用于制造变压器、电动机、测量仪器等。抗磁性材料则可用于制造要求避免电磁场干扰的零件和结构。铁磁性材料的磁性也不是固定不变的，在升高到一定温度时，磁畴被破坏，变为顺磁性材料，如当温度大于770℃时，纯铁的磁性就消失了。

1.1.2.3 金属材料的化学性能

化学性能是指金属在室温或高温时抵抗各种介质化学侵蚀的能力，主要化学性能有耐腐蚀性、抗氧化性等。

1)耐腐蚀性

材料受环境介质的化学、电化学和物理作用引起的变质或破坏现象叫作材料的腐蚀，而材料在使用工艺条件下抵抗腐蚀介质侵蚀的能力称为材料的耐腐蚀性能。材料被腐蚀后，其质量、厚度、力学性能，组织结构及电极过程等都可能发生变化，其变化的程度可以用来衡量材料的耐腐蚀性能。

材料的腐蚀按其作用性质分为物理腐蚀、化学腐蚀和电化学腐蚀；按发生腐蚀过程的环境和条件可分为高温腐蚀、大气腐蚀和溶剂腐蚀等；按腐蚀形态可分为全面腐蚀和局部腐蚀。因为金属是导体，腐蚀行为多数发生在金属表面，大都可用电化学过程来说明。材料的耐腐蚀性能常常使用腐蚀速率来衡量，对于全面腐蚀，通常采用质量指标和深度指标来表示腐蚀速率。

质量指标腐蚀速率：

$$v_w = \frac{|W_0 - W_1|}{A \times t} \tag{1-11}$$

式中 v_w——质量指标腐蚀速率，$g/(m^2 \cdot h)$；

W_0——材料的初始质量，g；

W_1——消除腐蚀产物后材料的质量，g；

A——材料与腐蚀介质接触的面积，m^2；

t——腐蚀作用时间，h。

深度指标腐蚀速率：

$$v_d = 8.76 \frac{v_w}{\rho} \tag{1-12}$$

式中 v_d——深度指标腐蚀速率，mm/a；

v_w——质量指标腐蚀速率，$g/(m^2 \cdot h)$；

ρ——材料密度，g/cm^3。

工程上按腐蚀深度十级标准和三级标准评定金属的耐腐蚀性能（表1－2、表1－3）。

表1－2 均匀腐蚀十级标准

耐蚀性评定	耐蚀等级	腐蚀深度/(mm/a)	耐蚀性评定	耐蚀等级	腐蚀深度/(mm/a)
完全腐蚀	1	<0.001	尚耐蚀	6	0.1～0.5
				7	0.5～1.0
很耐蚀	2	0.001～0.005	欠耐蚀	8	1.0～5.0
	3	0.005～0.01		9	5.0～10.0
耐蚀	4	0.01～0.05	不耐蚀	10	>10.0
	5	0.05～0.1			

表1－3 均匀腐蚀三级标准

耐蚀性评定	耐蚀等级	腐蚀深度/(mm/a)
耐蚀	1	<0.1
可用	2	≥0.1～1.0
不可用	3	>1.0

2）抗氧化性

金属氧化是指金属在一定温度条件下与环境介质 O_2（还有S、Cl_2、N_2、C等）发生化学反应而引起材料损耗的不可逆腐蚀过程。金属材料在高温下抵抗氧化的能力称为抗氧化性。暴露在环境介质中的金属材料一般会发生外氧化或内氧化。金属氧化时，氧化膜一旦生成，即在金属表面形成了一个气体－氧化膜－金属体系，可能造成氧化、脱碳等缺陷，因此要求材料具有一定的抗氧化性。

1.1.2.4　金属材料的工艺性能

金属材料由原材料到零件的制造过程中，主要有铸造、锻造、机械加工、热处理、焊接等工艺。金属材料的工艺性能是指在零件的生产制造过程中，为了能顺利地进行成型加工。材料应具备的适应某种加工工艺的能力。它是决定材料能否进行加工或如何进行加工的重要因素，会直接影响零件的制造方法、质量和制造成本。材料的加工工艺性能指在保证加工质量的前提下加工过程的难易程度，一般指铸造性能、锻造性能、焊接性能、切削性能。

1)铸造性能

铸造是将液体金属浇注到与零件形状相适应的铸型空腔中，待其凝固后，以获得零件或毛坯的方法。所谓铸造性能是指浇注铸件时，液体金属能充满比较复杂的铸型并获得优质铸件的性能。其中包括流动性、收缩性、偏析等。流动性好、不易产生裂纹、偏析小等是铸造性能好的标志。

2)锻造性能

金属的锻造性能是指金属在塑性变形时获得优质零件的难易程度。可塑性变形的温度范围宽、变形抗力小是可锻性好的标志。锻造不仅可使组织更加均匀、致密，也可初步形成与最终形状基本接近的毛坯。

3)焊接性能

焊接是通过适当的加热或加压，使相互分离的物体产生原子或分子间的结合，从而连接的方法。焊接性能是判断材料是否易于焊到一起并保证焊缝质量的指标。钢的含碳量直接影响焊接性，含碳量越低，焊接性越好。

4)切削性能

切削性能是指材料是否容易被切削加工成型并得到精确的形状、良好的表面粗糙度，它与材料的硬度、韧性等因素有关。

1.2　无机非金属材料

1.2.1　无机非金属材料的特点及种类

传统无机非金属材料一般是指以天然的硅酸盐矿物为主要原料，经高温窑烧制成的无机非金属材料，主要包括陶器、瓷器、砖、瓦、玻璃、搪瓷、胶凝材料、混凝土耐火材料等；新型无机非金属材料则指应用于高新技术领域和经特种工艺制成的具有优异性能的无机非金属材料，主要包括氧化物陶瓷、复合陶瓷、微晶玻璃、光纤玻璃、MDF 水泥(无宏观缺陷水泥)、纤维增强混凝土、人工晶体等。

无机非金属材料种类繁多，按不同的分类标准有不同的分类方法。按成分特点可分为单质和化合物两大类；按结构特征可分为单晶、多晶、玻璃、无定形材料、复合材料等；按形态可分为结构材料和功能材料两大类；按合成工艺可分为烧结成材料、湿法合成材料、涂镀材料、水硬材料等。表 1－4 为按成分特点和结构特征对无机非金属进行分类。

表 1－4　无机非金属材料的主要种类

种类	材料类别	成分结构特点	应用
传统无机非金属材料	普通陶瓷	硅酸盐基、多相、多晶	日用陶瓷、建筑陶瓷、化学陶瓷
	普通玻璃	以硅氧四面体空间网架为主体，疏松无序结构，非晶态	日用玻璃、建筑轻工玻璃、仪器玻璃、光学玻璃、真空玻璃等
	凝胶材料	经煅烧的硅酸盐粉体，可水硬化成人造石材	石灰、水泥、石膏、水玻璃等建筑用材
	耐火材料	人工矿物的组成体，高温下强度稳定，抗腐蚀能力强	冶金高炉、陶瓷窑炉、高温容器、火箭、核反应堆等
	天然矿物材料	由自然地质作用形成，矿物体集合构成的岩石材料	建筑科学、艺术装饰、生活用具、化工、轻设备、机械精密仪器等
	混凝土	由胶凝材料、颗粒状集料及外加剂水硬化而成，堆集结构	建筑结构、防水、耐酸、防辐射、喷涂装饰、道路建设等工程应用
新型无机非金属材料	特种水泥混凝土	硅酸盐、铝酸盐、氟铝酸盐	水利工程、油气井固井工程、抗腐蚀工程、军事工程等
	特种玻璃	微晶、结构多样、性能独特	光导纤维、半导体玻璃、生物玻璃、非线性光学玻璃
	特种陶瓷	氧化物、非氧化物、成分精确控制、具有优异性能	高温机械、化工、电子、通信、计算机、宇航等
	人工晶体	人工合成、单晶	光电子技术、激光技术、电子技术、高能技术等高新技术
	无机涂层	附于底材表面，具有特定功能	耐热氧化涂层、温控涂层、热处理保护涂层、光热转化涂层
	新型碳材料	主要成分为碳晶态，无定形	电极材料、高温结构材料、原子能工业减速剂等

由表1－4可以看出，无机非金属材料在化学组成上与金属材料和高分子材料明显不同，无机非金属材料的化学组成主要是氧化物硅酸盐，其次是碳酸盐、硫酸盐和非氧化物，因此，无机非金属材料具有以下特点：

①晶体结构复杂，单个晶格可能包含多种元素，比金属材料的晶体结构复杂，晶体缺陷多。

②性能优异，如硬度高、熔点高、抗化学腐蚀能力强、耐磨损及抗氧化等，但多数无机非金属材料韧性差、脆性大。某些特定的无机非金属功能材料还具有导电、透光、铁磁性、压电等性能。

③形态多样，变形微小。在绝大多数情况下无变形，形态主要有多晶、单晶、非晶、薄膜、纤维、复合材料等。

④结合键强，无机非金属材料没有自由电子，原子间的结合键主要是离子键、共价键或离子－共价混合键。

⑤绝缘导热性差，绝大多数是绝缘体、高温导电能力比金属低，比一般金属的导热能力低。

1.2.2　无机非金属材料的性能

1.2.2.1　力学性能

无机非金属材料的结合键大多为离子键和共价键，键能高且键的方向性明显，其晶体结构复杂且表面积小，其弹性、塑性、断裂和冲击行为特征等力学性能与金属材料相比有显著差异。

1)弹性

在常温常压下，绝大多数无机非金属材料的变形行为是在弹性变形后，几乎不发生塑性变形就产生脆性断裂，弹性应变能很小。这是脆性材料的特征。影响无机非金属材料的弹性模量因素有无机非金属材料的结合键、密实性、显微结构的组成和前期工艺。一般情况下，无机非金属晶体材料的弹性模量为 $(100\sim400)\times10^3$ MPa，玻璃为 $(50\sim80)\times10^3$ MPa，水泥混凝土为 $(20\sim40)\times10^3$ MPa。表1－5列出的是室温下一些无机非金属材料的弹性模量。

表1－5　室温下一些无机非金属材料的弹性模量　　10^3 MPa

材料	E	材料	E
晶态碳纳米管	1000	h－BN	84
金刚石	1000	AlN	110～350
石墨纤维(轴向)	400～650	Si_3N_4	220～320

续表

材料	E	材料	E
碳纤维(轴向)	200～450	BeO	380
3DC/C	130～152(Z向)62～69(X、Y向)	MgO	310
多晶石墨	10	Al_2O_3	400
WC	400～650	熔融 SiO_2	60～75
TaC	310～550	$MgAl_2O_4$	270
B_4C	450～490	$MgO \cdot SiO_2$	90
WC－Co	400～530	$3Al_2O_3 \cdot 2SiO_2$	145
SiC	450	TiO_2	29
TiC	379	ZrO_2	160～241
NbC	340～520	ThO_2	250
TiB_2	570	玻璃	35～45

2)塑性

陶瓷材料塑性变形的两种基本机制和金属材料一样是滑移和孪生。滑移是指受力时，晶体一部分相对于另一部分产生的平行滑动，孪生则是靠晶体的一部分以队列的方式协调一致地转过某一特定角度。在无机非金属材料的一些非常复杂的晶格中，位错受阻产生裂纹；在完全没有滑移面的无定形玻璃晶格中不出现引起塑性滑移的位错迁移。对同一种材料，在较低温度下易产生孪生；在较高温度下，则易产生滑移。温度对塑性变形有一定的影响，一般随着温度的升高，塑性变形能力变大，脆性减小。陶瓷材料发生塑性变形时的应变速率要比金属材料敏感得多，特别是含玻璃相的多晶材料随温度升高而塑性变形能力非常显著。

3)脆性

绝大多数无机非金属材料表现出典型的脆性，它们在达到弹性极限时，无显著变形而是突然断裂，并不像金属材料那样有一个塑性变形的过程。一般断裂面比较粗糙，延展率和断面收缩率均较小。在无机非金属材料中由于缺乏位错、塑性变形和有效的裂纹障碍，产生的应力不会消除，从而造成脆性断裂。有些无机非金属材料在一定条件下显示出非脆性行为，无机非金属物质的脆性、半脆性和延展性及力学行为见表 1－6。

表 1-6　无机非金属材料的力学行为

力学性能	位错性质	单晶行为	多晶行为	断裂源
完全脆性	位错不运动	弹性直至断裂	弹性直至断裂	表面裂纹，内部压力导致晶体内部断裂
部分脆性	位错运动、横向滑移困难、滑移面有限	塑性，屈服阶段长，部分延展性	弹性直至断裂	表面裂纹，颗粒界面上滑移带碰撞导致断裂
	位错运动，轻度横向滑移，滑移面有限	塑性，屈服阶段短，延展性好	在断裂前部分塑性	表面裂纹
延展性	位错运动、轻度横向滑移，滑移面有限	塑性，屈服阶段短，韧性断裂	塑性流动直至韧性断裂	韧性断裂

4)断裂韧性

断裂韧性是材料的一种重要性能，陶瓷材料的断裂韧性的计算公式如下：

$$K_{IC} = \sqrt{2E\gamma_s}\text{（平面压力状态）} \tag{1-13}$$

式中　K_{IC}——断裂韧性，$MPa \cdot m^{1/2}$；

E——弹性模量，MPa；

γ_s——断裂表面能，J/m^2。

由式(1-13)可以看出，陶瓷材料的断裂韧性除了与裂纹尺寸有关外，还取决于弹性模量 E、断裂表面能(γ_s)的大小。陶瓷材料晶粒越细小，强度和韧性就越高；晶粒长径比增大，断裂韧性增加。可以在陶瓷基体中引入第二相组分制成复合材料，通过相变韧化、弥散韧化和晶须或纤维韧化有效地提高陶瓷材料的断裂韧性，利用多晶多相陶瓷中某些相在不同温度的相变，实现增韧的效果，统称相变增韧。表 1-7 列出的是几种 ZrO_2 相变增韧陶瓷材料的强度和断裂韧性。在基体中混入另外一种微细粉料从而达到增韧的目的，称为弥散韧性。

表 1-7　几种 ZrO_2 相变增韧陶瓷材料的强度和断裂韧性

材料	弯曲强度 σ/MPa	断裂韧性 K_{IC}/($MPa \cdot m^{1/2}$)
Al_2O_3	400	4.5
Al_2O_3 +20% ZrO_2(体积分数)	450	7.2
Si_3N_4	650	4.8~5.8
Si_3N_4 + ZrO_4	750	6~7
莫来石	224	2.8
莫来石 + ZrO_2	450	4.5

5)断裂强度

断裂强度是陶瓷材料的一个重要特征参数，其计算公式：

$$\sigma_c = \sqrt{\frac{2E\gamma_s}{\pi C}} \tag{1-14}$$

式中 σ_c——断裂强度，MPa；

C——微裂纹的尺寸，m。

陶瓷材料由其离子键和共价键特性所决定，一般不会产生滑移或位错运动，因而很难产生塑性变形，在经过极其微小的弹性变形后立即发生脆性断裂。陶瓷材料的断裂强度取决于陶瓷材料的弹性模量、断裂表面能和微裂纹的尺寸。对于多晶陶瓷材料，晶粒越细小，断裂强度越高；陶瓷材料的体积越大，试样越长，含有危险临界裂纹概率越大，断裂强度越低。表1-8列出了部分材料的理论强度值。

表1-8 部分材料的理论强度值

材料	晶向	γ_s/(J/m^2)	E/GPa	σ_{th}/GPa	σ_{th}/E
SiO_2	—	0.56	73	16	1.22
MgO	<100>	1.20	245	37	0.15
Al_2O_3	<001>	1.00	460	46	0.10
Si	<111>	1.20	188	32	0.17
金刚石	<111>	5.40	1210	205	0.17
W	<100>	3.00	390	8	0.22
α-Fe	<111>	2.00	260	46	0.18

6)硬度

硬度是材料的重要力学性能参数之一。脆性无机非金属材料的硬度反映材料抵抗破坏的能力。材料的硬度取决于其化学组成、晶体结构和显微组织等因素。离子半径越小、离子电价越高、配位数越小、结合能就越大，抵抗外力磨损、刻划和压入的能力就越强，即强度越高。

影响硬度的显微结构因素有气孔、微裂纹等，尤其是气孔，显著地降低硬度。温度是影响硬度的主要外因，随着温度升高，硬度也降低。

1.2.2.2 热性能

1)熔点

耐高温是绝大多数无机非金属材料的优异性能之一。对于陶瓷材料具有NaCl型晶体结构的碳化物熔点一般都很高；氮化物、硼化物也是高熔点的物质，碳化物中具有 NaCl 型晶体结构的及硼化物中具有 NaCl 型晶体结构和六方形 A_1B_2 晶体结构大多熔点都很高；对氧化物，熔点高的物质则多具有萤石结构和 NaCl 型晶体结构。多数具有 NaCl 型晶体结构和萤石结构的材料的熔点高是由于这种离子的配位数大，离子结合强度高(表 1－9)，而在同一晶体结构中，离子半径越接近 Pauling 法则所预测范围的下极限，熔点越高(表 1－10)。

表 1－9　配位数对熔点的影响

物质	配位数/个	熔点/℃
ThO_2	8	3300
TiO_2	6	1840
SiO_2	4	1730

表 1－10　离子半径比与氧化物熔点关系(NaCl 型)

物质	半径比	熔点/℃
MgO	0.51	2800
CaO	0.71	2570
SrO	0.83	2430
BaO	0.97	1920

2)热膨胀性

热膨胀性是指温度改变 Δt 时，固体在一定方向上发生相对长度的变化，相应的线膨系数 $\alpha=\Delta L/(L\Delta t)$；或相对体积的变化，相应的体积膨胀系数 $\beta=\Delta V/(V\Delta t)$。热膨胀系数基于组成单元的元素的非谐热振动，与键型、键强和晶体结构有关。对于玻璃材料，因其完全各向同性，在各个方向上热膨胀系数相同。无机非金属材料的热膨胀系数与所观察晶向轴方向上的各向异性有显著的关联。表 1－11 列出的是几种晶体在不同晶轴上的热膨胀系数。

表 1－11　几种晶体在不同晶轴上的热膨胀系数　　$10^{-7}K^{-1}$

晶体化合物	热膨胀系数		晶体化合物	热膨胀系数	
	α 垂直于 C 轴	α 平行于 C 轴		α 垂直于 C 轴	α 平行于 C 轴
SiO_2	40	90	$CaCO_3$	－60	250
$3Al_2O_3 \cdot SiO_2$	45	57	C(石墨)	10	270
$Al_2O_3 \cdot TiO_2$	26	1.5	Al_2O_3	48	56
$ZrSiO_4$	37	62	BN(立方晶系)	7	75
$NaAlSi_3O_8$	40	130			

3)热导率

热导率是指热量流过材料的速率。其计算公式如下：

$$\frac{dQ}{dt} = -\lambda A \frac{dT}{d\lambda} \tag{1-15}$$

式中 λ——热导率，W/(m·K)；

A——面积，m^2；

$\frac{dQ}{dt}$——在 dt 时间内，与热流方向垂直面积 A 流过的热量；

$\frac{dT}{d\lambda}$——温度梯度。

影响无机非金属材料的热导率的重要因素有温度和显微结构，包括晶体结构类型及其各向异性、晶粒大小、形状、晶界、晶粒缺陷和第二相。在陶瓷材料中绝大多数重要的化合物，在室温以上温度范围内，热导率又有所回升。表1-12列出的是一些陶瓷材料的热导率。

表1-12　一些陶瓷材料的热导率　W/(m·K)

材料	热导率 λ		材料	热导率 λ	
	100℃	1000℃		100℃	1000℃
BeO	219.8	20.5	ThO_2	10.5	2.9
Al_2O_3	30.1	6.3	UO_2	10.1	3.3
$3Al_2O_3 \cdot 2Al_2O_3$	5.9	3.8	ZrO_2	2.0	2.3
MgO	37.7	7.1	TiC	25.1	5.9
$MgAl_2O_4$	15.1	5.9	石墨	180.0	62.8

1.2.2.3 抗热震性

抗热震性是指无机非金属材料对急冷急热的温度变化的抵抗性能，其优劣必将是其力学和热学性能的综合体现。无机非金属材料的热震性破坏分为两大类：一是热震作用下的瞬时断裂；二是热震循环作用下的开裂、剥落，最后整体损坏。无机非金属材料抗热震性的评价方法有两种：一是无机非金属材料固有强度不足以抵抗热震温差所引起的热应力时，就导致无机非金属材料的热震断裂；二是无机非金属材料中的热弹性应变能足以支付裂纹成核和扩展产生新表面所需的能量时，裂纹就成核和扩展，从而导致无机非金属材料热震损伤。

无机非金属材料在其受热膨胀或冷却的收缩作用下均能在其内部产生应力，当温度突然变化时，产生应力的大小主要取决于无机非金属材料制品以下的物理性能：

①制品的组织结构。增大制品临界颗粒和粗颗粒的数量，能使大部分制品的抗热震性显著提高。

②热膨胀性。当温度突然发生变化时，制品表面和内部存在温度差，如果制品的线膨胀系数较大，由于温差而产生的热应力较大，其热震稳定性也相应较差。

③导热性。耐火材料的导热性越高，稳定性越强。

④结构。强度制品的结构强度大，抵抗热应力作用的能力强，制品的热稳定性就好。

当无机非金属材料坯体中最大热应力随温度函数增大而达到断裂强度的临界状态时，则对应的温度称为临界温度函数，是脆性无机非金属材料抗热震能力的度量，它可用无机非金属材料的力学和热学性能来描述，称为抗热震参数(R)。表1-13列出的是几种抗热震参数的表达式。

表1-13 几种抗热震参数的表达式

热震参数的表达式	热震条件	温度差数
$R = \sigma_f(1-v)/\alpha l$	急剧变热或冷却	温差 ΔT
$R' = kR$	缓慢变热或冷却	温差 ΔT
$R' = kR/\rho C_p$	恒速变热或冷却	温差率 $D_L/\mathrm{d}t$
$R_{rad} = (KR/\xi)^{\frac{1}{4}}$	辐射加热 $T_i/T_r \leqslant 0.5$	温差 ΔT
$R_{creep} = \sigma_f(1-v)/\alpha l\eta$	温蠕变或黏滞形变	温差和温差率

陶瓷材料须同时具有较高强度、高热导率和低的膨胀系数、弹性模量、泊松比、热辐射系数及黏度，才能具有高的抗热震断裂能力，另外适当地降低材料密度和摩尔热容亦有利于改善陶瓷材料的抗热震性能。

1.2.2.4 电磁性能

1)电性能

通常用介电常数 ε 来描述材料的介电性能。介电常数与材料的组成、结构、晶轴方向、温度等因素有关。无机非金属材料的介电常数有一个很大的波动范围，从4到15000以上不等。表1-14列出的是几种无机非金属材料的介电常数。

无机非金属材料的导电机理为离子导电。在结构疏松的玻璃中几乎只有离子，其导电性能与具有扩散能力的离子浓度有关，但能通过改变组成来控制，如大离子(Pb^{2+}、Ba^{2+})能阻止离子扩散，使导电性能下降。

表 1-14 几种无机非金属材料的介电常数 F/m

无机非金属材料		介电常数	无机非金属材料	介电常数
TiO_2	垂直 c 轴	89	莫来石	6.5
	平行 c 轴	173	石英玻璃	4
Al_2O_3	垂直 c 轴	8.6	碱钙玻璃	7
	平行 c 轴	10.5	铅硅玻璃	19
MgO		9.6	钡钛玻璃	>3000

2）磁性能

磁性是任何一种材料都具有的属性，任何材料在磁场的作用下都会表现出一定的磁性。材料对磁场的影响表现出磁性的变化可分为抗磁性、顺磁性、铁磁性和反铁磁性，相应的材料则被称为抗磁性材料、顺磁性材料、铁磁性材料、反铁磁性材料。磁性无机非金属材料具有电阻率高、低损耗、磁性范围宽等特性，将其用于电子技术中的高频器件时，其性能比磁性金属材料优越。

物质的磁性和原子、电子的结构有着密切的关系。电子磁矩是由电子轨道磁矩和电子的旋磁矩组成的。在陶瓷材料中，轨道基本上被晶格所固定并受到化学束缚，其方向是变化的，以致轨道磁矩相互抵消，不能形成一个联合磁矩，对外没有磁性。所以陶瓷的磁矩来自电子的自旋。由于轨道磁矩和电子自旋磁矩之间有一个耦合效应，所以对磁性有一定的影响。磁性陶瓷材料具有较宽的固溶范围，因此可以在一个宽范围内的剩余磁化强度、饱和磁化强度和矫顽磁场上来“剪切”磁性，根据应用的需要可以从分子层次来设计和加工陶瓷磁性，可用于声像磁带和磁盘、电动机、发电机以及计算机磁盘等方面。磁性陶瓷可分为铁氧体陶瓷和不含铁的磁性陶瓷两类，而铁氧体陶瓷（俗称铁性磁）是目前最主要的磁性陶瓷。按铁氧体的用途和性质，可将铁氧体陶瓷分为软磁、硬磁、旋磁、矩磁及压磁等铁氧体陶瓷；按其结晶状态可分为单晶和多晶铁氧陶瓷；根据与其他材料的复合方式可分为磁性基料和磁流体等。表 1-15 列出的是几种主要的硬磁铁氧体的典型磁性和用途，表 1-16 列出的是常用磁粉的性能。

表 1-15 几种主要的硬磁铁氧体的典型磁性和用途

类型	序号	特点	剩磁/T	矫顽力/(kA/m)	最大磁能积/(kt/m^3)	重要用途
钡铁氧体	1	各向同性	0.21~0.22	127~131	7.2~7.6	玩具、微型电机
	2	各向异性、矫顽力强	0.36~0.37	223~239	23.9~25.5	电子灶、起重磁铁
	3	各向异性、剩磁高	0.40~0.43	135~175	27.1~31.8	扬声器、电机

续表

类型	序号	特点	剩磁/T	矫顽力/(kA/m)	最大磁能积/(kt/m^3)	重要用途
锶铁氧体	4	各向异性，矫顽力强	0.35~0.40	239~263	23.9~27.9	磁悬浮装置
	5	各向异性、剩磁高	0.41~0.45	151~159	30.2~35.8	扬声器
	6	干压磁场成型	0.33~0.37	215~255	19.9~25.5	小型扬声器

表1－16　常用磁粉的性能

特性		$\gamma-Fe_2O_3$	$Co-FeO_x$ (1.33<1.5)	CrO_2	铁状 $Co-FeO_x$	钡铁氧体
颗粒形状	长轴/μm	0.25~0.5	0.2~0.5	0.2~0.5	0.1~0.3	0.05~0.5
	短轴/μm	0.03~0.07	0.03~0.07	0.03~0.07	0.03~0.06	0.01~0.05
矫顽力/(kA/m)		23.8~31.8	31.8~79.8	35.8~63.7	47.7~95.5	47.7~159
比饱和磁化强度(10A)		70~75	70~75	70~78	70~75	45~55
剩磁比(B_r/B_m)		0.80~0.86	0.80~0.86	0.80~0.90	0.65~0.85	0.50~0.70
比表面积/(m^2/g)		15~30	15~40	20~40	10~30	20~40
晶体结构		立方	立方	正方	立方	六方

1.2.2.5　光学性能

无机非金属材料的光学性能具有多样性和复杂性，主要包括对光的折射、反射、吸收、散射能力和透射性、受激辐射光放大的特性及非线性光学效应等诸多方面。

一些陶瓷材料(如 $A1_2O_3$陶瓷、钕掺杂钇铝石榴石等)，只要制备工艺得当，可以将其制成透明体，冲破陶瓷材料“不透明性”的思想禁锢。因此，无机非金属材料的光学性能的工程应用领域也非常广泛，比如：反射镜(SiC 反射镜)、光导纤维窗口、透镜、棱镜、滤光镜、激光器和非线性光学元件等；建筑瓷砖、卫生瓷具、餐具和艺术瓷则主要要求颜色、光泽和半透明度等光学性能。因此，光学性能对大多数无机非金属材料的重要性是不言而喻的，表1－17 列出的是石英玻璃光纤的特征参数。

表1－17　石英玻璃光纤的特征参数

光纤	结构参数				连接耦合特性		用途领域
	包层/芯径/μm	相对折射率差/%	损耗/(Db/km)	带宽/(MHz/km)	连接	与光源耦合效应	
阶跃型光纤	125/50 125/85 140/100	1.5~2.0	3~6	<100	易	大	小含量光纤通信、非功能型光纤传感器

续表

光纤	结构参数				连接耦合特性		用途领域
	包层/芯径/μm	相对折射率差/%	损耗/(Db/km)	带宽/(MHz/km)	连接	与光源耦合效应	
梯度型光纤	125/50 125/85 140/100	1	1~3	100~1000	较易	中	中含量光纤通信、非功能型光纤传感器
单模光纤	125/50 125/85 140/100	0.3	0.5	>几千	较难	小	大含量光纤通信、非功能型光纤传感器

1.3 高分子材料

高分子材料是由相对分子质量较高的化合物构成的材料，具有重量轻、透明、耐腐蚀、加工操作方便等优异的性能，从问世到今天还不到一个世纪，高分子材料的发展速度就远远超过其他传统材料。主要有塑料、橡胶和纤维等。因此，掌握高分子材料结构，高分子材料性能，可以为合理选择、正确使用、制备高分子材料提供可靠依据。

1.3.1 高分子的基本概念

1.3.1.1 单体

能发生聚合反应或缩聚反应生成高分子化合物的简单化合物称为单体。作为单体的化合物必须具有两个或者两个以上的可反应基团，并能引入其他单体构成聚合物的功能。如氯乙烯通过自由基引发聚合制成聚氯乙烯，其中聚氯乙烯的单体为氯乙烯，反应式如下：

$$CH_2=CHCl \longrightarrow \left[CH_2CH_2Cl \right]_n$$

1.3.1.2 聚合物与聚合度

由多数结构或组成相同的单元相互连接而成的大分子称为聚合物，也可以称为大分子或者高分子，其相对分子质量的范围一般在 $10^4 \sim 10^6$，有的甚至更大。一个大分子聚合物往往由许多相同的、简单的结构单元通过共价键重复连接而成。若反应产物中含有几个或十几个氯乙烯单元称为齐聚物，而不能称为聚合物。组成聚合物的基本的重复单元链节数称为聚合度，通常用 *DP* 表示。

1.3.1.3 单体单元、结构单元和重复单元

重复单元为高分子聚合物中组成和结构相同的单元，也称为链节。在聚氯乙烯结构式中的重复单元和单体结构式相同，这就称为单体单元或结构单元。在一些情况下，上述的三个名称含义是不一样的。

例如，尼龙-6，6 是由己二酸和己二胺缩合而成的。

$$n\mathrm{H_2N}\left(\mathrm{CH_2}\right)_6\mathrm{NH_2} + n\mathrm{HOOC}\left(\mathrm{CH_2}\right)_4\mathrm{COOH} \longrightarrow {}^{*}\!\left[\mathrm{NH}\left(\mathrm{CH_2}\right)_6\mathrm{NHCO}\left(\mathrm{CH_2}\right)_4\mathrm{CO}\right]_n^{*}$$

尼龙-6，6 中 $\mathrm{NH}\left(\mathrm{CH_2}\right)_6\mathrm{NH}$ 和 $\mathrm{OC}\left(\mathrm{CH_2}\right)_4\mathrm{CO}$ 称为结构单元，不能称为单体单元，因为它们与单体的组成不相同。而 $\mathrm{NH}\left(\mathrm{CH_2}\right)_6\mathrm{NHCO}\left(\mathrm{CH_2}\right)_4\mathrm{CO}$ 称为重复单元。

1.3.1.4 聚合反应

聚合反应是将许多单体键合起来形成一个大分子的反应。聚合反应属于有机化学反应的一种，具有独特的特点：

①聚合反应的反应产率很高，并且无副反应产生；

②一般有机化学反应的产物只有一个分子量，而聚合反应得到的高分子聚合物是由不同分子质量的高分子组成，形成一个分子量分布的形式。

1.3.1.5 高分子化合物

高分子化合物是指由众多原子或者原子团主要以共价键结合而成的相对分子质量在 1 万以上的化合物。与具有相同化学组成和结构的低分子同系物相比，高分子化合物具有更高的熔点、更高的强度、更高的弹性以及更高的溶液黏度等特殊性能。

1.3.2 聚合物

1.3.2.1 聚合物的基本特点与特性

（1）聚合物的基本特点

①品种多，功能齐全，能适应多种需要：聚合物品种多，可采用多种实验、聚合等方法赋予聚合物各种性能，以满足各种不同的需求。例如，棉花和丝等制成的手术缝合线，在伤口愈合后需要拆线，但是若用可生物降解的聚合物 Dexon（Ⅲ）制成手术缝合线，手术三个月后，缝合线就被分解、吸收。

②加工简便，适宜于工业化大生产：聚合物熔点低，具有良好流动性、可塑

性，加工、成型简单，容易制成各种产品。表1－18对比了各种材料加工制成品需要的能耗，将聚乙烯加工成制品需要能量最小。

表1－18　各种材料加工制成品需要的能耗

材料	聚乙烯	钢	玻璃	水泥	铝
能耗/(10^6kW·h/m^3)	2	6	6	3	21

③原料来源广，价格低廉：聚合物主要来源于石油、天然气的炼化加工，其次为煤炭，若以单位体积来比较材料的价格，那么高分子材料价格是最低廉的。

(2)聚合物的基本特性

①聚合物的相对分子量大。高分子量是聚合物最根本的性质。通常把分子量介于10～100的叫作“小分子化合物”；将分子量在数百到上千范围的叫作“中等分子化合物”；与小分子和中等分子化合物相比，分子量超过1万的就叫作“高分子化合物”，其分子尺寸要比前两者大得多，分子形态也复杂得多。高分子量决定聚合物具有很多特殊的性能，如比较难溶，甚至不溶，溶解过程往往要先经过溶胀然后才是溶解；溶液黏度比相同质量的低分子物质的溶液黏度高很多；由于高分子质量、分子链长、分子间作用力强，聚合物分子不能气化，因而在常温下不能用蒸馏方法来纯化高聚物；由于高分子质量使其具有高机械强度、可抽丝、能制膜、有弹性等性能。

②聚合物分子量的多分散性。结构一定的一种低分子化合物的组成中所有分子、原子是相同的，但与低分子化聚合物分子量的概念相比，聚合物分子量的概念是不完全相同的，即认为一般低分子有机和无机化合物分子具有确定而相同的分子量，而高分子聚合物只具有统计平均的意义，如由分子量大小不等的同系物组成的混合物。这个基本特性就称为聚合物结构的多分散性和分子量的多分散性，因此一般测得的分子量都是平均分子量。平均分子量相同的聚合物，分散性不一定相同，因而聚合物性能也会有显著差异。可见分子量不能直接反映聚合物分散性对聚合物性能的影响。

通常用“分子量分布”表示聚合物分子量的多分散性。实验中常用聚合物分子量分级方法来测定聚合物的分子量分布。常用的实验方法有溶液沉淀法、超速离心法、凝胶渗透色谱法等，将测得结果绘图就可以得到聚合物分子量分布曲线。一般情况，合成高聚物较天然高聚物分子量分布宽，用作吹塑成型塑料制品的高聚物要求分子量分布宽，纤维用的高聚物则要求分子量分布窄。

③分子链形态多种多样。聚合物分子链的几何形状，即链结构形态有线型、支链型和体型三种(图1－5)。

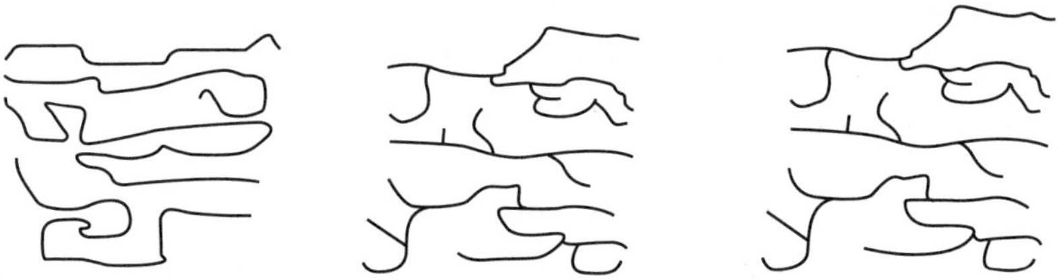

(a)线型　(b)支链型　(c)体型

图1－5　聚合物分子链的几何形状

线型聚合物链是线状长链分子，通常它的形状比较卷曲，如未硫化的天然橡胶和一些树脂(如聚丙烯、涤纶树脂等)等。

支链型聚合物是聚合物链上带有侧枝，支链的数量和长短可以不同，甚至有时支链上还有支链，如高压聚乙烯和接枝型 ABS 树脂等。近年来还合成了一系列新的支链型高分子聚合物，如星型、梳型、梯型聚合物等(图1－6)。

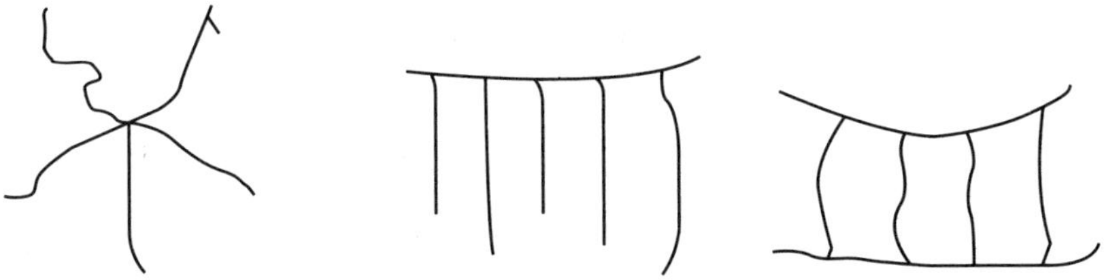

(a)星型　(b)梳型　(c)梯型

图1－6　一些新型高聚物示意图

线型或支链型聚合物间通过化学键交联形成体型聚合物，具有空间网状结构，如酚醛塑料、硫化橡胶及离子交换树脂等。

聚合物物性与其几何形状有密切关系。由于大分子链结构、分子形状不同，影响线型和支链型聚合物分子间排列和相互作用，所以即使两者具有相同的化学组成和相同的分子量，物性也各不相同：支链型聚合物分子间排列较松，分子作用力较弱，与线型聚合物的溶解度相比，其溶解度较大，密度、机械强度和熔点则较小；通常线型聚合物可以被某些溶剂溶解和熔融，体型聚合物则不能被溶解，也不能被熔融。

④物性不同于低分子同系物，具有黏弹性。由于聚合物分子量很大，因而具有与低分子同系物完全不同的物理性质。例如，一般聚合物均不存在气态，继续加热熔融状态的聚合物，最终将使其逐渐分解直至碳化，产生一些气态小分子等分解产物，与低分子同系物相比具有高软化点、高强度、高弹性的特点，其溶液

也具有高黏弹性的特殊物理性能。所谓“黏弹性”是指材料在应力作用条件下，同时表现出分别以永久性变形和暂时性变形为特征的黏性和弹性。

1.3.2.2 聚合物的分类

随着高分子科学技术的日新月异，高分子聚合物的种类日益增多，可以从单体的来源、合成方法、用途、成型热行为、结构等不同角度，对聚合物进行多种分类。

1)按聚合物的结构与组成分类

按照结构与组成可将聚合物分为缩聚物和加聚物。从化学结构来看，缩聚物是指在结构单元中主碳链上含有各种官能团的聚合物，而在主链结构上不含有官能团的称为加聚物。从化学组成来看，在合成缩聚物时，单体通过化学反应形成聚合物的过程中有小分子析出，缩聚物最小单元的化学组成与单体(原料)的组成不同，加聚物则是单体通过加成反应而来的，没有小分子析出，因此加聚物的结构单元与单体的组成相同。

按照聚合物结构可以将聚合物分为线型、枝化型和交联型三大类。

(1)线型聚合物

它是指许多重复单元在一个连续长度上连接而成的高分子，如下式：

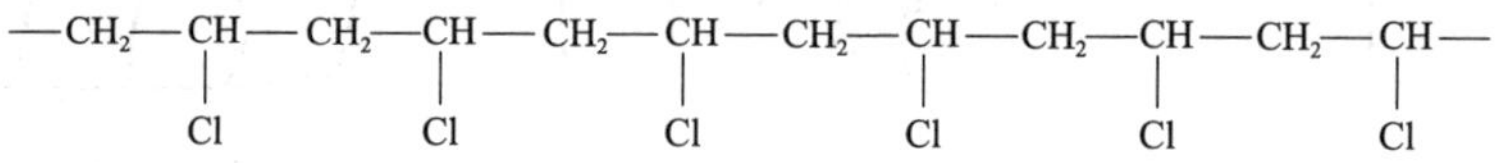

(2)枝化型聚合物

可能是梳状结构，如图 1 -7 中带长支链(a)和带短支链(b)，也可能是树枝状结构，如图 1 -7 中(c)所示。值得注意的是，枝化型聚合物不包括带侧基的聚合物，如图 1 -7 中(d)聚苯乙烯，只有支链具有完整的单体单元才能称为枝化型聚合物。

(3)交联型聚合物

高分子链间通过化学键连接形成网状高分子或交联聚合物，如图 1 -7(e)所示。在聚合反应过程中可以发生交联反应，在高分子形成后采用不同的化学反应也可以使线型聚合物发生交联反应。由于交联点之间的链长和交联密度不同，聚合物的性质也不同。如果交联密度较小(轻度交联)，则聚合物具有高弹性，如橡胶的硫化；如果交联密度较大(高度交联)，则聚合物的尺寸稳定性好，如酚醛树脂和脲醛树脂。

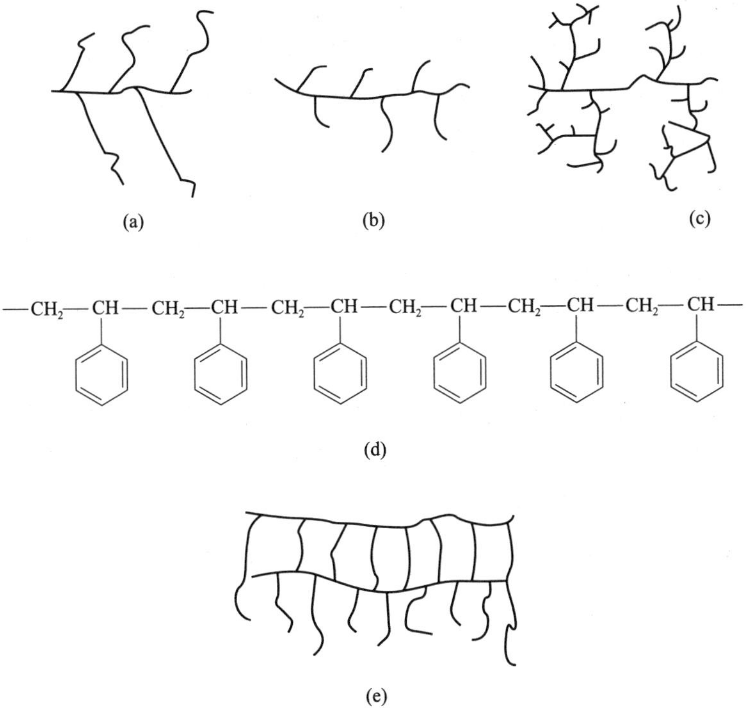

图 1－7　聚合物结构

2) 按形成聚合物的反应机理分类

虽然聚合物有很多合成反应类型，但其反应机理只有两类：连锁聚合机理与逐步聚合机理。连锁聚合反应在各种反应阶段，反应混合物中只有单体和聚合物。随着反应时间的延长，只是聚合物分子数目的增加，聚合物的分子量不随反应时间的延长而改变，即每一个分子链增长所需要的时间很短。反应时间只是影响聚合物的收率，通过这种反应机理合成的聚合物称为连锁聚合物。

对于逐步聚合反应，反应初期迅速消耗单体的同时，形成大量的低聚物，随着反应时间的延长，聚合物的分子量逐步增加，每一个分子链增长所需的时间几乎是全部反应时间，这样合成的聚合物称为逐步聚合物。

按单体单元在高分子链中的不同序列分布可把聚合物分为四种类型：

(1) 无规共聚物

在高分子链中不同单体单元的序列分布无规则，即 A 和 B 两种单元在主链中的排列顺序是没有规律可循的。如烯类单体自由基共聚合时通常得到无规共聚物—A—B—A—A—B—A—B—B—B—A—A—B—B—，其性质与相应的均聚物大不相同。

(2)交替共聚物

交替共聚物就是 A 和 B 两种结构单元在高分子主链中有规律地交替排列。如通过特定的烯类聚合能得到交替共聚物—A—B—A—B—A—B—A—B—，其性能与合成的两类均聚物的性质各不相同。

(3)嵌段共聚物

一种结构单元链段和另一种结构单元链段相接组成了高分子的主链。通常可用离子型聚合等方法制得—A—A—A—A—A—A—A—B—B—B—B—B—B—嵌段共聚物，兼具两种均聚物的性质。

(4)接枝共聚物

一种均聚物构成共聚物的主链，另一种均聚物构成其支链称为接枝共聚物。可由两类均聚物相互反应生成，也可由 A 中均聚物的主链上引入一些可反应的基团，再接上由 B 形成的支链构成接枝共聚物。接枝共聚物的性质是两类均聚物的加合。

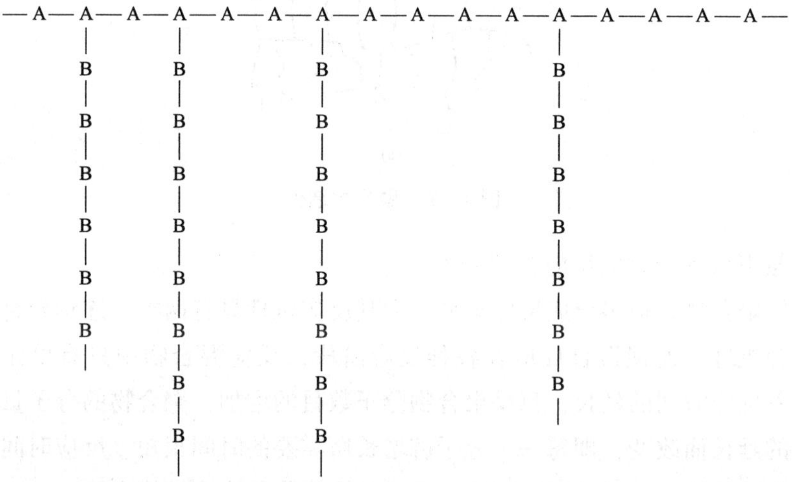

3)按聚合物的主链结构分类

(1)碳链聚合物

大分子主链完全由碳原子组成，绝大部分烯类和二烯类的加成聚合物属于这一类，如聚乙烯、聚氯乙烯、聚苯乙烯等。

(2)杂链聚合物

大分子主链中除了碳原子外，还有氧、氮、硫等杂原子，如聚醚、聚酯、聚酰胺、聚氨酯等。这类大分子链中都有特征基团。

(3)元素有机聚合物

大分子主链中没有碳原子，主要由硅、硼、铝和氧、氮、硫、磷等原子组成，但侧基多半是有机基团，如甲基、乙基、乙烯基、苯基等，如聚硅氧烷(有机硅橡胶)，这种有机聚合物可以称为半有机高分子。如果主链和侧基上均无碳原子，则称为无机高分子，如硅酸盐类。

4)按聚合物的性质分类

(1)塑料

塑料是以合成树脂为基础，加入(或不加)各种助剂和填料塑制成型的材料。塑料按其热性能可分为热固性和热塑性两种，它们都是线型或支链型聚合物。前者是经加工成型后固化，不能再加热塑化反复成型，再受热也不软化，如酚醛树脂、脲醛树脂等；后者受热后软化或熔化，冷却后定型，这一过程可以反复。按其使用性能又可分为通用塑料和工程塑料。所谓工程塑料，即具有较高强度和其他特殊性能的聚合物。在工业上可作为机械结构和零部件使用。

(2)橡胶

橡胶是具有可逆形变的高弹性聚合物材料。生胶(线型高聚物)经硫化(使线型高聚物交联)获得所需弹性以及其他性能。

(3)纤维

纤维是纤细而柔韧的丝状物，根据原料来源可分为天然纤维和化学纤维。化学纤维又分为人造纤维和合成纤维。人造纤维是将天然纤维经过化学加工重新抽丝制成的纤维(如粘胶纤维)；合成纤维就是全人工合成线型聚合物抽成的纤维。合成纤维的强度、弹性优于天然纤维，但吸湿性小，染色性差。

5)按应用功能分类

按应用功能可以分为通用高分子、特殊高分子、功能高分子、仿生高分子、医用高分子、高分子药物、高分子试剂、高分子催化剂以及生物高分子。通用高分子是量大面广的高分子，例如塑料中的“四烯”(聚乙烯、聚丙烯、聚氯乙烯和聚苯乙烯)，纤维中的“四纶”(涤纶、锦纶、腈纶和维纶)和橡胶中的“四胶”(丁苯橡胶、顺丁橡胶、异戊橡胶和乙丙橡胶)是主要的通用高分子材料。

6)按聚合物分子量的高低分类

按聚合物分子量的高低可以分成高聚物、低聚物、齐聚物、预聚物等。

1.3.2.3　聚合物的命名

1972年国际纯粹化学和应用化学联合会(IU－PAC)提出线型聚合物的命名方法，以及聚合物命名方法，但至今仍未被广泛使用。聚合物命名法正进行一系列改革和标准化工作，中国化学会高分子学科委员会也提出一个“高分子化合物的命名规则”。下面仅介绍常见的以聚合物的化学结构和起始原料为基础的命名法。

(1)根据来源命名即“聚”+“单体名称”命名法

在聚合物所用的单体或假想单体前加一个“聚”，如聚乙烯、聚丙烯、聚氯乙烯、聚甲醛和聚苯乙烯。这种命名方法方便，且把单体标明，很直观，所以使用广泛，但是需要特别注意的是这种命名方法仅仅适用于烯烃等类单体合成的加成聚合反应，以及极少数特殊的缩聚物。

(2)根据聚合物的结构命名即“单体名称”+“共聚物”命名法

对于两种不同单体经缩聚反应而生成的聚合物，在结构单元的名称前加前缀“聚”。这种仅仅适用于两种或者两种以上烯类单体制备的加成聚合物命名方法，通常不用于混缩聚物和共缩聚物的命名，如(Ⅰ)命名为聚癸二酰己二胺，而不是癸二酸乙二胺共聚物，(Ⅱ)命名为聚对苯二甲酸乙二醇酯。

$$\left[NH \left(CH_2 \right)_6 NHCO \left(CH_2 \right)_8 CO \right]_n \quad (Ⅰ)$$

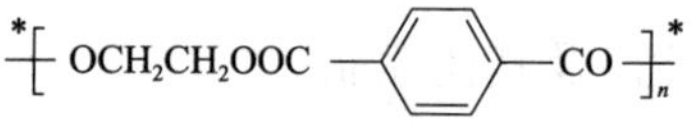
(Ⅱ)

(3)商品名称或单体简称+聚合物用途或物性类别命名法

①用后缀“纶”命名合成纤维：例如，由丙烯腈脂、氯乙烯和丙烯合成的纤维分别称为腈纶、氯纶和丙纶；聚对苯二甲酸乙二醇酯纤维称为涤纶；聚己内酰胺纤维称为锦纶；聚乙烯醇缩甲醛纤维称为维纶等。

②用后缀“橡胶”命名合成橡胶：例如，丁二烯－苯乙烯共聚物称为丁苯橡胶等。

③用后缀“树脂”命名塑料一类聚合物：例如，苯酚和甲醛、尿素和甲醛、甘油和醇酸树脂。

④直接引用国外商品名称的译音：甲酸缩合得到的高分子分别称为酚醛树脂。如尼龙，由一个单体聚合而成的，则在尼龙后加数字，例如，由己内酰胺聚合得到的产物称为尼龙－6；若由两种单体聚合而成，则第一个数字表示二元胺的碳原子数，第二个数字表示二元酸的碳原子数，如尼龙－6，6 就是聚合物聚二元胺二元酸。

$$\left[NH \left(CH_2 \right)_6 NHCO \left(CH_2 \right)_4 CO \right]_n$$

(4)IU－PAC 命名法

以上三种命名法已为大家普遍接受，但是在科学上不够严谨，有时会引起混乱，1972 年提出了 IU－PAC 系统命名法。该命名法只适用于重复单元以单个原子相连接的线型聚合物，但对于重复单元有两个原子连接的线型聚合物，IU－PAC 尚无系统命名方法。这个命名方法的基本规则：

①确定聚合物中最小重复结构单元。

②将重复单元中的次级单元按照大小，以简单到复杂的排列顺序进行书写。

③根据 IU－PAC 有机化合物的命名规则命名最小重复结构单元的名称。

④在该名称前加“聚”字。

例如，聚环氧乙烷，其最小重复单元为 OCH_2CH_2，根据 IU－PAC 的命名原则应为氧化亚乙基，所以该聚合物的名称为聚氧化亚乙基。

关于次级单元的排列顺序有如下规则：

①任何杂原子都在碳原子之前，如 K 的次级单元氧排在亚乙基之前。

②杂原子的排列顺序：O、S、Se、Te、N、P、As、Sb、Bi、Si、Ge、Sn、Pb、B、Hg，其他杂原子按元素周期表中的位置确定。

③碳环的优先顺序：环数目最多的环系 > 有最大单环的环系 > 在相同环中原子数最多的环系 > 具有最小定位数(又称位次)的环系 > 不饱和度最大的环系。

④杂环的优先顺序：含氮环系 > 含氮及一个其他杂原子的环系(其原子在规则②中的排列顺序尽可能在前面) > 环数最多的环系 > 有最大单环的环系 > 含杂原子最多的环系 > 若两环相同、仅不饱和度不同，则优先排不饱和度高的环系。

⑤次级单元的优先顺序：杂环 > 杂原子或含杂原子的非环次级单元 > 含碳原子的环 > 只含碳原子的非环次级单元。不在主链上而在取代基上的杂原子、环、基团不影响这一排列顺序。

⑥在排次级单元时，要使取代基的位数最小。

⑦以上优先顺序首先要保证重复结构单元以最少的价键连接。

1.3.2.4　分子量和分子量分布

(1)平均分子量 $\overline{M}$

聚合物的分子量有两个特点：一是比小分子远远大得多的分子量；二是除了有限的几种蛋白质外，无论是天然的还是合成的聚合物，分子量都是不均一的，具有多分散性。因此，聚合物分子量只有统计的意义，用实验方法测定的只是聚合物分子量的统计平均值。若要确切地描述聚合物试样的分子量，除了给出分子量的统计平均值外，还应给出试样的分子量分布。

(2)数均分子量 $\overline{M}_n$

假设某聚合物试样重 Wg，其中分子量为 M_1 的单体有 n_1 摩尔，分子量为 M_2 的二聚体有 n_2 摩尔，分子量为 M_3 的三聚体有 n_3 摩尔，分子量为 M_i 的 i 聚体有 n_i

摩尔等，那么：

$$\overline{M}_n = \frac{n_1 M_1 + n_2 M_2 + n_3 M_3 + \cdots + n_i M_i}{n_1 + n_2 + n_3 + \cdots + n_i} = \frac{\sum_i n_i M_i}{\sum_i n_i}$$

(3)重均分子量 $\overline{M}_w$

通常可以由光散射法测定，其定义如下(化学标量符号意义同上)：

$$\overline{M}_w = \frac{\sum_i w_i M_i}{\sum_i w_i} = \frac{\sum_i n_i M_i^2}{n_i M_i}$$

(4)Z 均分子量

Z 均分子量是按 Z 量的统计平均的，Z 量的定义为 $Z = w_i M_i$ 。Z 均分子量的定义：一个高聚物试样中，各分子量的 Z 值的分数及其相当的分子量的乘积的总和。

$$\overline{M}_z = \frac{\sum Z_i M_i}{\sum Z_i} = \frac{\sum w_i M_i^2}{\sum w_i M_i} = \frac{\sum n_i M_i^3}{\sum n_i M_i^2}$$

Z 均分子量的数值高于重均分子量 M_w。熔体黏度等性质强烈依赖于它的数值，试样的 M_z高时，熔体黏度将大大增高。可以用超离心沉降法和凝胶色谱法测定 M_z。

(5)黏均分子量

黏均分子量为用黏度法测得的聚合物的平均分子量。计算式为

$$\overline{M}_\eta = \left(\frac{\sum m_i M_i^\alpha}{\sum m_i}\right)^{\frac{1}{\alpha}} = \left(\frac{\sum n_i M_i^{\alpha+1}}{\sum n_i M_i}\right)^{1/\alpha}$$

式中，α 为高分子稀溶液特性黏度 - 分子量关系式中的指数，一般在 0.5 ~0.9。

(6)分子量分布宽度

由于聚合物分子量的多分散性，因而 $M_w > M_n$，单用一个分子量的平均值尚不足以描述一个多分散的聚合物试样，最理想的是知道该试样的分子量分布曲线。有时为简明地表达，可采用分布宽度这一参数来描绘聚合物试样分子量的多分散性。聚合物试样中各个分子量与平均分子量之间的差值平方平均值即称为分子量分布宽度。高聚物分子量分布宽度是高聚物分散程度的定量描述，用多分散指数 M_w/M_n来表征分子量分布宽度。M_w/M_n 比值越大，说明分子量分布越宽。M_w/M_n又称为高聚物分子量分布系数或分散度。

$$\sigma_n^2 = [(M - \overline{M}_n)^2]_n = \int_0^{\infty} (M - \overline{M}_n)^2 N(M)\,\mathrm{d}M = \overline{M}_n^2 [\frac{\overline{M}_{\infty}}{\overline{M}_n} - 1]$$

有时用分布指数表示分子量分布宽度的参数 D，定义为 $D = \frac{\overline{M}_w}{\overline{M}_n}$。当 D 为 1 时，是均一分子量的聚合物；当 D 大于 1 时，表明聚合物分子量分布较宽，该值越大聚合物分子量分布越宽，此时分散性就越大。图 1－8 是高分子分子量的分布曲线，上面标记了各种分子量在分子量分布曲线上的位置。

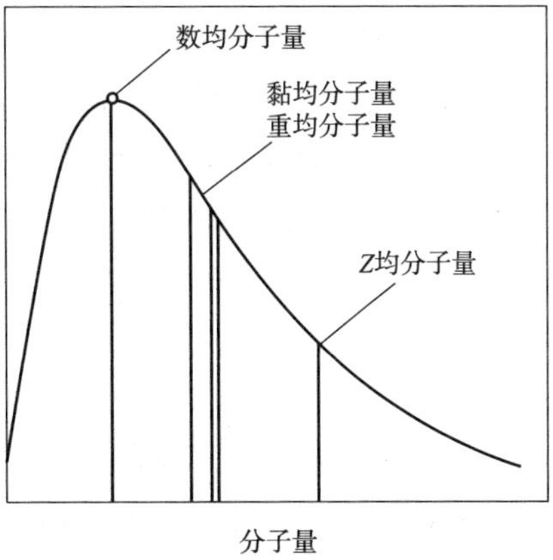

图 1－8　高分子分子量的分布曲线

1.3.3　高分子的合成方法

1.3.3.1　缩聚反应

缩聚反应为具有官能团的单体通过消除小分子副产物的缩合反应，彼此以一定方式连接在一起，生成长链高分子的反应，即数目众多的单体按照一定规律彼此连接，重复进行的多步缩合反应并最终生成大分子的过程。

用缩聚反应能制备很多品种的高分子材料，如尼龙、聚酯、酚醛树脂等。二元胺和二元酸的缩聚物为尼龙；二元酸和二元酯的缩聚物为聚酯，其中对苯二甲酸与乙二醇缩聚生成的是涤纶；由邻苯二甲酸酐和甘油制备的是醇酸树脂；由于多官能团单体甘油分子有三个羟基，它经过反应生成的聚合物具有枝化和交联结构；酚醛树脂是由苯酚和甲醛缩聚生成的，为交联体型聚合物，具有僵硬、外形尺寸稳定的性质；脲醛树脂是由尿素和甲醛缩聚生成的体型聚合物，性质与酚醛树脂相近，但色泽浅可以着色。另外，有一些无机聚合物是通过缩聚反应制备的，如聚硅酸盐、聚磷盐酸是由相应的硅酸盐和磷酸盐经脱水缩聚而成。

在酶催化下经缩聚反应生成生物高分子聚合物。例如，在一定的生物化学环境中，用酶催化按一定顺序把 20 余种氨基酸缩聚生成超高分子量聚合物，称为蛋白质；葡萄糖则在特定的生物化学环境和酶催化下生成淀粉，或纤维素或糖原；核酸则缩聚成核糖核酸或脱氧核糖核酸。

1.3.3.2 加聚反应

加聚反应是数目众多的含不饱和双键或者三键的单体(多为烯烃)经连续、多步的加成反应并最终生成大分子的过程。一些烯类、炔类、醛类等化合物具有不饱和键的单体，能进行加成反应生成加聚物。下式是加聚反应的通式，侧基 X 表示不同的取代基，得到的高分子聚合物有区别于原单体的独特性质，其中当 X 为 H、Cl、CH_3、CH_3OOC—、CN 等时，则可以制得使用广泛的聚合物，如聚乙烯、聚氯乙烯、聚苯乙烯、聚丙烯、聚丙烯酸甲酯、聚丙烯腈等。在加聚过程中小分子化合物生成聚合物大分子链结构单元的化学组成与单体完全相同，只是化学结构有所不同，这种结构单元有时也称为单体单元。

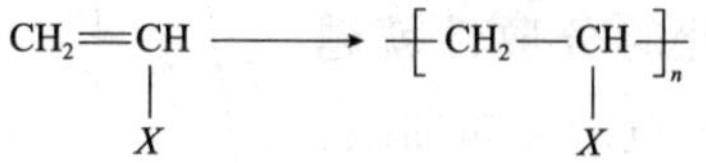

1.3.3.3 开环聚合反应

某些环状化合物在催化剂存在的条件下，开环聚合生成高分子量的线型聚合物。例如，三氧六环单体开环聚合制备聚甲醛、己内酰胺聚合生成尼龙 -6，环氧化物开环生成聚醚，等等。

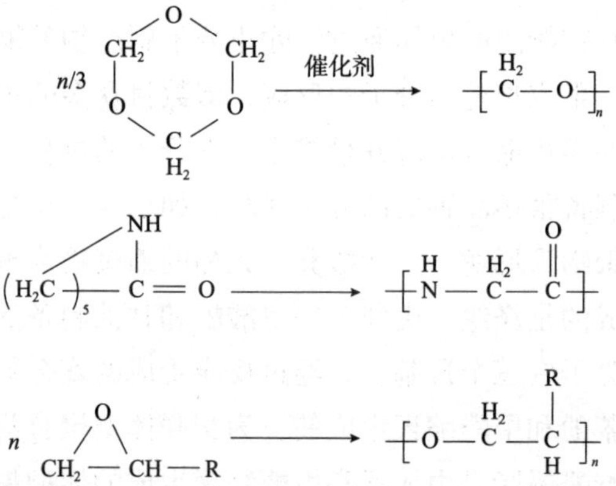

1.3.3.4 高分子转化反应

通过高分子聚合物的转化反应也能使一种高分子变成性质各异的另一种高分子，这在利用和改性天然高分子中极为广泛。如维纶是由醋酸乙烯酯经过加聚反应生成聚醋酸乙烯酯，在经醇解转化为聚乙烯醇，然后纺丝成纤维，为了增加抗水溶性，再经甲醛处理，使水溶性的羟基甲醛化。其中的聚乙烯醇只能通过高分子转化反应生成，并不存在相应的乙烯醇单体。随着高分子转化反应的开发，经高分子转化反应改性的新高分子材料将不断出现。

1.3.4 高分子材料的性能

1.3.4.1 力学性能

1)屈服强度和拉伸强度

在一定条件下，由于拉伸应力的作用，聚合物的应力－应变曲线如图1－9所示。从图1－9可以看出，曲线的开始阶段 *OA* 基本上是一条曲线，应力－应变成正比，聚合物表现为胡克弹性行为。*B* 点为屈服点，当应力达到屈服点后，应力下降或不变，而应变有较大的增加。把屈服点对应的应力称为屈服强度。一般情况下，当达到屈服点后，聚合物开始出现细颈(也有不出现细颈的情况)；随后的形变是细颈的不断扩大，直到 *D* 点，全部试样被拉成细颈。然后进入应变的第三阶段，试样再度被均匀拉伸，应力提高，直到在 *E* 点拉断为止，相应点的应力称为拉伸强度，相应的形变 ε_E 称为断裂伸长率。

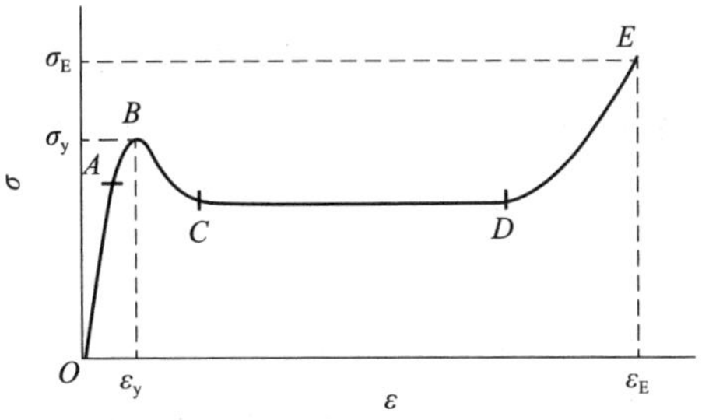

图1－9 聚合物的应力－应变曲线

结晶聚合物在熔点(T_m)以下，非晶态聚合物在玻璃化转变温度(T_g)以下，一般都有明显的拉伸屈服现象。在拉伸温度下，应力去除后，屈服形变不能恢复；但当温度高于拉伸温度(结晶聚合物的 T_m、非晶态聚合物的 T_g)，屈服形变可以自动恢复，从分子机理来看，这是大分子链构象变化的结果。

2)冲击强度和抗张强度

如果按照结构完全均匀的理想情况计算聚合物的理论强度要比聚合物的实际强度高出数十倍甚至上百倍，主要是由于聚合物的实际结构存在一定的缺陷，从而引起应力的局部集中，但聚合物的弹性模量实际值与理论值比较接近。

聚合物的冲击强度在很大程度上取决于聚合物试样缺口的特性，另外聚合物的冲击强度与加工条件、分子量、添加剂等因素有关。聚合物的抗张强度与聚合物本身的结构、取向、结晶度、填料等有关，同时载荷速率和温度等外界条件也影响聚合物的抗张强度。

3)疲劳强度

实际使用中材料最常见的破坏形式是疲劳。在低于屈服应力及断裂应力的周期应力作用下，材料的内部和表面应力集中处引发裂纹并促使裂纹传播，从而导致最终的破坏。一般来说，热塑性聚合物的疲劳强度与静态强度比值为1/4，但增强塑料的比值比1/4稍高一些，只有一些特殊的聚合物(如聚甲醛、聚四氟乙烯)的比值可以达到0.4~0.5。

4)黏弹性

聚合物的黏弹性是聚合物的力学松弛现象，是指聚合物既有黏性又有弹性的性质。聚合物既有弹性又有黏性，其形变和应力都是时间的函数。非晶态线型聚合物的黏弹性在玻璃化转变温度以上最为明显。理想的黏性液体(牛顿流体)的应力－应变行为遵守牛顿定律；虎克弹性体的应力－应变行为遵守虎克定律。

(1)静态黏弹性

聚合物静态黏弹性是指在固定的应力(应变)下形变(应变)随时间的延长发生变化的特性。其典型的表现是蠕变和应力松弛。

蠕变是指在一定温度、一定应力作用下，材料的形变随时间的延长而增加的现象。对线型聚合物，形变可以无限发展且不能完全恢复，保留一定的永久变形；对于交联聚合物，形变可以达到一平衡值。

在温度和恒定压力的条件下，材料的内应力随时间的延长而逐渐减少的现象称为应力松弛。在应力松弛过程中，模量随时间而减少，这时的模量称松弛模量。

(2)动态黏弹性

动态黏弹性是指应力周期变化下聚合物的力学行为，也称动态力学性质。通常聚合物的应力和应变关系呈现出滞后现象，即应力随时间的变化一直跟不上应力时间的变化现象。

5)高弹性

高弹性是高分子材料极其重要的性质，如橡胶主要特征是高弹性。聚合物在高弹态都能表现出一定程度的高弹性，但并不是都能作为橡胶材料使用，因此橡胶材料具有如下特点：

①弹性模量小、形变小。一般材料的形变量最大为1%，而橡胶的高弹性形变大，可以拉伸5~10倍，弹性模量只有一般固体材料的1/10000。

②弹性模量与绝对温度成正比。一般材料的模量随温度的提高而下降。

③橡胶形变时有热效应。伸长、回缩形变过程中伴随放热现象。

④在一定条件下，高弹性形变表现出明显的松弛现象。高弹性形变的特点是由高弹性体形变的本质决定的。

1.3.4.2 热性能

(1)玻璃化转变

所有的非晶高聚物都存在着一个转变的温度，即玻璃化转变温度，通常用 T_g 表示。影响 T_g 的主要因素是高分子化学结构，一般来说，分子链越柔顺，T_g 就越低，而分子间的相互作用越强，T_g 就越高。若非晶高聚物的温度在 T_g 之上，高聚物表现为软而有弹性；若非晶高聚物的温度在 T_g 之下，高聚物就表现为硬而脆，类似玻璃。表 1－19 列出的是部分高聚物的玻璃化转变温度。

表 1－19 部分高聚物的玻璃化转变温度 ℃

种类	高聚物	T_g	种类	高聚物	T_g
塑料	聚乙烯	－68(－120)	塑料	聚碳酸酯	150
	聚丙烯	－10	纤维	尼龙－6，6	50
	聚氯乙烯	78		涤纶	69
	聚苯乙烯	100	橡胶	聚异戊二烯	－73
	有机玻璃	105		顺－1，4－聚丁二烯	－108

高分子的热运动与小分子热运动不同，高分子的运动单元可以是一个重复单元，或几个重复单元(链接)，还可以是几十个或几百个重复单元(链段)，甚至整个分子的运动。在玻璃化转变温度以下，由于高分子热运动的能量很小，链段处于被冻结的状态。只有侧基、链节、短支链等小运动单元的局部振动以及键长、键角的变化。因而这个状态下的高聚物的力学性能和小分子差不多，受力后形变很少(0.01%～0.1%)，所以叫玻璃态高分子。

当把聚合物加热到玻璃化转变温度以上时，热运动的能量足以使冻结的链段运动，但还不足以使整个分子链产生位移。在这种状态下的高聚物表现出类似橡胶的性质：受较少的力就可以发生很大的形变(100%～1000%)，外力除去后形变可以完全恢复(高弹性形变)。

(2)流动温度和黏流态

温度升高，热运动的能量能使高分子冻结的链段运动，于是高分子发生了从玻璃态向橡胶态的转变。如果温度继续升高，由于链段的剧烈运动而使整个分子链的质心发生相对位移，于是产生流动，形变快速增加。由于高分子熔体黏度非常大，因此称为黏流态。流动温度是指橡胶态向黏流态转变的温度，用 T_f 表示。流动温度受温度影响很大，分子量越大，分子的位移运动越不容易，流动温度越高。由于高聚物分子量分布的多分散性，所以聚合物常常没有固定的流动温度，而是一个较宽的温度范围。对于大多数结晶高聚物来说，聚合物的流动温度就是它的熔融温度，也是一个很宽的温度范围。聚合物的流动温度大多在300℃以下，比金属和其他无机非金属低得多，这有利于高分子加工。

热塑性塑料和橡胶的成型以及合成纤维熔融纺丝都是在聚合物的黏流态下操作的。流动温度是加工的最低温度，但在实际加工中的加工温度要比流动温度高，但低于分解温度 T_d（表1－20）。随着链刚性和分子间作用力的增加，流动温度提高。

聚合物的熔体黏度一般都比较大，受温度的影响很大，温度越高，黏度越高；而且熔体黏度还与剪切速度有关，随着剪切速度的增加，分子取向程度增加，从而熔体黏度增加，所以高聚物可以通过加大剪切速度或升高温度的方法来改善高聚物的加工性能。

表1－20　几种聚合物的流动温度、分解温度和注射成型温度　℃

聚合物	流动温度	分解温度	注射成型温度
高密度聚乙烯	100～130	170～200	>300
聚氯乙烯	165～190	170～190	140
聚碳酸酯	220～230	240～285	300～310
聚苯醚	300	260～300	>350

（3）电性能

高聚物具有很好的体积电阻率、很高的耐高频性、高的击穿强度，是优异的电绝缘材料。在电场作用下，高聚物表现出良好的介电性，通常用介电常数和介电损耗表征。表1－21列出的是常见的聚合物的介电常数。一般情况下，只有极性聚合物才有明显的介电损耗，而非极性聚合物的介电损耗是极性杂质引起的。另外，聚合物的高电阻率使得聚合物有可能积累大量的静电荷，从而产生静电吸附或排斥力，而静电吸附影响聚合物的质量。

表1－21　常见的聚合物的介电常数

聚合物	ε/（F/m）	聚合物	ε/（F/m）
聚四氟乙烯	2.0	聚对苯二酸乙二醇酯	3.3～4.4
聚丙烯	2.2	聚氯乙烯	3.2～3.6
聚乙烯	2.3～2.4	聚甲基丙烯酸甲酯	3.3～3.9
聚苯乙烯	2.5～3.1	尼龙	3.8～4.0
聚碳酸酯	3.0～3.1	酚醛树脂	5.0～6.5

参考文献

[1]耿香月．工程材料学[M]．天津：天津大学出版社，2002.
[2]王笑天．金属材料学[M]．北京：机械工业出版社，1987.
[3]沈莲，范群成，孙巧艳，等．机械工程材料[M]．北京：机械工业出版社，2023.
[4]王培铭．无机非金属材料学[M]．上海：同济大学出版社，1999.
[5]程晓敏，史初例．高分子材料导论[M]．合肥：安徽大学出版社，2006.
[6]周玉．陶瓷材料学[M]．哈尔滨：哈尔滨工业大学出版社，1995.
[7]王晓敏，董尚利，周玉．工程材料学[M]．哈尔滨：哈尔滨工业大学出版社，1998.
[8]戈晓岚，王特典．工程材料[M]．南京：东南大学出版社，1996.
[9]许并社．材料科学概论[M]．北京：北京工业大学出版社，2002.
[10]徐恒钧．材料科学基础[M]．北京：北京工业大学出版社，2001.
[11]贾德昌，宋桂明．无机非金属材料性能[M]．北京：科学出版社，2008.
[12]冯孝中，李亚东，闫春绵，等．高分子材料[M]．哈尔滨：哈尔滨工业大学出版社，2007.
[13]周冀，李绍华，田忠利，等．高分子材料基础[M]．北京：国防工业出版社，2007.
[14]沈新元．先进高分子材料[M]．北京：中国纺织出版社．2006.
[15]李继志．石油钻采机械概论[M]．青岛：中国石油大学出版社．2011.
[16]陈玉祥，王霞．油气田应用材料[M]．北京：中国石化出版社．2009.

第 2 章　石油钻井设备用材

2.1　石油钻机概述

2.1.1　石油钻井

钻井是利用一定的工具和技术在地层中钻出一个较大孔眼的过程。

钻井方法是指为了在地面以下岩层中钻出所要求的孔眼而采用的钻孔方法。在石油钻井现场使用的钻井方法主要有顿钻钻井法(图 2－1)和旋转钻井法。目前普遍使用的是旋转钻井法。旋转钻井法包括地面转盘旋转钻井法(图 2－2)和井底动力钻具旋转钻井法。

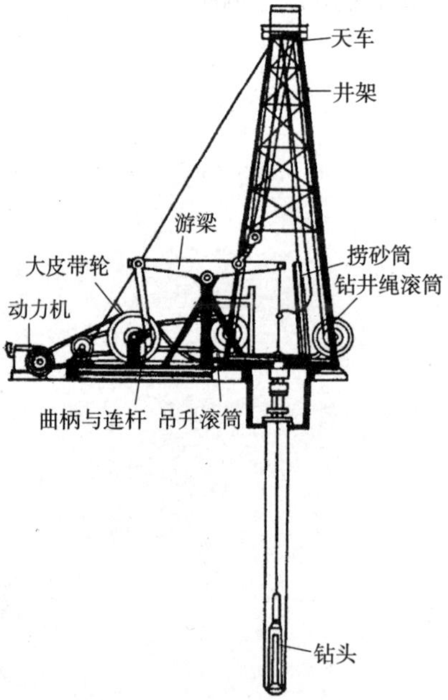

图 2－1　顿钻钻井示意图

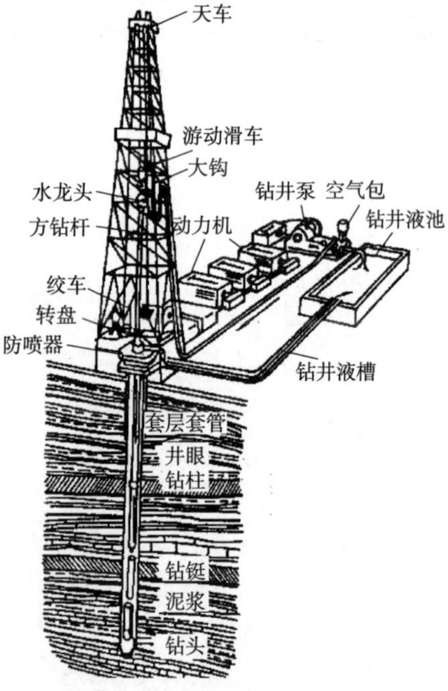

图 2－2　转盘旋转钻井示意图

钻井是一项系统工程，是多专业、多工种利用多种设备、工具、材料进行的联合作业。同时它又是多程序紧密衔接，多环节环环相扣的连续作业。施工的全过程都具有相当的复杂性。

每一口井的完成包括钻前工程、钻进工程和完井作业三个阶段。每一阶段又有一系列的施工工序。其主要工序一般包括：定井位、道路勘测、基础施工、安装井架、搬家、安装设备、一次开钻、二次开钻、钻进、起钻、换钻头、下钻、完井、电测、下套管、固井作业等。

钻前工程是指开钻前的准备工程。它包括以下内容：测定井位、落实水源、修筑道路、基础施工、井架安装、钻机搬迁与安装、土方工程施工，全套水、电、信、路的铺设和安装，防冻保温设施以及备齐开钻钻具和用料，做好开钻井口准备(包括下导管和冲鼠洞)。

钻进工程是指从开钻到全井进尺钻完所进行的施工。根据地质与工程设计的不同要求，这个时期可分为一次开钻、二次开钻或多次开钻。钻进工程的具体内容包括钻进(起下钻)、钻井取心、测井、井壁取心、中途固井等。

完井工程是按施工设计规定的完井方法进行施工的过程。完井工程阶段的作业程序包括：完井电测、井壁取心、油层套管固井、试压、测声幅、装井口装置等。

2.1.2　钻井工艺过程

一口井从开钻到完钻要经过多道工序，完成三项任务：破碎岩石；取出岩屑，保护井壁；固井和完井，形成油流通道。

2.1.2.1　井身结构和钻具组合

1)井身结构

一口井中所下入套管的层数、尺寸、规格和长度，套管外水泥的返回深度，以及相应各井段钻进所用的钻头的直径称为该井的井身结构，如图2－3所示。一口井的井身结构是根据已掌握的地质情况和要求的钻井深度拟定的。

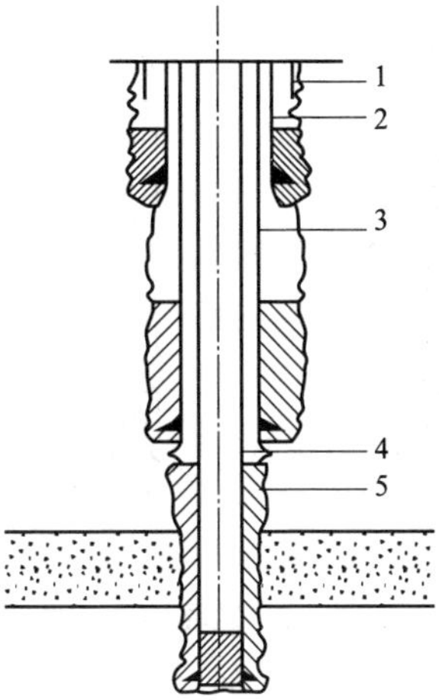

图2－3　井身结构示意图

1—导管；2—表层套管；3—技术套管；4—油层套管；5—尾管

(1)导管

防止地表土层垮塌，引导钻头入井，并导引上返的钻井液流入净化系统，导管通常下入深度为 30～50m。

(2)表层套管

下入表层套管的目的在于加固上部疏松岩层的井壁，封住淡水砂层，砾石层或浅气层；安装井控设备并支撑随后下入的技术套管重量。表层套管的深度一般为 100m，最深可达 300～400m。

(3)技术套管

技术套管是位于表层套管以内的套管。下入技术套管是为了隔绝上部的高压油、气、水层或漏失层及坍塌层。深井、超深井及地质情况复杂时，需下入多层技术套管。

(4)油层套管

油层套管是下入井内的最后一层套管，以形成坚固的井筒，使生产层的油或气由井底沿该套管流至井口。

在各层套管与井壁的环形空间都应注入水泥加固(固井)。为节省钢材、降低钻井成本，在满足钻井工艺要求的前提下应少下或不下技术套管。有的井会在技术套管下部下入尾管(衬管)。

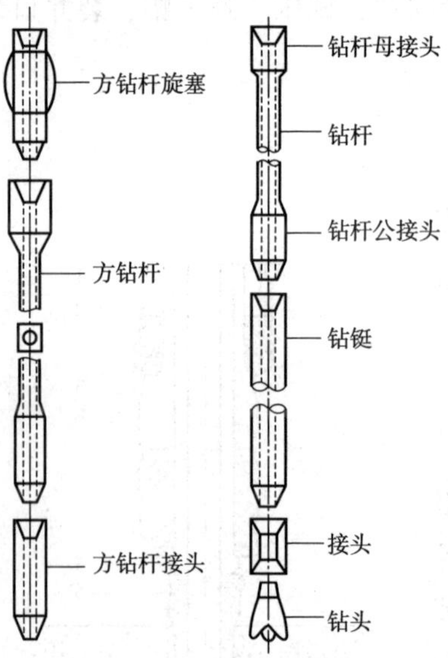

图 2－4　钻具组合示意图

2)钻具组合

钻具组合(或称钻具配合)是指根据地质条件与井身结构、钻具来源等决定钻井时采用何种规格的钻头、钻铤、钻杆、方钻杆配合连接起来组成钻柱。合理的钻具配合是确保优质、快速钻井的重要条件。典型的钻具组合如图 2－4 所示。

2.1.2.2　钻前准备

钻井前的准备工作十分重要，主要包括：平整井场，打好水泥基础；钻井设备的搬迁和安装；井口准备。钻井设备安装主要包括：安装底座、循环系统，井架主体、绞车等设备就位，附件安装(起井架)。井口准备主要是指下导管和钻鼠洞。

2.1.2.3　钻进

一口井开钻前应做如下主要准备工作：定井口位置；修路，平井场；打好水泥基础；备足各种钻井器材，如钻杆、钻铤、钻头及钻井泵配件等。

钻进全过程包括：将部分钻柱（钻铤）的重力作用在钻头上形成钻压，由地面或井下动力带动钻头旋转，使之破碎井底岩石；通过循环钻井液将破碎所产生的岩屑带到地面，这是打开油气层的主要手段。

1）全钻进的工艺过程

①第一次开钻（一开），下入防止地表土层垮塌的导管后，从地面钻出较大的井眼到一定深度，下入表层套管。

②第二次开钻（二开），从表层套管内用小一些的钻头往下钻进。当地层情况不复杂时，可直接钻到预定井深完井；当遇到复杂地层，用钻井液难以控制时，便要起钻，下入技术套管（中间套管）。

③第三次开钻（三开），从技术套管内用再小一些的钻头往下钻进。依上述道理，或可一直钻达预期井深，或再下第二层技术套管，再进行第四次、第五次开钻，最后钻完井深，下入油层套管，进行固井、完井作业。

2）钻井作业

钻井作业包括如下五道工序。

（1）下钻

将由钻头、钻铤、钻杆、方钻杆组成的钻柱下入井中，使钻头接触井底，准备钻进。操作包括：挂吊卡，以高速挡提升空吊卡至一立根高度；二层台处扣吊卡，将立根提至井眼中心，对扣；拉猫头悬绳（或悬绳器）上扣；用猫头、大钳紧扣；稍提钻柱，移出吊卡（或提出卡瓦）；用刹车系统控制下放速度，将钻柱下放一立根距离；借助吊卡（或卡瓦）将钻柱轻轻坐落在转盘上，从吊卡上脱开吊环。再挂吊卡，重复上述操作，直至下完全部立根，接上方钻杆准备钻进。

（2）正常钻进（又称纯钻进）

启动地面或井底动力驱动系统，通过钻柱带动井底钻头旋转；借助刹车系统，控制钻柱（钻铤）作用在钻头上的重力，对钻头施加适当的压力（钻压）以破碎岩石；同时开动钻井液泵循环钻井液，冲洗井底，携出岩屑。根据不同的地层情况、钻进深度、钻头类型等，使钻头转速、钻压、钻井液流量和性能等各自都处于较佳参数值，就能获得较快的钻进速度。

（3）接单根

随着正常钻进的继续进行，井眼不断加深，需不断地接长钻柱，每次接入一根钻柱称为接单根，采用顶驱钻井系统时，每次接入一立根（由 2 ~ 3 根单根组成）。操作包括：上提钻柱全露方钻杆，用吊卡或者卡瓦将其坐落在转盘上；卸开并微提方钻杆，移至小鼠洞上方并与其中的单根对扣；拉猫头悬绳（或用悬绳器）上扣；从小鼠洞中提出单根移至井中钻柱上方，对扣；拉猫头悬绳（或用悬绳器)上接头丝扣；用猫头、大钳紧扣；稍提钻柱，移出吊卡(或提出卡瓦)，下放钻柱至井底，继续钻进。

(4)起钻

要更换新钻头时，需将井中全部钻柱取出，称为起钻。每起卸一立根构成一起钻操作循环，直到将钻头提出井口。操作包括：上提钻全露方钻杆，将其坐落在转盘上；旋下方钻杆，将方钻杆-水龙头置于大鼠洞中；提升钻柱至一立根高度，并坐落在转盘上；用猫头和大钳(或松扣气缸)松扣；上钳卡住接头，转盘正转卸扣；移动立根入钻杆盒和二层抬指梁中，摘开吊卡；下放空吊卡至井口。

(5)换钻头

用专用工具卸下旧钻头，换上新钻头。

换完钻头便开始下钻，重复上述作业。下钻→正常钻进→接单根(立根)→起钻→换钻头→下钻，构成正常钻井作业的大循环，重复直至钻达预定井深。

钻进作业的各道工序中，仅纯钻进取得钻井尺度，其余都是辅助操作，应研制、推广井口机械化装置，使送钻、接单根、起下操作实现机械化，减轻工人劳动强度，创造安全工作条件，缩短钻井生产辅助时间，提高经济效益。

2.1.2.4 固井

在井眼内下入一层套管，并在套管与井壁的环形空间中灌注水泥浆进行封固，称为固井。依井身结构的不同，钻井过程中有时仅需下一层套管(如油层套管)，有时需下多层套管(如表层套管、技术套管、油层套管)，最终形成一串轴心线重合的套管柱，如图2-3所示。因此，一口井从开始到完成，需要进行数次固井作业。

2.1.2.5 完井

完井也称油井完成，是使井眼与油气储集层连通的工序，包括钻开生产层、确定完井的井底结构、安装井底(下套管固井或下入筛管)、使井眼与生产层连通、安装井口装置等，完井是联系钻井与采油生产、关系油气稳定高产的关键环节。

合理的井底结构应保证：油层具有最大的渗透面；油藏与油井有最好的流通性；能防止油、气、水互窜；对多层油井，能保证各油层互不窜通，以便进行分层开采。根据不同的油气储集层条件，完井井底结构大体分为四大类：封闭式井底完井、敞开式井底完井、混合式井底完井和防砂完井。这四大类中又可分为裸眼完井、射孔完井、贯眼完井、衬管完井等11种完井方法。

①裸眼完井：油气层井段不下套管封隔的完井方法。

②射孔完井：钻穿油气层，将油层套管下过油气层底部，固井封隔油气层，再用射孔器射穿油气层井段的套管与水泥环，以形成油气流入井内通道的完井方法。

③贯眼完井：钻穿油气层后将带孔眼(或割缝)套管下至油气层底部，油气层以上井眼注水泥封隔的完井方法。

④衬管完井：钻至油气层顶部、下油层套管，注水泥封隔，再用小钻头钻穿油气层，下入带孔眼(或割缝)的衬管的完井方法。

2.1.3 石油钻机

2.1.3.1 石油钻机的组成

石油钻机或油、气钻机是指用来进行油气勘探、开发的成套钻井设备，通称钻机。石油钻机属于重型矿业机械，是由多种机器设备组成、具有多种功能的联合工作机组。为满足钻井工艺要求，整套钻机必须具备下列八大系统设备(图2-5)。

1)起升系统设备

为了起下钻具、下套管，控制钻压及钻头钻进等，钻机配备有一套起升设备，以辅助完成钻井生产，包括绞车、辅助绞车(或锚头)、辅助刹车(水刹车、电磁刹车等)、游动系统(包括钢丝绳、天车、游动滑车和大钩)以及悬挂游动系统的井架。另外，还有起下钻具操作使用的井口工具及机械化设备(吊环、吊卡、卡瓦、动力大钳或“铁钻工”、立根移运机构等)。

2)循环系统设备

为了及时清洗井底、携带岩屑、平衡底层压力、保护井壁，钻机配备有全套钻井液的循环设备，如钻井泵、地面高压管汇、钻井液净化及调配设备(固控设备)等。当采用井下动力钻具钻进时，该系统提供高压钻井液，以驱动井下涡轮钻具或螺杆钻具。

3)旋转钻设备

为了转动井中钻具，带动钻头破碎岩石，常规钻机配备有转盘和水龙头包，井下配有钻杆柱和钻头。另外，丛式井或定向井还需配备井下动力钻具，这就构成了旋转钻进系统。

上述三大系统设备直接服务于钻井生产，是钻机的三大工作机组。

4)动力驱动系统设备

为钻机三大工作机组及其他辅助机组(如空气压缩机)提供动力，可以是柴油机及其供油设备，或交流、直流电动机及其供电、保护、控制设备等。

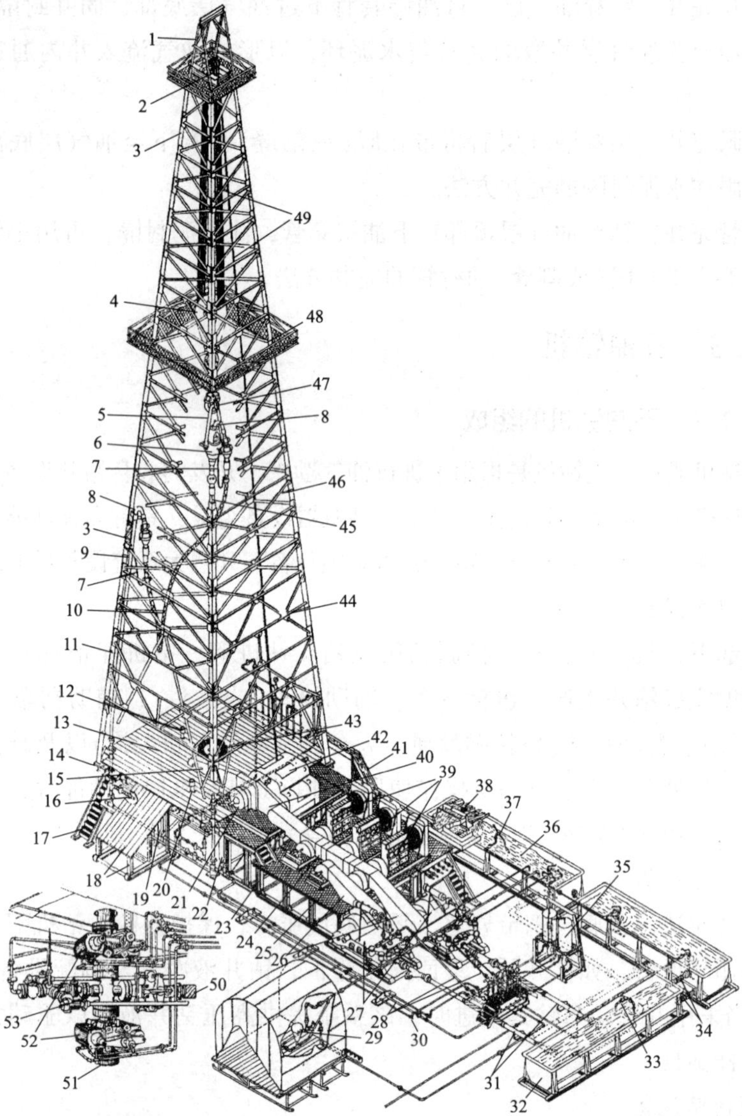

图 2－5　深井转盘钻机

1—人字架；2—天车；3—井架；4—游车；5—水龙头提环；6—水龙头；7—保险链；8—鹅颈管；9—立管；10—水龙带；11—井架大腿；12—小鼠洞；13—钻台；14—架脚；15—转盘传动；16—填充泥浆管；17—梯子；18—坡板；19—底座；20—大鼠洞；21—水刹车；22—缓冲室；23—绞车底座；24—并车箱；25—发动机平台；26—泵传动；27—钻井泵；28—泥浆管线；29—泥浆配制系统；30—供水管；31—吸入管；32—泥浆池；33—固定泥浆枪；34—连接软管；35—空气包；36—沉砂池；37 —泥浆枪；38—振动筛；39—动力机组；40—绞车传动装置；41—泥浆槽；42—钻井绞车；43—转盘；44—井架横梁；45—方钻杆；46—斜撑；47—大钩；48—二层平台；49—游绳；50—泥浆喷出口；51—井口装置；52—防喷器；53—换向闸门

5)传动系统设备

连接动力机与工作机，实现从驱动设备到工作机组的能量传递、分配及运动方式的转换，包括减速、并车、转向、倒转及变速机构等。钻机的传动方式主要有机械传动(包括齿轮、万向轴、减速箱、离合器、链传动和三角带传动等)，机械－蜗轮传动(液力传动)，电传动，液压传动等。

6)控制系统和监测显示仪表

为了指挥各机组协调工作，整套钻机配备有各种控制装置，常用的有机械控制、气控、电控、液控和电、气、液混合控制。现代机械驱动钻机普遍采用集中气控制和电控制方式。

现代钻机还配备各种钻井仪表及随钻测量系统(MWD)，以监测显示地面有关系统设备工况，测量井下参数，实现井眼轨迹控制。

7)钻机底座

底座是钻机组成部分之一，包括钻台底座和机房底座，用于安装钻井设备，方便钻井设备的移运。

钻台底座用于安装井架、转盘，放置立根盒及必要的井口工具和司钻控制台，有的还要安装绞车，下方应能容纳必要的井口装置，因此必须有足够的高度、面积和刚性。

机房底座主要用于安装动力机组及传动系统设备，因此也要有足够的面积和刚性，以保证机房设备能够迅速安装找正、平稳工作且移运方便。丛式井钻机底座必须满足丛式钻井的特殊要求。

8)辅助设备

成套钻机还必须具有供气设备、辅助发电设备、井口防喷设备、钻鼠洞设备与辅助起重设备等，以保证钻机能安全、可靠、正常地运行。

2.1.3.2 钻机分类

根据需要，石油钻机有各种不同的分类方法。

①按钻井深度分：浅井钻机，钻井深度≤1500m；中深钻机，钻井深度为1500～3000m；深井钻机，钻井深度为3000～5000m；超深井钻机，钻井深度>5000m。

②按使用地区和用途分：海洋钻机；浅海钻机(适用于0～5m水深或沼泽地区)；陆地常规钻机；丛式井钻机；沙漠钻机；直升机吊运钻机；小井眼钻机；连续柔管钻机等。

③按驱动设备类型分：柴油机驱动、电驱动和液压驱动。其中，电驱动又分

为交流电驱动、直流电驱动、交流变频电驱动。

④按传动形式分：链条并车传动的链条钻机；V 形带并车传动的皮带钻机；圆锥齿轮 – 万向轴并车传动的齿轮钻机。

⑤按移动方式分：块装式钻机、自行式钻机和拖挂式钻机。

2.1.3.3 钻机特点

石油钻机的主要特点：

①功率大，动力传递复杂。钻机是大功率、多工作机联合工作的重型矿业机械，由多台柴油机提供动力。钻机的三大工作系统均需要较大的功率：旋转系统需要产生水平方向的旋转动力，以驱动钻柱带动钻头破岩；循环系统要驱动钻井泵，以提供高压液体；起升系统则需要起升几千千牛的井下载荷。

②钻井过程不连续，功率要求也不相同。正常钻进时，转盘驱动钻柱，钻井液泵循环钻井液。起下钻作业时，则是起升系统需要功率。

③工作地区多样(平原、山地、沙漠、沼泽、海洋)，自然环境恶劣(风、沙、雨、雪)，野外流动作业，要求钻机有很强的适应地区环境的能力和便捷的移运性能。

2.1.3.4 钻机的基本参数

反映钻机工作性能的数量指标称为基本参数。例如，名义钻井深度、最大钩载等表明了钻机的基本工作性能，就是钻机的基本参数。基本参数是设计、选用钻机，对钻机技术改造的依据，是钻机标准系列的组成元素。

石油行业标准 SY/T 5609—1999 规定了石油钻机的型式与基本参数。该标准给出了钻机的 9 个基本参数，根据钻机的基本参数将钻机分成 9 个级别，见表 2 – 1。

表 2 – 1 钻机的基本参数

<table>
<tr><td colspan="2" rowspan="2">钻机级别</td><td rowspan="2">10/600</td><td rowspan="2">15/900</td><td rowspan="2">20/1350</td><td rowspan="2">30/1700</td><td rowspan="2">40/2250</td><td rowspan="2">50/3150</td><td rowspan="2">70/4500</td><td>90/6750</td><td rowspan="2">120/9000</td></tr>
<tr><td>90/5850</td></tr>
<tr><td rowspan="2">名义钻深范围①/m</td><td>127mm钻杆</td><td>500 ~ 800</td><td>700 ~ 1400</td><td>1100 ~ 1800</td><td>1500 ~ 2500</td><td>2000 ~ 3200</td><td>2800 ~ 4500</td><td>4000 ~ 6000</td><td>5000 ~ 8000</td><td>7000 ~ 10000</td></tr>
<tr><td>114mm钻杆</td><td>500 ~ 1000</td><td>800 ~ 1500</td><td>1200 ~ 2000</td><td>1600 ~ 3000</td><td>2500 ~ 4000</td><td>3500 ~ 5000</td><td>4500 ~ 7000</td><td>6000 ~ 9000</td><td>7500 ~ 12000</td></tr>
<tr><td rowspan="2">最大钩载/(W/tf)</td><td rowspan="2"></td><td rowspan="2">600 (60)</td><td rowspan="2">900 (90)</td><td rowspan="2">1350 (135)</td><td rowspan="2">1700 (170)</td><td rowspan="2">2250 (225)</td><td rowspan="2">3150 (315)</td><td rowspan="2">4500 (450)</td><td>6750 (675)</td><td rowspan="2">9000 (900)</td></tr>
<tr><td>5850 (585)③</td></tr>
</table>

续表

钻机级别		10/600	15/900	20/1350	30/1700	40/2250	50/3150	70/4500	90/6750 90/5850	120/9000
绞车额定功率	kW	110～200	257～330	330～400	400～550	735	1100	1470	2210	2940
	(hp)	(150～270)	(350～450)	(450～550)	(550～750)	(1000)	(1500)	(2000)	(3000)	(4000)
游动系统绳数	钻井绳数 Z	6	8	8	8	8	10	10	12/10③	12
	最多绳数 Z_{max}	6	8	8	10	10	12	12	16/14③	12
钻井钢丝绳直径②	mm	22	26	29	32	32	35	38	42	52
	(in)	(7/8)	(1)	$(1\frac{1}{8})$	$(1\frac{1}{4})$	$(1\frac{1}{4})$	$(1\frac{3}{8})$	$(1\frac{1}{2})$	$(1\frac{5}{8})$	(2)
钻井泵单台功率不小于	kW	260	370	590	735		960	1180		1470
	(hp)	(350)	(500)	(800)	(1000)		(1300)	(1600)		(2000)
转盘开口直径	mm	381，445		445，520，700			700，950，1260			
	(in)	$(15，17\frac{1}{2})$		$(17\frac{1}{2}，20\frac{1}{2}，27\frac{1}{2})$			$(27\frac{1}{2}，37\frac{1}{2}，49\frac{1}{2})$			
钻台高度	m	3，4	4，5	5，6，7，5			7，5，9，10，5，12			
井架④		各级钻机均采用可提升28m立柱的井架，对10/600、15/900、20/1350三级钻井也可采用提升19m立柱的井架，对120/9000一级钻井也可采用提升37m立柱的井架								

①114mm钻杆组成的钻柱的名义平均质量为30kg/m，127mm钻杆组成的钻柱的名义平均质量为36kg/m，以114mm钻杆标定的名义钻深范围上限作为钻机型号的表示依据。

②所选用钢丝绳应保证在游动系统最多绳数和最大钩载的情况下安全系数不小于2，在钻井绳数和最大钻柱载荷情况下安全系数不小于3。

③为非优先采用参数。

④不适用于自行钻机、拖挂式钻机。

1）名义钻深范围

指该级钻机可经济使用的钻井深度。名义钻深范围的下限是一个经济合理值，与前一级的上限有重叠；名义钻深范围的上限为该级钻机的名义钻井深

度 L。

钻机的名义钻井深度与使用的钻柱有关，我国推荐使用114mm($4\frac{1}{2}$in)钻杆，同时也给出了使用127mm(5in)钻杆时可钻达的井深。

2)最大钻柱质量 Q_{st}

在标准规定的钻井绳数下，正常钻进或进行起下作业时，大钩所允许承受的最大钻柱在空气中的质量。

$$Q_{st} = q_{st}L \tag{2-1}$$

式中 L——钻柱长度，m；

q_{st}——每米钻柱质量，使用114mm钻杆时 $q_{st}=30$kg/m，使用127mm钻杆时 $q_{st}=36$kg/m。

Q_{st} 可直接由钻深范围算得，所以不再列在国家标准基本参数中，但 Q_{st} 是计算钻机疲劳强度的依据，是一个非常重要的钻机参数。

3)最大钩载 Q_{max}

在标准规定的最多绳数下，下套管或进行解卡等其他特殊作业时大钩上不允许超过的最大载荷。Q_{max} 决定钻机下套管和处理事故的能力，是钻机静强度和刚度计算的依据。

4)提升系统绳数 Z，Z_{max}

钻井绳数 Z 指用于正常起下钻及钻进时的有效绳数。游动系统最多绳数 Z_{max} 指钻机配备的轮系所提供的最大有效绳数。

2.1.3.5 钻机的型号

石油行业标准SY/T 5609—1999规定钻机型号的表示方法：

ZJ□/□□□-□

其中，ZJ表示钻机；

第1框为钻机级别，以100m为单位计算的名义钻深范围上限；

第2框为最大钩载，单位为kN；

第3框为钻机特征，L表示链条并车钻机，J表示V带并车钻机，C表示齿轮传动钻机，Y表示液压钻机，DJ表示交流电动钻机，DZ表示直流电动钻机，DB表示交流变频电动钻机；

第4框为移运方式，块装式符号省略，Z表示自行式钻机，T表示拖挂式钻机；

第5框为改型序号，用阿拉伯数字表示，原型不写。

例如，5000m块装直流电驱动钻机第二次改型表示为，ZJ50/3150DZ-2。

2.2 石油钻机的起升系统

2.2.1 起升系统工作原理

起升系统包括绞车、游动系统、井架。起升系统是石油钻机的核心，它的主要作用是在钻井过程中起升和下放钻柱、控制钻头施加在井底的钻压、下放加固井壁的套管及其他辅助作业。

2.2.1.1 起钻操作

更换钻头时需将井中的全部钻柱取出，这称为起钻作业。起钻包括以下操作：

①上提钻具全露方钻杆，用卡瓦或者吊卡将钻柱坐在转盘上。

②旋下方钻杆，将方钻杆和水龙头置于大鼠洞中。

③用吊环扣住钻杆接头。

④挂合轿车滚筒，带动钻柱起升，提出卡瓦，将井中整根钻柱起升一个立根高度(2～3个单根)，然后摘开离合器，刹车。

⑤稍松刹车，下放钻柱，用卡瓦或者吊卡将钻柱卡坐在转盘上。

⑥用液压大钳崩扣后卸扣。

⑦将立根移入钻杆盒并靠在二层台指梁中，摘开吊卡。

⑧下放空吊卡至转盘上方刹住。

起另一立根时又重复上述操作。每起一个立根就构成一个起钻循环直到将井中钻柱全部起出为止。

2.2.1.2 下钻操作

将钻头、钻铤、方钻杆组成的钻柱下入井中，这称为下钻作业。下钻包括以下操作：

①挂吊卡，以高速挡提升至一个立根高度。

②在二层台处扣吊卡，稍提立根移至井眼中心，对扣。

③用液压大钳上扣后紧扣。

④稍提钻柱，移出卡瓦或吊卡。

⑤用机械刹车和辅助刹车控制下放速度，将钻柱下放一个立根的距离。

⑥借助吊卡(或卡瓦)将钻柱坐在转盘上，从吊卡上将吊环脱开。

下另一立根时又重复上述操作。

2.2.2 井架及底座

2.2.2.1 概述

钻井井架是起升设备的重要组成部分之一。它不仅要承受水平载荷，还要承受可高达9000kN的垂直载荷。是它在钻井或修井过程中，用于安放天车，悬挂游车、大钩、吊环、吊卡等机具，以及起下、存放钻杆、油管及抽油杆。

1)功能

井架的主要功能：

①安放天车，悬挂游车、大钩、顶部驱动系统及专用工具(如吊钳等)，在钻井过程中进行起下钻具操作、下套管。

②起下钻过程中存放立根。能容纳立根的总长度称立根长度。

2)钻井工艺对井架的基本要求

钻井工艺对井架的基本要求：

①足够的承载能力，保证能起下一定深度的钻杆柱和下放一定深度的套管柱。所谓足够，即要与该井架所配用钻机大钩公称起重量(最大钻杆柱重量)及大钩最大起重量相适应。

②足够的工作高度和空间，足够的钻台面积。工作高度大，起下立根长度长，速度快，可节省时间。井架上下底应有必要的尺寸，以安装天车，并保证起下操作时游动系统设备畅行无阻；便于在钻台上布置设备，安放工具，方便工人操作，使司钻有良好的视野。

③应保证拆装方便，安全，移动迅速。为此，结构应简单、轻便，并尽可能采用分段或整体运输，水平安装及整体起放的安装移运方法。

3)井架的结构组成

井架的结构组成(图2－6)主要包括如下部分。

①井架主体：多为型材组成的空间桁架结构。

②天车台：安置天车和天车架。

③天车架：安装、维修天车。

④二层台：包括井架工进行起下操作的工作台和存靠立根的指梁。

⑤立管平台：装拆水龙袋的操作台。

⑥工作梯。

例外：轻便钻机井架、采油井架，一般不设立管平台、天车台和天车架，有的还不设二层台。

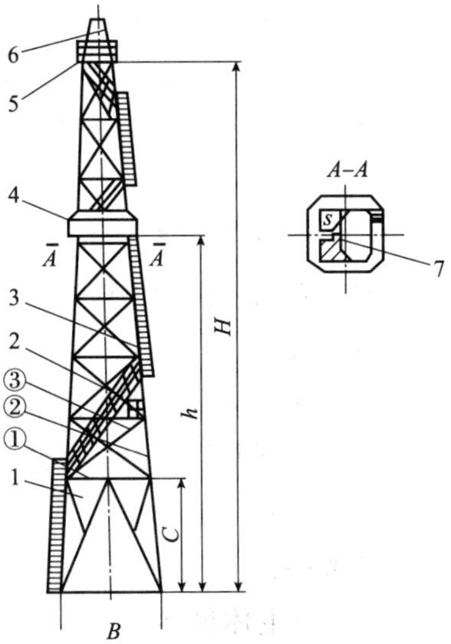

图2-6 井架的结构示意图

1—井架主体(①横杆；②弦杆；③斜杠)；2—立管平台；3—工作梯；
4—二层台；5—天车台；6—天车架；7—指梁

2.2.2.2 井架整体结构类型

钻机井架按整体结构形式的主要特征可分为塔形井架、前开口井架、A形井架、桅形井架、动力井架等多种基本类型。

1)塔形井架

塔形井架(图2-7)是一种横截面为正方形或矩形的四棱截锥体空间桁架。井架主体由四扇平面梯形桁架组成，每扇又分为若干桁格，同一高度的四面桁格在空间构成井架的一层，故整个井架也可视为由多层空间桁架组成。

图2-7 塔形井架

塔形井架主要特点：

①井架主体部分为封闭结构，整体稳定性好，承载能力大。

②整个井架由许多单一构件用螺栓连接而成，制造简单，运输方便。

③井架内部空间大，起下操作方便，安全。

④拆装工作量大，高空作业不安全，搬迁不方便。

塔形井架适用于较少搬迁而要求承载能力大、稳定性好的钻机，如海洋钻机、超深井钻机。

图2－8　前开口井架

2)前开口井架

前开口井架，如图2－8所示，又称K形井架或Π形井架，国产新型钻机井架多属此类。主要结构特征：

①整个井架主体由3～5段焊接结构组成，各段一般为焊接的整体结构，段间采用锥销定位和螺栓连接。

②通常采取水平拆装，整体起落和分段运输的办法搬迁井架。搬迁方便、安全、迅速。

③受运输尺寸限制，井架主体截面尺寸比塔形井架小，使井架内部空间比较狭窄。为了方便游动系设备上下运行和放置立根，井架主体做成前扇敞开，横截面为开口矩形(Π形)的不封闭空间结构，其整体稳定性较塔形井架差而较A形井架优。有的前开口井架最上段做成四边封闭结构，以增强整体稳定性。

④井架各段两侧桁架结构形式相同。背扇采用特殊腹杆布置形式，如菱形，以保证司钻视野良好。有些前开口井架的背扇横斜杆是由锁轴与左右侧片连接的可拆卸结构，便于井架分片运输。

由于前开口井架结构简单，移运、搬迁方便，具有良好的承载能力和整体稳定性，而成为应用最广泛的陆地钻机井架。如美国陆地钻机几乎全部采用前开口井架。近年来，我国在前开口井架研制方面进展迅速，已设计制造了配用1500～12000m钻机的多种前开口井架并投入矿场使用。

前开口井架一般采用液压千斤顶调整井架位置，对正井眼中心。前开口井架都带有起升用的人字架，利用钻机自身的动力，通过绞车、游动系统、平衡滑轮、人字架起升钢绳、井架下部导向滑轮等完成井架起升和下放。井架起升后，人字架便构成井架整体一部分。

3)A形井架

(1)A形井架特征

①它是由两个等截面的空间杆件结构或管柱式结构的大腿靠天车台和二层台及附加杆件连接而成的“A”形空间结构。大腿的前方或后方有撑杆支承，或在后方用人字架支承，构成一个完整的空间结构。整个井架在地面或接近地面水平组装，整体起放，分段运输。

②大腿可以是空间杆件结构，两个大腿都是由3～5段封闭的焊接结构用螺栓连接的整体结构。依所选型材不同，大腿断面一般分为矩形和三角形。用管材

作大腿弦杆者多采用三角形，用角钢者多采用矩形，以便制造。撑杆有杆系柱结构、矩形断面板焊柱结构或管柱结构几种。

③A 形井架的每根大腿都是封闭的整体结构，承载能力强、稳定性较好。井架内部空间大，钻台宽敞，司钻视野开阔。由于两腿间联系较弱，因此井架整体稳定性较差。

（2）A 形井架起放方式

A 形井架起放方式基本有三种支撑法：

①撑杆法：利用井架本身的撑杆来起放井架，安装方便，起放平稳；但撑杆在起放时要在大腿上滑动，且撑杆受力复杂，故井架大腿和撑杆结构较复杂。

②人字架法：利用安装在钻机底座上的人字架起放井架。起升完毕后，人字架便成为井架下段组成部分。该方法起升平稳，安装方便。近年来新设计的深井、超深井高钻台 A 形井架利用高钻台进行井架起升。

③扒杆法：靠另外配备一套起升扒杆来起放井架。采用这种方法起放的井架，一般都采用后撑杆，井架主体和撑杆都比较简单，其结构基本不受起放方式的影响，它们的承载状况较好，可以设计得更轻便；但安装起吊扒杆比较费时，起放也不够平稳。

A 形井架大腿结构简单；拆装方便，安全，移运迅速；钻台宽敞，司钻视野开阔。但总体稳定性较前两种井架差，适用于中深井和深井钻机。

JJ300/43—A 形井架如图 2－9 所示，MA－200型井架整体起升示意图如图 2－10 所示，MA－320 型井架起升示意图如图 2－11 所示。

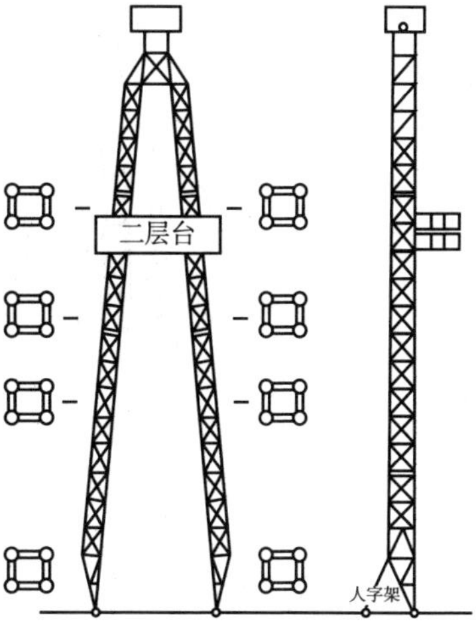

图 2－9　JJ300/43—A 形井架

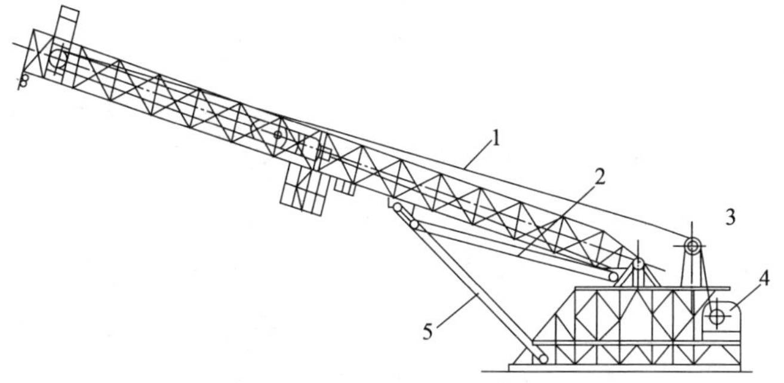

图 2－10　MA－200 型井架整体起升示意图

1—快绳；2—起升钢绳；3—猫头轴中间滑轮；4—绞车；5—前撑杆

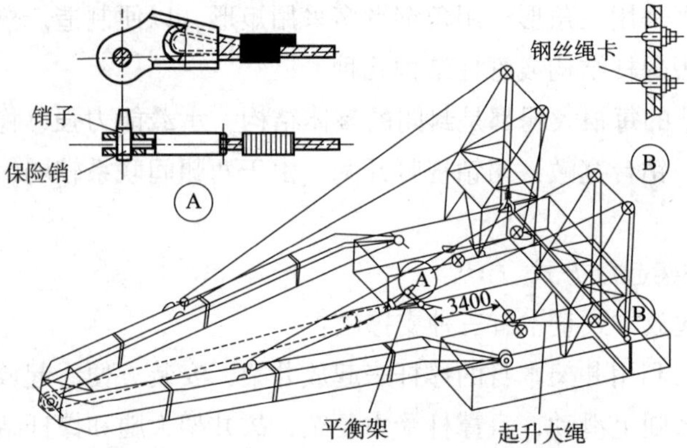

图 2－11　MA－320 型井架起升示意图

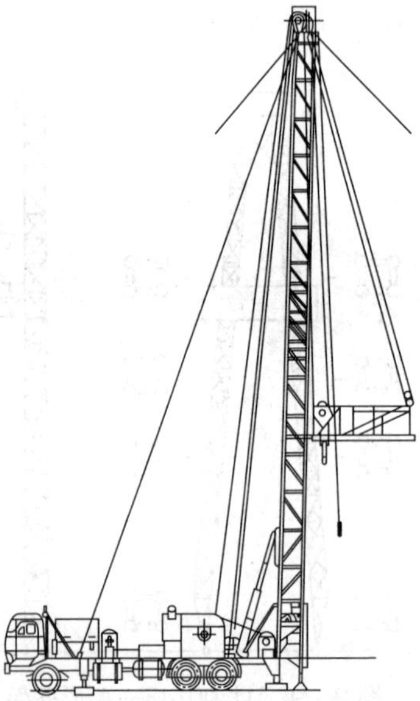

图 2－12　XJ250 修井机 Π 形伸缩式桅形井架

4）桅形井架

桅形井架是由一节或几节杆件结构或管柱结构组成的单柱式井架，有整体式和伸缩式两种。这种井架一般利用液压缸或绞车整体起放，分段或整体运输，拆装移运很方便。由于井架横截面尺寸小，为了避免游动系统设备上下运行不便，并适应井架伸缩或折叠的需要，井架前扇一般做成部分或全部敞开的 Π 形截面结构。同时井架工作时也向井口方向前倾（倾角一般在 7°以内）。因此，绷绳成了井架不可缺少的基本支承之一，是桅形井架整体结构的主要特征。桅形井架结构简单、轻便，但承载能力小，只用于车装轻便钻机和修井机。例如：XJ250 修井机用的就是 Π 形伸缩式桅形井架（图 2－12）。

5）动力井架

安装于海上浮式钻井装置上，因设计计算时必须计入动力载荷，通称为动力井架（图 2－13）；一般是塔架或前开口井架，必须有控制游车运行的导轨。

图 2－13　动力井架

2.2.2.3　钻井井架整体结构形式对比

前开口井架：结构简单，拆装安全、方

便，移运迅速，整体稳定性优于 A 形井架。

A 形井架：拆装方便、安全，移运迅速，钻台宽敞，司钻视野开阔。

塔形井架：制造容易，整体稳定性好，承载能力大，井架内部空间大，司钻视野较好。

2.2.2.4　井架基本参数

井架主要特征的基本参数皆与起下作业有关。

1) 最大钩载

井架的安全承载能力一般常用所配钻机或修井机的最大钩载来表示。它是指在没有风载，死绳固定在指定位置，而二层台不存放立根或抽油杆、油管的条件下，大钩所能承受的最大载荷(包括游系系统重量)。

2) 立根载荷

立根载荷是指立根自重及其承受的风载在二层台指梁上所产生的水平方向作用力。

3) 井架高度

井架的高度根据其类型不同而定义。

①塔形井架的高度是指井架大腿底板底面到天车梁底面的垂直高度。

②前开口井架和 A 形井架的高度是指井架下底支角销孔中心到天车梁面的垂直高度。

③桅形井架的高度是指撬座或车轮与地面接触点到天车梁底面的垂直高度。

4) 井架的有效高度

井架的有效高度则是指从钻台大梁顶平面到天车梁底面的垂直高度。

5) 二层台高度

二层台高度指的是从钻台平面到二层台底面的垂直高度。它取决于立根长度和二层台操作台的位置。为了便于井架工在二层台摘挂吊卡，应使操作台的底面(通常也是二层台底面)比立根存放在立根盒上的高度低 1.8 ~2.0m，通常二层台具有两三个不同高度安装位置，以适应不同长度立根操作的需要。

6) 二层台容量

二层台容量是指二层台指梁(安装在二层台的最小高度上)所能存放立根的数量，用立根(钻杆、油管或抽油杆)的总长度来表示。

井架的指梁应能满足存放全部立根的需要，所以二层台容量主要取决于指梁高度及其所围抱的有效面积(存放立根数量)。

7) 井架上、下底尺寸

井架上、下底尺寸分别指沿天车梁底面和钻台大梁顶面井架大腿轴线间的水平距离。它们应满足操作方便和安全的需要，上底尺寸是根据天车的外形尺寸和游车的工作要求确定的，而下底尺寸应根据有关设备工具的布置，起下钻操作及存放钻具所需钻台面积的大小来确定。

8)大门高度

塔形井架大门高度是指井架大腿底板平面到大门顶面的垂直高度。大门高度一般应高于8m，以便将单根立根拉上钻台。

2.2.2.5 井架载荷

1)恒载

井架和恒载指那些长期作用在井架上的不变载荷，包括井架本身的重量以及安放在它上面的各种设备和工具的重量，如天车、游动系统和吊钳等。设计计算井架时一般按集中载荷分配到井架相应各层节点上。井架工作时与起落时载荷不同，分布到各点上的力也不同。

2)大钩载荷

作用在井架上的大钩实际载荷是变化的，而井架上计算大钩载荷按其最大值，即 Q_{max} 确定。塔形井架和 A 形井架的钩载一般按作用在井架中心考虑。前开口井架和桅形井架则按井架具体结构而定。

3)工作绳载荷

大钩载荷在快绳和死绳上产生的拉力之合力为工作绳对井架的作用力。由于死绳固定位置一般与井架主体的几何轴线偏离了一个角度，井架各大腿的受力不均。

$$P_d \approx 2P = \frac{2(Q_{max} + 10G)}{Z} \tag{2-2}$$

式中 P_d——工作绳作用力，kN；

P——大钩静止悬重时的游绳拉力，kN；

Q_{max}——最大钩载，kN；

G——游动系统(包括大钩、游车、游绳)重量，kN；

Z——游动系统的有效绳数。

4)风载

井架在空中成为风在运动过程中的障碍物，而使空气的运动受阻，此时运动着的空气的部分动能转变为对井架承风面积的压力。压力的强度取决于风速、空气的质量密度及井架结构的形状和风向。

井架在工作时所承受的风载 P_w 可按式(2-3)计算。

$$P_w = Wf \tag{2-3}$$

式中　P_w——作用在井架上的风载，N；

W——作用在井架上的计算风压，Pa，它的确定可以参见我国现行的 GB 50009—2024《建筑结构荷载规范》；

f——承风面积，是指垂直于风向的井架外廓面积，m^2。

5）立根载荷

存放于井架上的立根对井架的水平方向作用力称为立根载荷及立根所受风载，它通过二层台指梁按水平方向作用到井架上。由立根自重产生的载荷 P_1 可以按照下式计算：

$$P_1 = 10 \times \frac{1}{2} qLn\mathrm{ctg}\theta \tag{2-4}$$

$$P_1 = 5qLn\mathrm{ctg}\theta \tag{2-5}$$

式中　q——立根单位长度质量，kg/m；

n——指梁上存放的全部立根数；

L——立根长度，m；

θ——立根与钻台平面的倾角，一般取 86°～88°。

排列在指梁上的一组立根所受风载，可以按照前述计算风载的方法计算，在井架没有围篷布的情况下，其承风面积：

$$f_1 = n_1 dL\sin\theta \tag{2-6}$$

式中　n_1——指梁上每一排的立根数；

d——立根外径，一般取接头外径，m。

6）绷绳载荷

桅形井架需计入绷绳载荷，即井架受到上述载荷（桅形井架不承受立根载荷）而在绷绳中产生拉力，它的大小因井架的结构尺寸、绷绳数量和固定位置不同而异。

图 2－14 为一般条件下修井架桅形井架的绷绳布置图。A、B、C、D 四组绷绳的初始推荐拉力每根分别为 5kN、2.3kN、4.5kN、4.5kN。

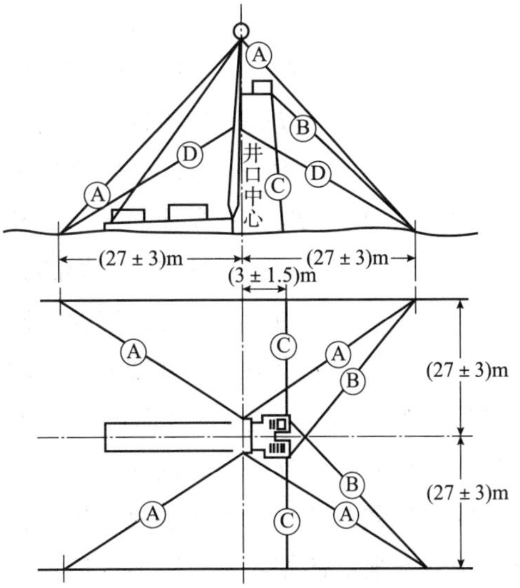

图 2－14　桅形井架绷绳布置图

7）动力载荷

海上浮式钻井装置上的井架如图 2－15 所示，因风浪作用而产生纵摇、横摇和升沉运动，井架因而受到惯性力的作用称为动力载荷。

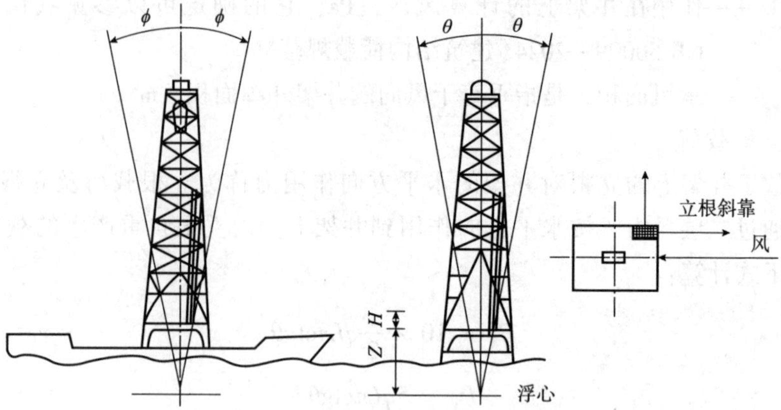

图2－15　海上浮式钻井装置井架参数示意图

$$F_{纵}=\left(\frac{GL_1}{g}\times\frac{4\pi^2}{T_{纵}{}^2}\times\frac{\pi Ø}{180}\right)+G\sin Ø \tag{2－7}$$

$$F_{横}=\left(\frac{G}{g}\times\frac{4\pi^2}{T_{横}{}^2}\times\frac{\pi ØL}{180}\right)+G\sin\theta \tag{2－8}$$

$$F_{升}=G+\frac{G\times 2\pi^2 H}{T_{升}{}^2 g} \tag{2－9}$$

式中　$F_{纵}$、$F_{横}$、$F_{升}$——纵摇、横摇和升沉所产生的作用力，kN；

G——井架计算部分(包括井架及其上所有设备与钻具)的质量，kg；

L_1——从纵摇轴线到计算部分的重心的距离，m；

L——从横摇轴线到计算部分的重心的距离，m；

H——升沉总位移量，m；

$T_{纵}$、$T_{横}$、$T_{升}$——纵摇、横摇和升沉的周期，s；

$Ø$、θ——纵摇、横摇的偏角，(°)；

g——重力加速度，9.81m/s^2。

动力载荷的大小取决于井架的质量和上述振动的周期和振幅。例如，当升沉运动振幅为3m时，其因升沉而产生的动力载荷与井架质量相当。所以海上钻井井架在设计时必须计入动力载荷，因而称这类井架为动力井架。

除上述载荷外，井架在起放过程中，井架各构件的内力因井架的位置不同而异，同时井架上还作用有安装绳载荷等。对于在地震区域工作的各类井架，还应考虑水平作用的地震载荷。

2.2.2.6　钻机底座

钻机底座是用于安放钻井设备的基础，也是钻井工人进行钻井作业的工作平台。

钻机底座分为前台(钻台)和后台底座。钻台底座上安装液压猫头、液压大钳、气动绞车、吊钳、绞车、转盘及转盘驱动装置、司钻控制房和司钻偏房等设备。钻台一个重要作用是存放钻柱的立根。有的钻机的井架直接安放在钻台底座上。后台底座用于安放动力与传动装置，有的钻机在后台底座上安放绞车。钻机前台底座与井架同属空间杆系结构，结构尺寸和重量比井架的大，多用钢板焊接而成。

钻机底座的主要用途：①安装井架、转盘。②放置立根盒、井口工具司钻房、偏房和绞车。③容纳井口工具。要求钻机底座具有一定面积、高度；具有足够的强度、刚度及稳定性能。

钻台底座按结构类型可分为层箱式底座、块装式底座及自升式底座。自升式底座按起升方式又可分为弹弓式、旋升式、伸缩式三种。目前国内外4000~9000m陆地钻机主要采用K形井架和旋升式底座。

旋升式底座是近年发展起来的一种钻机底座，其主要特点是底座地面组装，同时将绞车、转盘等在底座上安装固定，然后通过底座自身配备的动力或钻井绞车的动力，将底座升高到钻台的工作高度。

2.2.3　游动系统

2.2.3.1　天车和游车

天车是安装在井架顶部的定滑轮组。游车是在井架内部上下做往复运动的动滑轮组，常说的游动系统结构指的是游车轮数×天车轮数。

天车主要由天车架、滑轮、滑轮轴、轴承、轴承座和辅助滑轮等零件组成。天车架是由钢梁焊接而成的矩形框架，用以安装天车轮并与井架顶部相连接。六个滑轮分为两组，中间用一个轴套隔开。快绳滑轮安装在两组天车滑轮之间的前方，便于使快绳直接从井架外侧引向滚筒。每个滑轮采用一个双列圆锥滚子轴承，每个轴承都有一个单独的润滑油道，钻在滑轮轴上，用锂基黄油润滑。

游车主要由滑轮、滑轮轴、轴承、轴承座及支架组成。游车的形状为流线型，以防起下时挂碰二层台上的外伸物。同时，游车要保证一定的重量，以便它在空载运行时平稳而垂直地下落。现在，钻机各型游车都是一根芯轴，滑轮在轴上排成一列，其结构与天车相似。

型号表示方法：设备代号 – 最大负荷。

例：TC – 350，YC – 350，表示最大工作载荷为 3500kN 的天车和游车。

常用型号：

TC – 135，YC – 135，最大工作载荷为 1350kN；

TC – 200，YC – 200，最大工作载荷为 2000kN；

TC – 225，YC – 225，最大工作载荷为 2250kN；

TC – 350，YC – 350，最大工作载荷为 3500kN；

TC – 450，YC – 450，最大工作载荷为 4500kN；

TC – 585，YC – 585，最大工作载荷为 5850kN。

TC – 350 天车如图 2 – 16 所示，YC – 350 油车如图 2 – 17 所示。

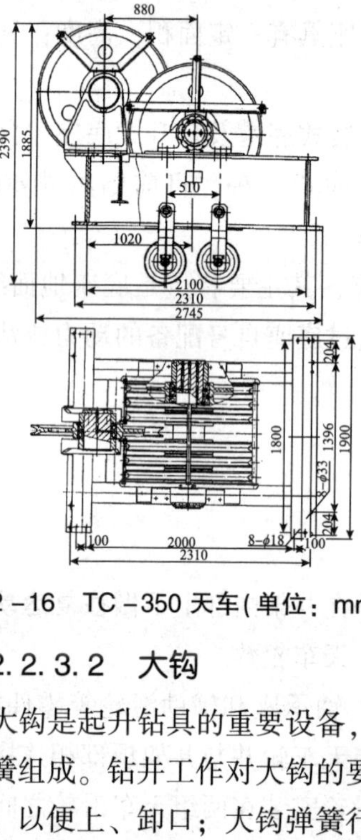

图 2 – 16　TC – 350 天车（单位：mm）

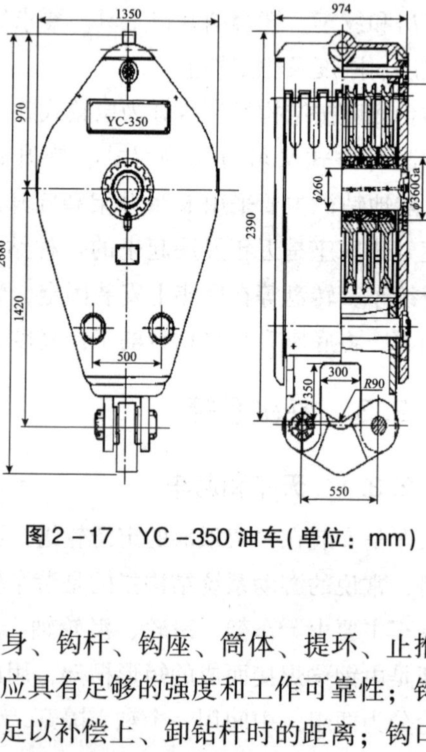

图 2 – 17　YC – 350 油车（单位：mm）

2.2.3.2　大钩

大钩是起升钻具的重要设备，由钩身、钩杆、钩座、筒体、提环、止推轴承和弹簧组成。钻井工作对大钩的要求：应具有足够的强度和工作可靠性；钩身能转动，以便上、卸口；大钩弹簧行程应足以补偿上、卸钻杆时的距离；钩口和侧钩的闭锁装置应绝对可靠、闭启方便；大钩应有缓冲减振功能，减小拆卸立根的冲击。大钩的功用是在正常钻进时悬挂水龙头和钻具，在起下钻时悬挂吊环起下钻具，完成起吊重物、安放设备及起放井架等辅助工作。大钩与游车结合成一体，称为游钩，是目前使用的主要形式。

大钩有单钩、双钩、三钩。目前使用的大钩有两大类。一类是单独的大钩，其提环挂在游车的吊环上，可与游车分开拆装，如 DG – 130 型大钩；另一类是将游车和大钩做成一个整体结构的游车大钩，如 MC－400 型游车大钩。为防止水龙头提环从大钩中脱出，在钩口处装有由安全锁体、滑块、拔块、弹簧座及弹簧等构成的安全锁紧装置。为悬挂吊环和提放钻具，钩身压装轴及挂吊环轴用耳环闭锁，用止动板防止两支撑轴移动。钩身与钩杆用轴销连接，钩身可绕轴销转动一定角度。常用的大钩有 DC－130、DG－350、MC－400、MC－200 等。

型号表示方法：设备代号－最大负荷。

例：DG－350，最大工作负荷 3500kN 大钩。

常用型号：

DG－135，最大工作负荷 1350kN；

DG－200，最大工作负荷 2000kN；

DG－350，最大工作负荷 3500kN；

DG－450，最大工作负荷 4500kN；

DG－585，最大工作负荷 5850kN。

DG－350 大钩如图 2－18 所示。

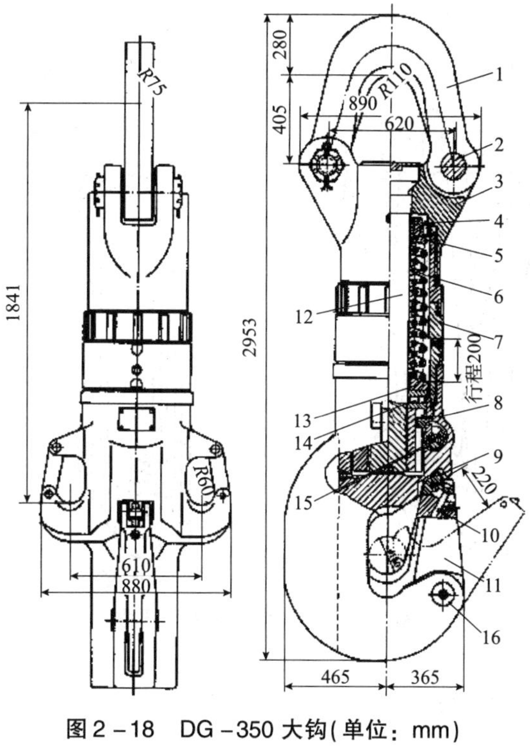

图 2－18 DG－350 大钩(单位：mm)

1—吊环；2—销轴；3—吊环座；4—定位盘；5—外负荷弹簧；6—内负荷弹簧；7—筒体；8—钩身；9—安全锁块；10—安全插销；11—安全锁体；12—钩杆；13—钩座；14—轴承；15—转动锁紧；16—安全锁轴

游车大钩由游动滑车和大钩两部分组成，为一个整体的部件。其优点是缩短了游动滑车和大钩的长度，便于充分利用井架的高度，操作方便。

2.2.3.3 钢丝绳

SY/T 5170—2013 规定，各级钻机均选用圆股钢丝绳中的 6×19 类钢芯，如图 2-19 所示。

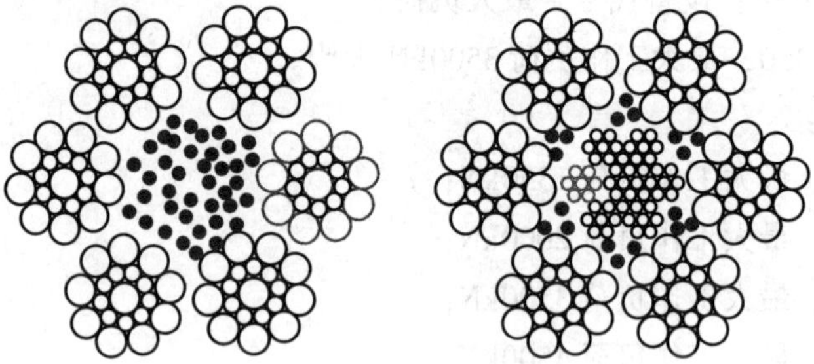

图 2-19 钻井钢丝绳结构

各级钻机选用的钢丝绳应在保持钻井绳数和最大钻柱重量情况下，安全系数不小于 3；在最大绳数和最大钩载情况下，安全系数不小于 2。

游动系统钢丝绳可有交叉穿法和顺穿法，如图 2-20 所示。

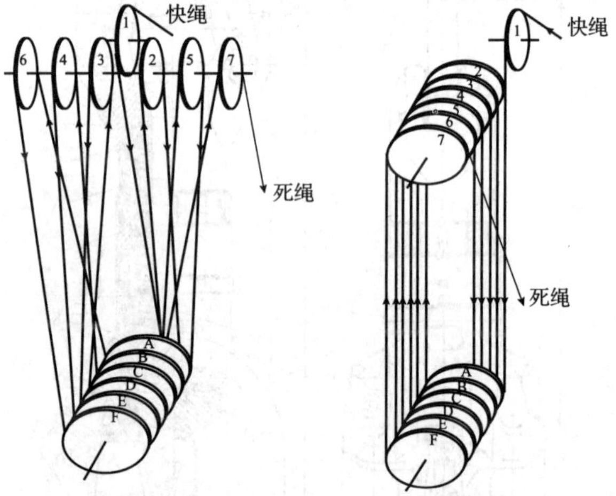

(a)交叉穿法　(a)顺穿法

图 2-20 钢丝绳穿法示意图

2.2.4 钻井绞车

2.2.4.1 绞车的功能与结构组成

钻井绞车不仅是起升系统设备，也是整个钻机的核心部件，是钻机三大工作机构之一。

1)功能

绞车的主要功能:

①起下钻具、下套管。

②钻进过程中控制钻压,送进钻具。

③借助猫头上、卸钻具丝扣,起吊重物及进行其他辅助工作。

④充当转盘的变速机构或中间传动机构。

⑤整体起放井架。

2)结构组成

钻井绞车是一台多功能的起重工作机。尽管各型绞车在结构上有所差异,但都具有类似的功能机构或部件。其由以下几部分组成:

①滚筒、滚筒轴总成,这是绞车的核心部件。

②制动机构,包括液压盘式刹车和电磁涡流辅助刹车。

③有的重型钻机绞车上还包括捞砂滚筒,用以提取岩心筒和打捞井内沉砂。

④传动系统,引入并分配动力和传递运动。对于内变速绞车,除传动轴及滚筒轴、变速轴外,还包括链条、齿轮、轴系零件及转盘中间传动轴等。

⑤控制系统,包括牙嵌、齿式、气动离合器,司钻控制台、控制阀件等一般都属于钻机控制系统的组成部分。

⑥润滑系统,包括黄油润滑、滴油润滑和密封传动时的飞溅或强制润滑。

⑦支撑系统,有焊接的框架式支架或密闭箱壳式座架。

2.2.4.2 绞车的类型与选用

1)绞车的类型

绞车种类繁多,习惯上有多种分类法。如按轴数分,有单轴、双轴、三轴及多轴绞车;按滚筒数目分,有单滚筒和多滚筒绞车,主滚筒用于起下钻具,捞砂滚筒用于提升取心工具及试油时进行提捞作业;按提升速度数分,可分为二速、三速、四速、六速和八速绞车,柴油机-变矩器驱动的钻机一般用四速,可提高变矩器使用效率。

最能体现绞车结构特点的是它的传动方案。按绞车轴数,对各种绞车传动方案进行归纳和分析,以揭示其结构类型及特点。

(1)单轴绞车

图2-21所示为现代大型单轴绞车,这类绞车特点:

①完成单一起升功能,不带猫头和捞砂筒。

②采用电马达或液压马达驱动，利用一级齿轮传动实现机械减速。

③采用液压盘式刹车，克服了带式刹车的缺点。

(2)双轴绞车

ZJ15D 钻机双轴绞车如图 2－22 所示，由滚筒轴外加一猫头轴组成。它仍为绞车外变速，猫头轴的转速通过滚筒轴转换而来，比单轴绞车方便。

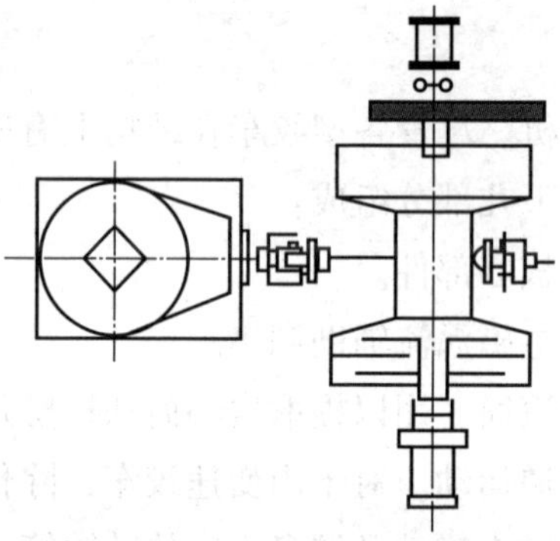

图 2－21　现代大型单轴绞车

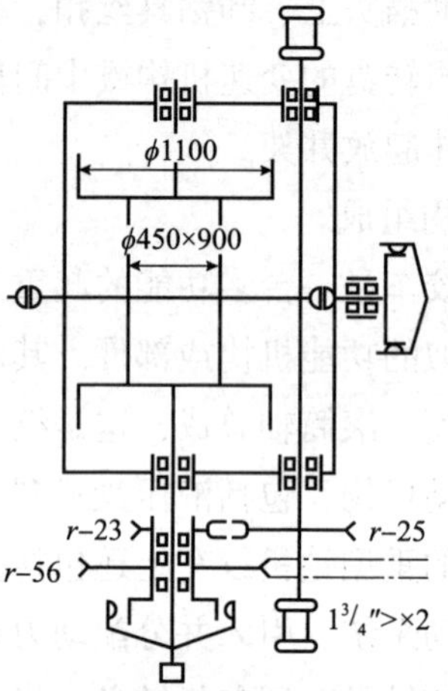

图 2－22　ZJ15D 钻机双轴绞车

(3)三轴绞车

图 2－23 所示为三轴绞车，其传动方式的特点：多加了一根引入动力的传动轴，在绞车内实现链条交速传动，共有四个机械挡；取消了外带的变速箱，但绞车本身却复杂了，重达 306kN；主刹车采用液压盘式刹车，辅助刹车采用电磁涡流刹车。

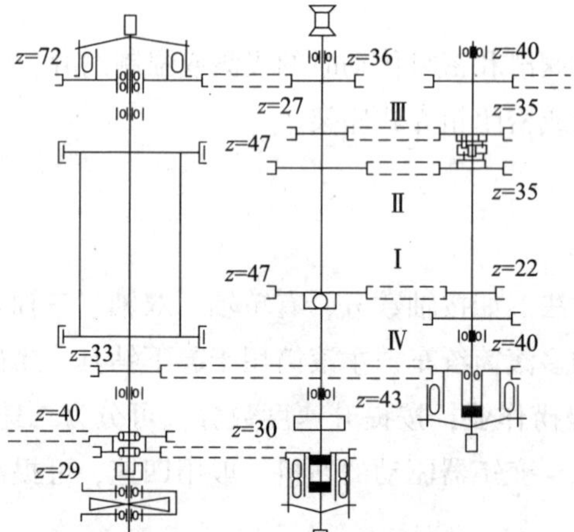

图 2－23　三轴绞车

(4)多轴绞车

四轴及以上的绞车称为多轴绞车，如图 2－24 所示。内变速，链条传动。它由输入轴、中间轴(变速轴)、猫头轴、滚筒轴组成。绞车内齿轮倒车，水刹车装在滚筒轴上，通过齿套离合器实现离合，总重达 300kN。

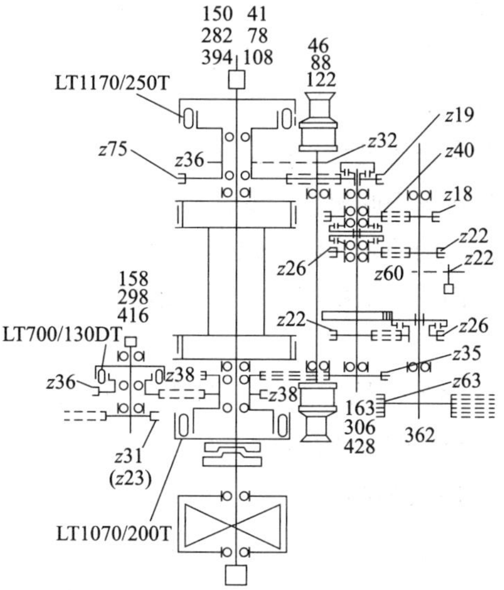

图 2 –24　多轴绞车

(5)电驱动绞车

某些电驱动的超深井钻机利用直流电动机分别驱动滚筒轴和猫头轴，主滚筒和猫头轴各自为独立单元，或将绞车分解成滚筒绞车和猫头绞车(轴上装有捞砂滚筒)两个独立单元。

俄罗斯钻深 15000m 钻机“乌拉尔 15000”的电驱动绞车可以由两台电动机直接驱动滚筒轴，也可以用一台电动机直接或通过传动比为 1 及传动比为 3 的链条箱驱动滚筒轴。绞车最大输出功率为 2646kW。

近年来发展了自升式高钻台，绞车仍可以低位安装，使深井、超深井电驱动钻机仍采用一体式双直流电动机驱动的四轴绞车。图 2 –25 所示为电驱动钻机绞车。

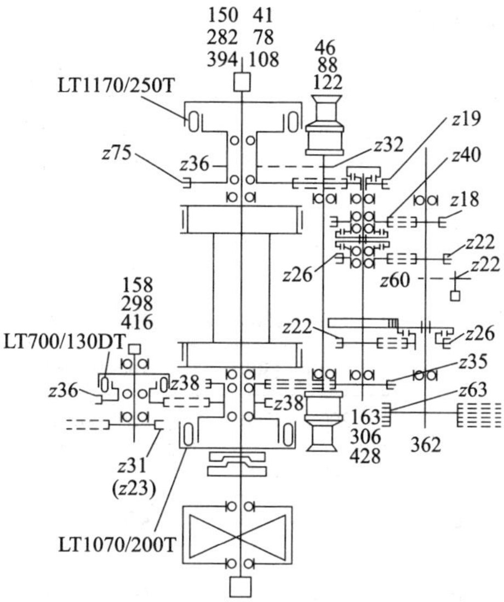

图 2 –25　电驱动钻机绞车

2)绞车的选用

一台钻机采用何种结构类型的绞车与多种因素有关，主要有：

①功率大小。主滚筒是否上钻台，如何安装移运。

②变速方式。是绞车内还是绞车外变速，这与整机传动方案有关，要统一考虑，轻、中型钻机多分为绞车外变速；重型、超重型钻机多采用绞车内变速。

③倒车方式。是绞车外还是绞车内倒车。

④功用。是否充当转盘中间机构、变速机构。

⑤润滑方式。黄油、滴油、飞溅或强制润滑。

⑥控制方式。一般都采用集中气控制，气排挡。

⑦驱动类型。

由于影响绞车结构形式的因素很多，为适应不同类型、不同级别钻机的需要，出现了结构上各式各样的绞车滚筒。

2.2.4.3 绞车的技术规范

钻井绞车已制定了标准，标准绞车的主参数是以名义井深来标注的。

标准钻井绞车型号：JC□□。其中，JC 为绞车代号；第一个□为绞车级别，是以 100m 为单位的绞车名义钻深范围上限；第二个□为绞车型式，机械驱动无代号，液压驱动为 Y，直流电驱动为 DJ，交流变频驱动为 DB。标准绞车的基本参数见表 2－2。

表 2－2 标准绞车的基本参数

级别	名义钻深范围/m（127mm 钻杆）	名义钻深范围/m（114mm 钻杆）	额定功率/kW	最大钩载/kN(tf)	钢丝绳直径/mm
10	500～800	500～1000	110～200	600(60)	φ22
15	700～1400	800～1500	257～330	900(90)	φ26
20	1100～1800	1200～2000	330～400	1350(135)	φ29
30	1500～2500	1600～3000	400～550	1700(170)	φ32
40	2000～3200	2500～4000	735	2250(225)	φ32
50	2800～4500	3500～5000	1100	3150(315)	φ35
70	4000～6000	4500～7000	1470	4500(450)	φ38
90	5000～8000	6000～9000	2210	6750(675) 5850(585)	φ42
120	7000～10000	7500～12000	2940	9000(900)	φ52

2.2.5 井口工具

井场常见的井口工具有吊卡、吊钳、卡瓦、安全卡瓦、液压大钳及滚子方补心等。

2.2.5.1 吊卡

钻井工程中，吊卡是一种用来吊起钻杆、油管和套管等管材的工具。它悬挂在提升系统大钩两侧的吊环里面，以便对井眼进行起出或下入钻具及油管、套管的作业。用于起下钻时，提升和下放钻具，并使钻具坐于转盘。在钻进中用于接单根。吊卡主要由主体、活页、开口销、手柄、活页销、锁销手柄、平衡紧定螺钉和上锁销等部分组成。通常可分为侧开双保险式、对开双保险式及闭锁环式。目前现场普遍采用的是侧开双保险式吊卡，其优点是体积小、重量轻、结构简单，操作和维护保养方便、安全。

2.2.5.2 吊钳

吊钳分为外钳、内钳两种，工作时相互协作，主要用于起下钻、下套管及钻进接单根作业时，上卸钻具丝扣及紧扣。目前现场普遍使用的是 B 形吊钳。B 形吊钳的结构比较复杂，主要由大钳销子、钳柄、吊杆、吊环、平衡螺丝、1″扣合器(方框)、2″固定扣合器(双公)、3″长钳、4″短钳(双母)、5″扣合器等十部分组成。其中 5″扣合器即为活动钳头，更换 5″扣合器可上卸不同的钻具。

2.2.5.3 卡瓦

用于起下钻作业中卡光滑的管体，同时还可以将钻具卡紧于转盘中以传递扭矩划眼之用。现场常用的是三片式卡瓦，主要由卡瓦体、卡瓦牙、衬套、压板、手把螺栓、铰链销钉、衬板和卡瓦手柄组成。现场钻井作业工作中要经常检查卡瓦牙是否固定牢靠，严防卡瓦牙坠入井内。

2.2.5.4 安全卡瓦

用于起下钻铤、取心筒和大直径的管子时卡于卡瓦上部，防止卡瓦失灵时钻具溜入井内，以保证以上作业的安全性。安全卡瓦由若干节卡瓦牙通过销子连接成一体，其两端又通过销孔的销柱与丝杠连接为一个可调节性卡瓦。

2.2.5.5 液压大钳

为井口机械化工具，主要由行程变速箱、减速装置、钳头、气控系统和液控系统等部分组成。用于：

①起下钻作业时在扭矩不超过 100kN · m 范围内上卸钻杆接头、螺纹。

②正常钻进时上卸方钻杆、接头。

③上卸直径为 203mm 的钻铤。

④甩钻杆作业。

⑤活动钻具，当转盘不能转动时，可用低挡(2.7r/min)活动钻具，时间在0.5h左右。

2.2.5.6 滚子方补心

主要由上盖、下座、轴、四个滚轮、紧固螺栓和加油杯等组成。

滚子方补心在维护保养方面应注意：

①每周检查保养。

②完井后用压软金属法检查滚轮与方钻杆的间隙是否大于3mm。

③完井后用撬杠撬动滚轮判断轴和滚轮轴承的磨损情况，检查移动量是否大于0.8mm。

④完井后转动滚轮测量磨损深度是否大于3.2mm。

以上四项指标如超过允许值，必须检修或更换。

2.2.6 常用钻井设备用材

2.2.6.1 井架、底座选材原则

井架与底座主要承载结构件材料的屈服强度不得低于235N/mm^2，对轴类不得低于414N/mm^2，但不得使用沸腾钢。可选材料：碳素结构钢Q235、低合金高强度结构钢Q345、优质碳素结构钢20#和45#、锻件用合金结构钢35CrMo、井架立柱材料可选用Q345管材。

立柱连接耳板、背横梁连接耳板、斜撑连接耳板、销轴所配耳板为Q235，它们关系到K形井架整体的稳定性和强度。

常温井架：Q345B、Q235

低温井架：Q345E

2.2.6.2 天车

天车轴：直径203.2mm，材料42CrMo，材料屈服极限$\sigma_s=539$MPa

天车轴：直径304.8mm，材料40CrNiMoA，材料屈服极限$\sigma_s=686$MPa

天车轴：直径240mm，材料35CrMo，材料屈服极限$\sigma_s=835$MPa

2.2.6.3 绞车

绞车轴：材料35CrMo，材料屈服极限$\sigma_s=835$MPa

滚筒体：45#钢

2.2.6.4 钻井泵

传动轴：屈服强度$\sigma_s=930$MPa

连杆：材料为 ZG35CrMoRe

曲轴：材料为 ZG35CrMoRe

阀箱：材料为 30CrMoRe

缸套外套：材料为 45#钢

缸套内套：1#耐磨铸铁

活塞杆：材料为 42CrMo，屈服强度 $\sigma_s = 539$MPa

拉杆：材料为 40CrMnMo

排出管路：材料为 ZG35CrMo

吸入管路：材料为 20#钢

弯管：材料为 ZG35CrMo

机架：组焊钢板材料为 Q235 – A

空气包：材料为 ZG35CrMo

2.2.6.5　游车

滑轮：材料为 ZG45，屈服强度 $\sigma_s = 310$MPa

游车轴：直径 240mm，材料为 35CrMo，屈服强度 $\sigma_s = 510$MPa

游车上横梁：材料为 ZG30Ⅱ，屈服强度 $\sigma_s = 274$MPa

游车侧板组：材料为 16Mn，屈服强度 $\sigma_s = 345$MPa

下提环：材料为 35CrMo，屈服强度 $\sigma_s = 835$MPa

2.2.6.6　大钩

大钩钩身：材料为 T – 217b

2.2.6.7　水龙头

水龙头壳体：材料为 ZG30SiMn，屈服强度 $\sigma_s = 392$MPa

水龙头中心管：材料的屈服强度 $\sigma_s = 550$MPa

水龙头提环：材料的屈服强度 $\sigma_s = 490$MPa

2.3　石油钻机的旋转系统

2.3.1　地面旋转设备

地面旋转设备包括转盘、水龙头及顶驱钻井装置。本节主要介绍转盘和水龙头。转盘是旋转系统工作机，是钻机的关键部件。水龙头在钻井过程中悬持并允许钻柱旋转，使钻井液进入钻柱内腔以完成循环洗井作业，故其是起升、循环与旋转三个系统交会的“关节”部件。

2.3.1.1 转盘

1)转盘的功用与使用要求

(1)转盘的功用

钻井过程中转盘需要完成如下主要工作：

①转动井中钻具，传递足够大的扭矩和必要的转速。

②下套管或起下钻时，承托井中全部套管柱或钻柱重量。

③完成卸钻头、卸扣，处理事故时倒扣、进扣等辅助工作；涡轮钻井时，转盘制动上部钻柱，以承受反扭矩。

(2)转盘的使用要求

转盘工作条件恶劣，工作环境不洁，泥浆喷溅，油水污蚀；井中钻柱的振跳首先直接传到转盘上，冲击振动相当严重。为保证转盘能实现其职能，正常运转，要求：

①转盘的主轴承应有足够的强度和寿命，以保证承受上百吨的套管柱或钻柱重量，并在钻柱下滑时造成的最大轴向载荷及圆锥齿轮传动造成的轴向、径向载荷作用下有足够的寿命。

②转台和圆锥齿轮能传递足够大的扭矩(可达50~100kN·m)，能倒转，能可靠地制动。

③密封性好，严防外界的泥浆、油水污液渗入转盘内部，减缓齿轮和轴承的磨损。

2)转盘结构组成与工作原理

现代钻机转盘的结构在20世纪80年代已经基本定型，90年代没有突破性发展和变化。国内外厂家生产的转盘的结构组成大同小异，基本参数已系列化，主参数为通孔直径。

国产转盘ZP-520和ZP-700应用比较普遍。现以ZP-520为例，介绍现代转盘的一般结构组成与工作原理。ZP-520配用大庆型和ZJ32型钻机，也可配用ZJ45J型钻机，如图2-26所示。

(1)转盘的结构组成

转盘实质上是一个结构特殊的角传动减速器，主要由水平轴(快速轴)总成，转台总成，主、辅轴承(负荷轴承、防跳轴承)和壳体等部分组成。

①水平轴总成。水平轴头部装有小圆锥齿轮，万向轴传动时尾部连接法兰，链传动时为链轮。水平轴通过轴承和套筒坐装在壳体中，套筒的作用是使水平轴

能进行整体式装配。水平轴下方的壳体构成一独立油池，使水平轴轴承得到良好的润滑。

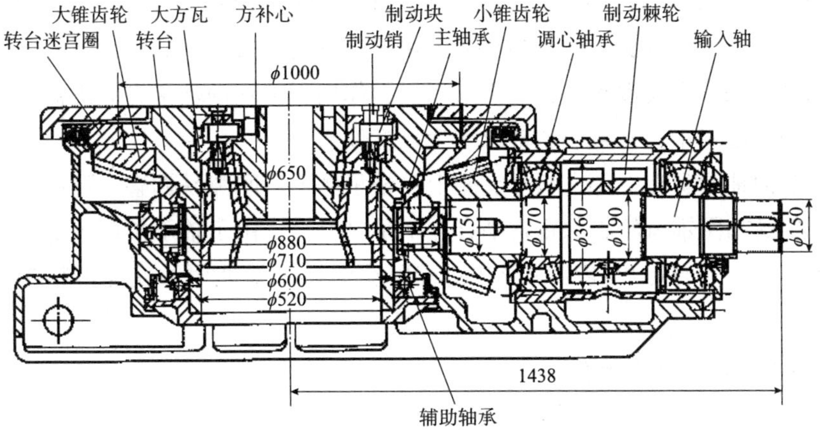

图2-26 ZP-520转盘(单位：mm)

②转台总成。转台体如同一根短粗的空心立轴，外装斜齿或螺旋齿大圆锥齿轮，借助主轴承坐装在壳体上。下部辅助轴承防止转台倾斜和向上振跳。转台中心通孔都比较大，以便通过开钻时的最大号钻头。通孔内装着方补心和与方钻杆配合的小方瓦，两者通过锁销锁在转台体上。转台上部过盈配合装着一个迷宫盘，构成整体结构，防止泥浆污水漏入转盘油池内。

③主、辅轴承。主轴承起承载和承转作用。静止时，承受最重管柱重量；旋转工作时，承受主要由方钻杆下滑所造成的轴向载荷及圆锥齿轮传动所形成的径向载荷。

辅助轴承起径向扶正和轴向防跳的作用。

④壳体。壳体是结构比较复杂而坚固的铸钢件或铸焊组件，其内腔形成两个油池；外形要便于安装固定和运输，便于工人进行井口操作。

(2)转盘的工作原理

由以上几部分组成的现代钻井转盘，动力经水平轴上的法兰或链轮传入，通过圆锥齿轮转动转台，借助转台通孔中的方补心和小方瓦带动方钻杆、钻柱和钻头转动，同时小方瓦允许钻杆轴向自由滑动，实现钻柱的边旋转边送进。起下钻或下套管时，钻柱或套管柱可用卡瓦或吊卡坐落在转台上。

3)转盘结构特点

现代钻井转盘的结构特点主要表现在转台主、辅轴承布置方案，水平轴两轴承结构形式及转台制动方式三个方面。

(1)轴承布置方案

现代钻井转盘普遍采用转台主、辅轴承同在大齿轮下方的布置方案，如ZP－520、ZP－700 及罗马尼亚的 MR175、MR205 和 MR205S 等。这种方案的特点是：

①转台、迷宫盘成一体，使外界泥浆污液不易漏入内部。

②辅助轴承离大齿轮远，在齿轮径向力作用下因辅助轴承有间隙而使转台发生倾斜的程度减小，不致使主轴承产生过度偏磨。

③辅助轴承坐在下部大螺母支座上，轴承磨损后间隙易调整，可确保主轴承不过度偏磨和圆锥齿轮副的正常啮合。不足之处是，由于轴承长期承受振动冲击载荷的作用，大螺母可能松动滑扣，或因泥浆污水长期侵蚀使螺母粘扣，检修不便。

(2)水平轴两轴承结构形式

有两种方案：

①水平轴上用同样型号的一对调心轴承分别从水平轴两端装配，这种结构不便于更换靠近小齿轮处的轴承油封，如 ZP－520 转盘。

②水平轴上两轴承采用不同形式或不同尺寸的轴承装配，且都由轴的一端进行装配，如 ZP－700 转盘。这种方案获得了普遍应用。

(3)转盘制动方式

有两种方式：

①水平轴上装有棘轮，如 ZP－520，这种方案制动时对圆锥齿轮有损害。

②用销子或棘爪直接制动转台，制动时齿轮副不参加传力，如 ZP－700 及罗马尼亚的 MR205S 转盘。

4)特性参数

(1)通孔直径

转盘通孔直径是转盘主要的几何参数，它应比第一次开钻时用的最大号钻头直径至少大 10mm。

(2)最大静载荷

转盘上能承受的最大重量，应与钻机的最大钩载相匹配。该载荷经转台作用到主轴承上，因此决定着主轴承的规格。

(3)最大工作扭矩

转盘在最低工作转速时应达到的工作扭矩，它决定着转盘的输入功率及传动零件的尺寸。有关标准规定，以 150r/min 在最大扭矩下运转 2h，齿轮齿面不得有损伤现象。

(4)最高转速

转盘在轻载荷下允许使用的最高转速，一般规定为300r/min。.

(5)中心矩

转台中心至水平轴链轮第一排轮齿中心的距离。

表征石油钻机转盘特性的基本参数都已系列化，见表2-3。

表2-3 石油钻机转盘基本参数

型号	通孔直径/mm(in)	中心矩/mm	最大静负荷/kN(tf)	最大工作扭矩/(N·m)(kg·m)	最高转速/(r/min)
ZP-175	444.5(17.5)	1117.6	1324(135)	13729(1400)	300
ZP-205	520.7(20.5)	1352.6	3138(320)	22555(2300)	
ZP-275	698.5(27.5)	1352.6	4413(450)	27459(2800)	
ZP-375	952.5(37.5)	1352.6	5884(600)	32362(3300)	
ZP-495	1257.3(49.5)	1651	6865(700)	36285(3700)	

2.3.1.2 水龙头

1)水龙头功用与使用要求

钻井水龙头通过提环挂在大钩上，上部通过鹅颈管与很长的水龙带相连，下部接方钻杆，连接下井钻具。水龙头是钻机中非常具有专业特点的设备。

水龙头的主要功用：悬持旋转着的钻柱，承受大部分以至于全部钻具重量；向转动着的钻柱内引输高压钻井液，是提升、旋转、循环三大工作机组交会的“关节”部件，在钻机组成中处于重要地位。

对水龙头的使用要求：水龙头的主轴承具有足够的强度和寿命；高压钻井液密封系统(或称冲管总成)工作可靠，寿命长，更换快速、方便；机油密封良好，能自动补偿工作过程中密封元件的磨损；各承载零件，如提环、壳体、中心管等，应有足够的强度和刚性。

大量钻井实践表明：水龙头的寿命和工作质量主要取决于主轴承的结构类型、轴承布置方案和钻井液密封系统的结构形式。

2)结构组成

以国产SL-450水龙头为例，简析现代钻井水龙头的结构组成。根据水龙头在钻井过程中所应起的作用，其结构一般都可分为三部分，如图2-27所示。

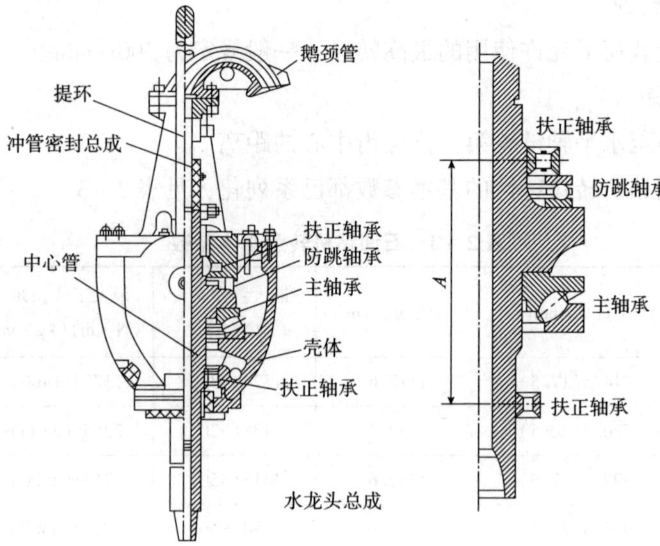

图 2-27　SL-450 水龙头

(1)承载系统

包括中心管及其接头、壳体、耳轴、提环和主轴承(负荷轴承)等。重达百吨以上的井中钻具通过方钻杆加到中心管上；中心管通过主轴承坐在壳体上经提环销、提环将载荷传给大钩。

(2)钻井液系统

包括鹅颈管、钻井液冲管总成(包括上、下钻井液密封盒组件等)。高压钻井液经鹅颈管进入钻井液管(冲管)，流进旋转着的中心管到达钻柱内，上、下钻井液密封盒用以防止高压钻井液泄漏。

(3)辅助系统

包括扶正轴承和防跳轴承、机油密封盒组件及上盖等。上、下辅助轴承对中心管起扶正作用，保证其工作稳定，限制其摆动，以改善钻井液和机油密封的工作条件，延长其寿命。SL-450 上辅助轴承是止推轴承，还可起到防跳轴承作用，可承受钻井过程中由钻柱传来的冲击和振动，防止中心管可能发生的轴向窜跳。

3)结构特点

水龙头内轴承布置方案和冲管总成的结构形式最能反映水龙头的结构特点。

(1)辅助轴承分置于主轴承两边

现代重型水龙头大都采用辅助轴承分置于主轴承两边的方案，如罗马尼亚生产的 CH-125、CH-200、CH-400 和国产的 SL-450 等。这种方案辅助轴承间距大，扶正效果好。中心管摆动小，工作稳定，有利于钻井液密封及机油密封。防跳轴承布置在上扶正轴承的下方，或上辅助轴承只采用一个圆锥滚子轴承，该轴承起扶正和防跳作用，既可增大扶正间距，又可使结构紧凑，实践证明，这是一种较好的方案。

(2)浮动式快卸冲管总成

冲管总成是水龙头中最关键的组件，其工作条件十分恶劣。因为钻井液压力高，磨砺性强，稍有泄漏就会加速密封和冲管的磨损；冲管与中心管之间是转与不转的动密封。既要求对通过高压、磨砺性强的钻井液进行动密封，又要求寿命长，这极不容易实现。现代钻井水龙头采用浮动式快卸冲管，较好地解决了水龙头中高压钻井液的密封问题。浮动式快卸冲管的结构如图 2－28 所示。

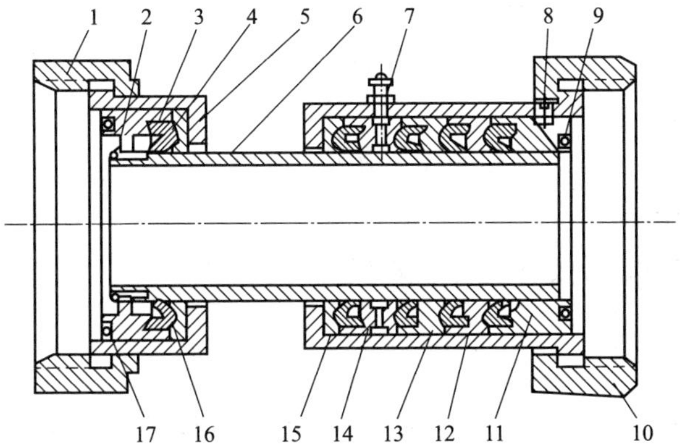

图 2－28　SL－450 水龙头浮动冲管总成

1—上密封盒压盖；2—弹簧圈；3—上密封压套；4—钻井液密封圈；5—上密封盒；6—钻井液冲管；7—油环；8—螺钉；9，17—O 形密封圈；10—下密封盒压盖；11—下 O 形密封压套；12—下密封盒；13—长隔环；14—隔环；15—下衬环；16—上衬环

浮动式快卸冲管的特点：

①冲管浮立在鹅颈管过渡接头和中心管之间，工作时不转动，但允许略有轴向窜动，冲管磨损均匀。

②Y 形密封圈与钢制隔环交叠布置。这种密封圈可借助钻井液压力自行封紧。它的唇部在钻井液压力作用下可始终贴住管外壁，工作过程中，即使在密封圈不断磨损的情况下，仍能依靠钻井液压力涨开唇部而很好密封。

③密封圈数目少，仅有 3～4 个。可通过密封盒上黄油嘴注入黄油，润滑条件好，减少了摩擦能量损失和磨损。

④冲管和中心管同心性好。密封盒有定位止口，圆柱配合面定心，可提高加工及配合精度，保证冲管和中心管有很好的同心性，不易发生偏磨，延长了冲管

和密封圈的寿命。

⑤能快速拆装，更换方便。只需将上、下密封盒压帽旋出就可取出冲管总成，快速更换密封圈或冲管，这对安全、快速打井具有非常重要的意义。

总之，这种结构形式的冲管总成耐高压磨损小、寿命长、拆卸方便、更换快速。现代钻井水龙头 CH－125、CH－200、CH－400、SL－450 等广泛采用这种冲管结构形式。

4)特性参数

①最大静载荷。水龙头的主要受力件是主轴承、提环等，所能承受的最大载荷应等于或大于钻机的最大钩载。水龙头常以最大静载荷标定型号，如 SL－450 的最大静载荷为 4500kN。

②中心管通孔直径。目前国产水龙头中心管、冲管通孔直径均为 75mm。

③最高转速。水龙头许用最高转速(单位为 r/min)应与转盘的最高转速一致，为 300r/min。

④最大工作压力。水龙头最大工作压力应与钻井泵、高压管汇、水龙带匹配，一般为 35MPa。

⑤其他。如中心管接头下端螺纹规格、轴承型号和尺寸等。

2.3.2 钻头

钻头是破碎岩石形成井眼的主要工具。钻头的性能直接影响钻井的速度、钻井质量和钻井成本。若能用少量钻头迅速钻完一口井，不仅能提高钻井效率，还能降低钻井成本。

评价钻头性能的主要指标：

①钻头进尺。一个钻头钻进的井眼总长度。

②钻头的工作寿命。一个钻头累计总使用时间。

③钻头的平均机械钻速。一个钻头的进尺与工作寿命之比。

2.3.2.1 刮刀钻头

1)刮刀钻头

刮刀钻头结构简单，主要包括双叶、三叶、四叶刮刀钻头，刮刀钻头在松软地层(如在泥岩、页岩和泥质的砂岩等地层)，可取得很高的机械钻速和稳定的钻头尺寸，但刮刀钻头在硬而研磨性高的地层中，钻井时刀片吃入困难，钻头磨损快，机械钻速低，有时还出现蹩跳现象，并且还会影响钻具的使用寿命。

2)刮刀破岩机理

刮刀钻头是靠其刀翼在钻压的作用下吃入岩石，并在扭矩作用下剪切破岩的，是切削型钻头。其破岩机理见图2－29。

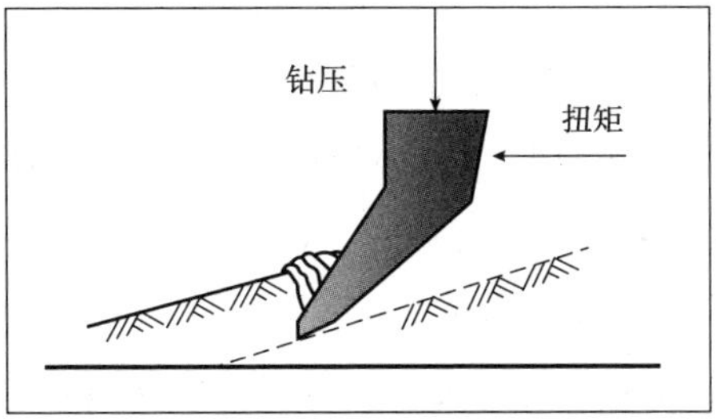

图2－29　刮刀破岩机理

刮刀钻头破碎岩石的过程为：

①碰撞。刃前岩石发生剪切破碎后，刀刃在旋转扭矩作用下向前推进，碰撞刃前岩石。

②压碎及小剪切。扭转力增大，压碎刃前岩石，产生小剪切破坏。

③大剪切。扭转力继续增大到某一极限值，刃前岩石沿剪切面破碎，而后扭转力突然减小。

3)刮刀钻头的使用特点

①适用地层。刮刀钻头最适宜在松软～软的泥岩、泥质砂岩、页岩等塑性和塑脆性地层钻进，其机械钻速较高。

②使用参数。对于$8\frac{1}{2}$～$9\frac{3}{4}$in直径的刮刀钻头，正常钻进时，一般采用120～160kN的钻压。钻压不能太大，否则会损坏钻头或钻柱，并易引起井斜。由于刮刀钻头没有活动部件，可采用较高的转速，一般在小于2000m的浅井段选用200r/min左右，2000m以下的深井段选用100～120r/min，转速太高会对钻柱的寿命产生不利影响。

③由于刮刀钻头钻速快，单位时间内破碎的岩屑量大、块大，因此应选择较大的排量，以满足清岩和携岩的需要。注意：当钻速明显下降，蹩跳钻现象加重或泵压突然升高时，应该起钻。

4)提高刀翼的耐磨性

刀翼一般采用35CrMo或35MnSiMoV高强度合金钢锻制而成，以保证有足够的强度。一般在刀翼表面平铺一层YG8硬质合金块，在外侧面镶装YG8硬质合金块。刀翼表面和外侧面镶焊人造金刚石聚晶块。

5)刮刀钻头应用

①刮刀钻头制造工艺简单，成本低。

②刮刀钻头适用于软地层，钻速快，每米钻进成本低。

③刮刀钻头容易磨损成锥形，造成缩径和井斜。

④刮刀钻头产生剧烈的扭转振动，破坏钻具和设备。

⑤刮刀钻头目前逐渐被 PDC(聚晶金刚石复合片)钻头所取代。

2.3.2.2 牙轮钻头

1)牙轮钻头

牙轮钻头是石油钻井常用的钻头，其特点：旋转时具有冲击、压碎和剪切破碎岩石的作用；牙齿与井底的接触面小，比压高；工作扭矩小；工作刃总长度大等。因此牙轮钻头适用于多种性质的岩石。

牙轮钻头的结构如图 2－30 所示。

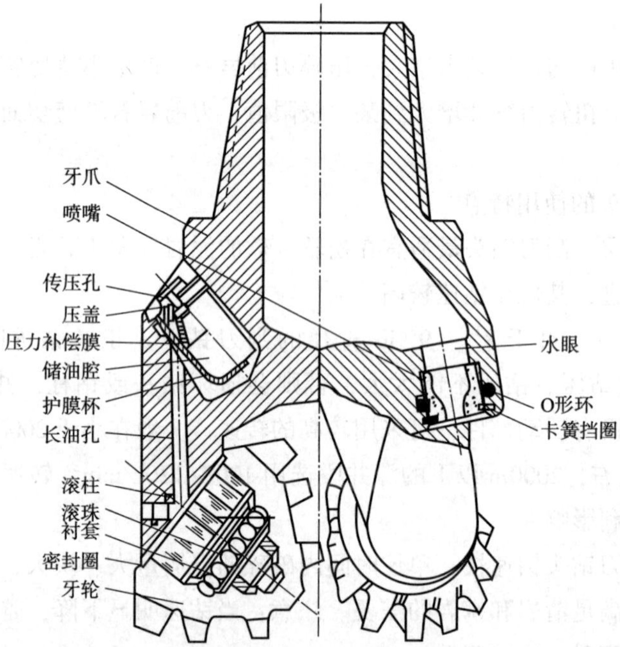

图 2－30　牙轮钻头的结构

目前，牙轮钻头按牙齿材料不同分为铣齿(也称钢齿)和镶齿(也称硬合金齿)两大类。铣齿牙轮钻头的牙齿为锲形齿，由牙齿毛坯直接铣削加工而成。铣齿牙轮钻头耐磨性较差，特别是在坚硬而研磨性强的地层中，使用寿命很短。镶齿牙轮钻头是在车轮上钻出孔后，将硬质合金材料制成的齿镶入孔中。镶齿牙轮钻头主要用于软地层、中硬地层及坚硬地层。

强度、塑性是材料最基本的力学性能，韧性则是它们的综合体现。当外界条件一定时，钻头的失效抗力与其力学性能有着密切关系。因此，钻头在不同的工作条件下，要求强度、塑性、韧性有不同的、合理的配合，以提高它的抗冲击能力、抗疲劳负载能力和耐磨性。

2) 牙轮钻头的材质

材料性能对钻头质量有显著的影响，而材料的性能是由其化学成分、组织结构及状态所决定的。在化学成分的设计上，以低碳钢作为合金的基体。选择低碳钢是为了获得高的韧性和良好的工艺性能，特别是在热处理工艺后获得低碳马氏体组织。在合金元素的选择上，以能够提高淬透性，增加回火稳定性，减少缺口敏感性，防止回火脆性，且以具有较强固溶强化作用的合金元素为主。Si、Mn、Cr 的复合使用可以明显增加钢的淬透性，而 Si 可以增加回火稳定性；Ni 的加入可通过固溶强化作用提高钢的强度，降低脆性转变温度，还可以提供淬透性。特别是 Cr、Ni 复合合金化可以使钢具有高的淬透性和高的韧性，且综合机械性能很高。另外，在 Cr、Mn、Mo 钢中加入 Si 可以显著提高钢在低温回火状态下的强度，同时使韧性略有改善，并减少了钢的缺口敏感性，提高钢的耐磨性和淬透性，使钢具有更好的冲击韧性。国产镶齿钻头的硬质合金材料及其性能见表 2－4。

表 2－4 国产镶齿钻头的硬质合金材料及其性能

牌号	硬质合金成分/%		硬度/RA	密度/($10^3 kg/m^3$)	抗弯强度/MPa
	WC	CO			
YG8	89	8	89	14.4～14.8	15
YG8C	92	8	88	14.4～14.8	17.5
YG11	89	11			
YG11C	89	11	87	14.0～14.4	20

3) 牙轮钻头的破岩机理

牙轮钻头是靠牙轮绕钻头轴线公转和自身转动所产生的冲击压碎和滑动剪切作用来破碎岩石的。牙轮钻头在井底的运动过程中，在钻压和钻柱旋转的作用下，牙齿压碎岩石并吃入岩石，同时产生一定的滑动而剪切岩石。

4) 牙轮钻头型号

国产牙轮钻头按结构分为 Y、P、MP、MPB、HP、HPB、XMP、XH 共 8 个系列，见表 2－5。

表2-5　国产牙轮钻头分类

类别	系列名称		代号
	全称	简称	
铣齿钻头	普通三牙轮钻头	普通钻头	Y
	喷射式三牙轮钻头	喷射式钻头	P
	滚动密封轴承喷射式三牙轮钻头	密封钻头	MP
	滚动密封轴承保径喷射式三牙轮钻头	密封保径钻头	MPB
	滑动密封轴承喷射式三牙轮钻头	滑动轴承钻头	HP
	滑动密封轴承保径喷射式三牙轮钻头	滑动保径钻头	HPB
镶齿钻头	镶硬质合金齿滚动密封轴承喷射式三牙轮钻头	镶齿密封钻头	XMP
	镶硬质合金齿滑动密封轴承喷射式三牙轮钻头	镶齿滑动轴承钻头	XH

牙轮钻头型号表示方法：□□□。

第1框为钻头直径：用英寸或毫米表示直径大小。

第2框为系列代号：字母Y、P、MP、MPB、HP、HPB、XMP、XH，表明结构特征。

第3框为类型代号：数字1~7，表明所适应的地层。

例：用于中硬地层、直径为8in(215.9mm)的镶硬质合金齿滑动密封轴承喷射式三牙轮钻头的型号为：8XHP5或215.9XHP5。

5)牙轮钻头的合理使用

牙轮钻头合理的使用时间，可根据上一只钻头的使用时间及磨损情况，参考邻井资料，考虑所选钻头的结构特点，初步确定钻头的下井使用时间，再根据钻进过程中对轴承损坏和牙齿磨损情况的判断而确定。

①轴承损坏情况的判断：钻头轴承磨损严重或损坏后，牙轮在井底的滚动若发生卡阻现象，钻头扭矩必然将急剧增大或波动增加，可由转盘和动力机的负荷变化发现。当然，在深井钻进中这种变化比较难发现，需要由其他监测手段来判断。

②牙齿磨损情况的判断：钻头牙齿随着钻进的进行而不断被磨损，当所钻地层没有显著变化，而机械钻速明显下降时，即可认为钻头牙齿已经磨损到不可再用了。

6)牙轮钻头磨损分级

①牙轮钻头的磨损分级：用三个牙轮中磨损最严重的一个牙轮作为评定该钻头的最终级别，见表2-6和表2-7。

表2-6　铣齿磨损分级

级别代号	Y1	Y2	Y3	Y4
齿的磨去高度/新齿高度	0.25	0.5	0.75	1

表2-7　镶齿磨损分级

级别代号	Y1	Y2	Y3	Y4
牙轮上的断、掉齿数/该牙轮上的总齿数	0.25	0.5	0.75	1

②轴承的磨损分级：用三个牙轮中晃动最严重的一个牙轮作为评定该钻头轴承磨损的最终级别，见表2-8和表2-9。

表2-8　普通轴承磨损分级

级别代号	轴承磨损程度
Z1	牙轮转动灵活，轴承不晃动
Z2	牙轮转动灵活，轴承已晃动，径向1~2mm，轴向<2mm
Z3	牙轮明显晃动，径向>3mm，轴向>2mm
Z4	滚珠、滚柱掉落或破碎，牙轮卡死，轴承完全不能用

表2-9　密封轴承磨损分级

级别代号	轴承磨损程度
Z1	密封完好，牙轮用手不易转动
Z2	密封尚好，牙轮用手容易转动
Z3	密封失效，牙轮径向晃动2~3mm，轴向晃动2~3mm
Z4	轴承严重磨损，牙轮掉落或很快将掉落

③钻头直径磨损及其他部位的鉴定：钻头直径磨损用代号"J"表示，在它的右下角以数字表示直径磨损的毫米数。如"J_2"表示直径磨损小于2mm。

钻头其他部位损坏，例如储油密封系统、喷嘴、丝扣、焊缝、牙爪、爪尖等有无异常或损坏，牙轮有无裂纹、偏磨等现象，用文字简要说明。

2.3.2.3　金刚石钻头

1)钻探用金刚石

金刚石是迄今为止人类发现的最坚硬的研磨切削材料，在机械、采矿、冶金、光学仪器、电子等工业部门得到广泛的应用。如果把金刚石作为钻头的工作刃，那么将大大增强钻井用钻头的耐磨性能，延长钻头的使用寿命。目前地质钻探用金刚石约占世界工业金刚石用量的五分之一。

钻探用金刚石按成因可分为天然金刚石和人造金刚石两大类。

用于制造钻头的天然金刚石可分为“包布兹”“刚果”“卡邦纳多”“巴拉斯”和“雅库特”五类。其中，“包布兹”主要用于制造表镶钻头，“刚果”主要用于孕镶钻头，“卡邦纳多”和“巴拉斯”现已很少用于制作钻头，产于俄罗斯的“雅库特”主要在其境内及周边国家使用。

人造金刚石包括单晶、聚晶和金刚石复合片等品种。其中单晶是我国制造人造金刚石钻头的主要原料。目前已能合成直径 3 ~ 6mm 或更大颗粒的单晶金刚石，但成本较高，直径小于 0.5mm 的金刚石已能批量生产，经分选后的晶形和强度已接近或达到天然金刚石水平。聚晶是由细小的金刚石颗粒(1 ~ 100μm)在黏合剂参与下，烧结成较大颗粒的多晶金刚石；金刚石复合片是由一层薄金刚石多晶层加一层较厚的硬质合金层复合而成的。

目前国际上通用的金刚石计量单位是克拉。钻探用金刚石用一克拉多少粒或用过筛网目数(每英寸长度内的网格数)“目”来衡量。

钻探用的金刚石粒度可以分为如下四种：

粗粒：5 ~ 20 粒/克拉；

中粒：20 ~ 40 粒/克拉；

细粒：40 ~ 100 粒/克拉；

粉粒：100 ~ 400 粒/克拉。

其中，粗、中粒多用于表镶钻头和表镶扩散孔器；细、粉粒多用于孕镶钻头和孕镶扩散孔器，石油钻井表镶钻头常用 0.5 ~ 15 粒/克拉的金刚石。

2)钻探用金刚石的性质

(1)强度

金刚石抗压强度极大。天然金刚石的抗压强度大约为 8.6×10^3 MPa，约为硬质合金的 1.5 倍，刚玉的 3.5 倍，钢的 9 倍。用于钻探的人造金刚石一般要求抗压强度达 2.5×10^3 MPa 以上。

(2)硬度

硬度是金刚石性能最重要指标之一。金刚石具有极高的硬度，其莫氏硬度为 10 级，研磨硬度是刚玉的 150 倍，是石英的 1000 倍。

(3)热性能

金刚石的导热性能优越，但却极易受到热损伤。金刚石的散热比硬质合金刃具快，金刚石的线膨胀系数很低，仅为硬质合金的 1/4 ~ 1/5，钢的 1/8 ~ 1/10，但随温度的升高而增长较快，这对金刚石钻头的包镶和使用产生不利影响，所以，钻进中必须充分冷却，防止发生金刚石钻头烧钻事故。

(4)耐磨性

金刚石具有极大的弹性模量，金刚石的弹性模量大约为 8.8×10^3 MPa。在空气中金刚石与金属的摩擦系数小于0.1，所以金刚石耐磨性极高，是刚玉的90倍，硬质合金的40~200倍，钢的2000~5000倍。用于钻探的人造金刚石聚晶体一般要求与中硬碳化硅砂轮的磨耗比在1∶30000以上。

金刚石是碳的结晶体，晶体结构是正四面体，碳原子之间以共价键相连，结构非常稳定。金刚石典型晶体结构有立方体、八面体和十二面体等。金刚石是迄今为止人类发现的世界上最硬、抗压强度最大、抗磨损能力最强的非金属材料，因此它是油气勘探开发中钻头最理想的材料之一。

但是，金刚石用于钻头也存在一些缺点，主要有以下两方面：

①金刚石脆性较大，遇到冲击载荷会出现碎裂。

②金刚石热稳定性较差，在高温下(超过700℃)遇氧便被氧化转化为石墨，称为石墨化。因为金刚石在高温下能和W、Ta、Ti、Zr、Fe、Ni、Co、Mn、Cr、Pt等发生反应，在加工过程中会与黑色金属发生化学磨损。

因此，在生产金刚石钻头的过程中，必须保证在无氧条件下，并避免长时间高温环境；在钻探过程中，也应该避免承受冲击载荷并及时冷却金刚石钻头。

3)金刚石钻头

金刚石钻头早期在地质钻探中使用，在石油钻井中使用也只有40多年的历史。最近10多年来，金刚石钻头已不仅是钻探坚硬地层和难研磨地层的单一品种，而是形成了一个能钻进从极软到极硬地层的完整系列。钻进工作中最常用的是金刚石表镶钻头和金刚石孕镶钻头的结构，在油气钻井和其他口径钻进中则常用PDC钻头。

(1)金刚石表镶钻头的构造

①金刚石表镶钻头的粒度和选择。目前，许多金刚石表镶钻头都采用天然金刚石材料，常用的粒度为15~60粒/克拉，但应根据岩石性质来选择金刚石粒度(表2-10)。通常，应根据表镶用的天然金刚石质量对其进行圆化处理，或用热处理消除其内应力。

表2-10 表镶钻头用的金刚石粒度

粒度	粗粒	中粒	细粒
粒度/(粒/克拉)	15~25	25~40	40~60
岩层	中硬	硬	坚硬

②金刚石表镶钻头在唇面的排列。金刚石表镶钻头在钻进过程中，负担最重

的是钻头外侧的规径刃和内部棱部，其次为底刃，负担最轻的是金刚石表镶钻头的侧刃。因此，制造金刚石表镶钻头时须选择优质金刚石作规径刃和内边刃。

金刚石在钻头唇面上的排列方式有放射排列、螺旋排列和等距排列(图2－31)。金刚石在钻头唇面厚度方向多采用同心环分列，并在径向必须有一定的重叠度，以保证钻进中不会在孔底形成岩脊。

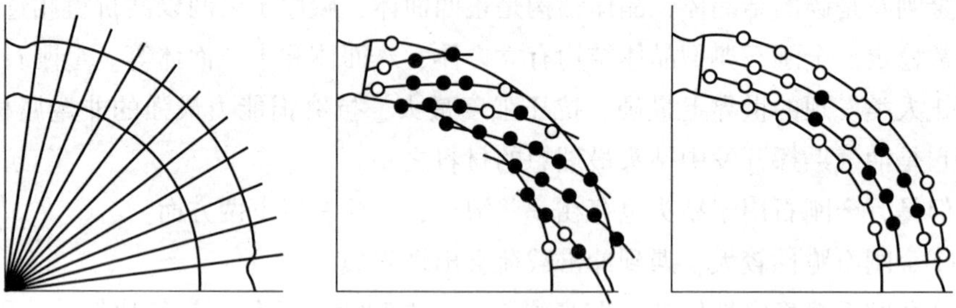

(a)放射排列　(b)螺旋排列　(c)等距排列

图2－31　金刚石在钻头唇面上的排列方式

(2)金刚石孕镶钻头的构造

①孕镶钻头用金刚石。孕镶钻头使用的天然和人造金刚石的粒度取决于所钻岩岩性(表2－11)。

表2－11　金刚石孕镶钻头粒度

类别	粒度/目			
人造	>46	46～60	60～80	80～100
天然	20～30	30～40	40～60	60～80
岩层	中硬	硬	硬～坚硬	坚硬

②金刚石在胎体中的含量。孕镶金刚石钻头中的金刚石在胎体中的含量用浓度来表示，它是影响孕镶金刚石钻头性能的重要结构参数。当金刚石体积占胎体工作层体积的1/4时，其浓度为100%；全部都是金刚石时，浓度为400%。根据所钻岩岩性、金刚石的品级和粒度，同时必须考虑胎体的包镶能力和钻压值的大小来选择金刚石浓度。即岩石越坚硬致密，金刚石质量好、粒度细、浓度宜较低；唇面比压较大时可选较高的浓度，这样对提高胎体耐磨性也有好处。合适的浓度为70%～120%，过高将会影响胎体的包镶能力和钻速。

③金刚石孕镶钻头的唇面形状。金刚石孕镶钻头的唇面形状(图2－32)比较简单，多为平底形，在孔内磨合一段时间后便自然形成圆弧形，如果坚硬、弱研磨性的岩石或钻头壁较厚，可把钻头唇面做成同心环槽、锯齿形或阶梯形，以致

比压集中并在孔底形成破岩自由面。聚晶保径的方法能够使孕镶金刚石钻头取得满意的钻进效果。

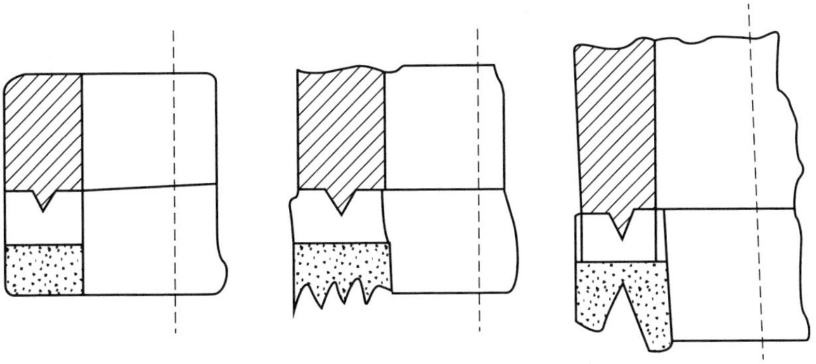

(a)平底形　(b)锯齿形　(c)阶梯形

图2－32　孕镶金刚石钻头的唇面形状

④钻头的水口与水路。对金刚石孕镶钻头而言，因为金刚石孕镶钻头出刃非常小，故它的主水路不是钻头唇面与孔底的间隙，而是水口。在唇面扇形块的下面只存在漫流(或湿润)区，用于冷却和排屑的水流主要通过水口和水槽。因此，孕镶钻头往往设计成多水口、小水口，这样对防止烧钻有利。

⑤钻头的胎体性能。对金刚石孕镶钻头而言，根据所钻岩石正确选择胎体硬度(耐磨性)是非常重要的。为了保证孕镶金刚石能及时出刃，在钻进过程中孕镶钻头胎体的磨损应稍超前于金刚石。合适的胎体耐磨性能使唇面金刚石正常出刃，并且在每粒金刚石的后面形成蝌蚪状支撑。随着工作金刚石的磨钝，胎体应在岩粉的磨蚀下促进新的金刚石出刃。

当岩石更硬时，金刚石磨损更快，但这时产生的岩屑更薄，数量更少，因此岩屑对胎体的磨蚀作用弱于稍软的岩石。所以在坚硬的岩石中钻进时，必须选择低耐磨性(硬度较小)胎体。

金刚石孕镶钻头的出刃情况如图2－33所示。

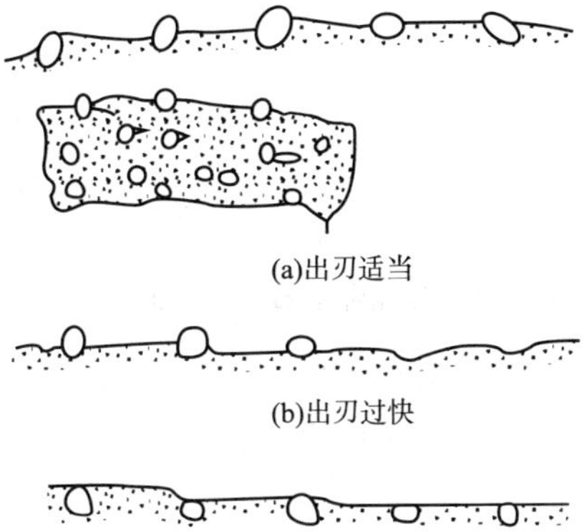

(a)出刃适当

(b)出刃过快

(c)出刃过慢

图2－33　金刚石孕镶钻头的出刃情况

鉴于测定硬度的方法简单，虽然耐磨性不能完全用胎体的硬度表示，但目前习惯上用胎体的硬度来表示其耐磨性。我国金刚石孕镶钻头制造业采用的胎体硬度

(耐磨性)指标见表2－12。

表2－12　金刚石孕镶钻头的胎体硬度和耐磨性

代号	级别	胎体硬度/HRC	耐磨性	适应岩层
1	软	20～30	低	坚硬弱研磨性岩层
			中	坚硬中等研磨性岩层
2	中软	30～35	低	硬的弱研磨性岩层
			中	硬的中等研磨性岩层
3	中硬	35～40	中	中硬的中等研磨性岩层
			高	中硬的强研磨性岩层
4	硬	40～50	高	高硬的强研磨性岩层

另外，胎体的强度(多用抗弯强度)和抗冲击韧性也是胎体性能的重要指标，不过常规的胎体配方是可以满足要求的。

目前，我国在钻探生产中主要采用金刚石孕镶钻头，与表镶钻头相比孕镶钻头具有一定的优越性：

a. 对于金刚石品级的要求低于表镶钻头；

b. 孕镶钻头抗冲击载荷的能力较好，如果钻头唇面的金刚石发生剪崩，对钻进效果的影响小于表镶钻头，对违反操作规程的敏感程度也小于表镶钻头；

c. 孕镶钻头的工业制造过程简单，无须按规定用手工布置摆放金刚石颗粒。

4)聚晶金刚石复合片钻头

(1)聚晶金刚石复合片

聚晶金刚石复合片是一种金刚石复合材料，它由细粒金刚石和硬质合金粉(如钨钴合金粉料)在高温高压下合成。聚晶金刚石复合片的结构如图2－34所示。

图2－34　聚晶金刚石复合片的结构

金刚石在高温高压时与周围钨钴粉料发生活化作用，因而使聚晶金刚石复合片具有金刚石的强度和耐磨性，由于硬质合金衬底的存在，又具有优于单晶金刚石抗冲击性的特性，是一种性能优良的金刚石材料，广泛应用于制造石油钻头、地质钻头等。

美国通用电气公司研制并生产的一种聚晶金刚石 Stratapx 复合片(简称 S 复合片)，它是由一层多晶金刚石和一个硬质合金支座组成的，所用的金刚石为人造金刚石，粒度为150～300目。硬质合金支座是由碳化钨粉末预压成块或经烧结成形的硬合金坯块。S 复合片的压制在高温高压下进行，一般在 5 万个大气压，温度 1500℃左右，经过 5 ~ 10min，金刚石粉末即可在高温高压下复合成为 0.508mm 的多晶薄膜，并牢固地黏合在厚 2.54mm 的硬合金支架上。S 复合片、天然金刚石、G－2 硬质合金的相对耐磨系数以及压入硬度参数见表 2－13。

表 2－13　S 复合片、天然金刚石、G－2 硬质合金性能

产品名称	相对耐磨系数	压入硬度/(10^9kg/m^2)	产品名称	相对耐磨系数	压入硬度/(10^9kg/m^2)
S 复合片	200 ~ 300	5 ~ 6.3	G－2 硬质合金	200	1.8 ~ 2.2
天然金刚石	96 ~ 245	8 ~ 12			

聚晶金刚石复合片的耐磨性是衡量其性能的一项重要指标，从表 2－13 中可以看出，S 复合片的耐磨性是相当高的，它的相对耐磨系数比天然金刚石还高，而且在一定规程参数范围内，其耐磨性与规程参数关系不大，比较稳定。只有当圆周速度大于 6m/s 时磨损系数才明显上升；当轴载大于 1.96×10^3N，圆周速度大于 5m/s 时磨损系数才明显上升。

此外，金刚石本身的抗变强度较低，仅为$(21 \sim 49) \times 10^6$kg/m^{2}左右，但聚晶金刚石复合材料具有较好的冲击韧性，这对有冲击振动作用的金刚石钻头来说非常有益。

(2)聚晶金刚石复合钻头

①聚晶金刚石复合片颗粒选择。聚晶金刚石复合钻头上镶有聚晶金刚石复合片，将决定钻头的性能(如机械钻速、钻头进尺和钻井成本等)。金刚石的强度与颗粒大小有关，金刚石破坏载荷随其尺寸的增大而增大，但强度极限随其尺寸增大而急剧下降。因此，为了镶嵌钻头，用小颗粒金刚石比用大颗粒金刚石更为合理。与同样重量的大颗粒金刚石相比，钻头唇面单位体积和单位体积面积上的小颗粒金刚石数目比大颗粒金刚石数目大得多。因此，可以承受住比大颗粒金刚石大得多的接触载荷。钻头唇面接触表面上破坏几个小颗粒金刚石，又有新的金刚石露出，自磨出刃，始终保持锋利状态，不会降低钻头的工作能力。

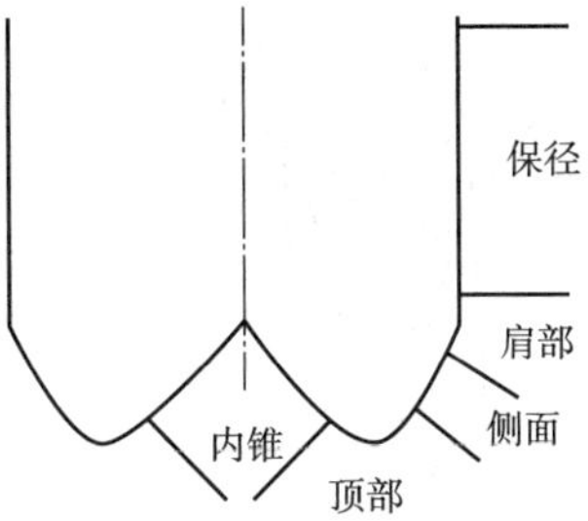

图 2－35　PDC 钻头冠部几何形状

②PDC 钻头冠部的几何形状。PDC 钻头冠部的几何形状一般包括内锥、顶部、侧面及保径组成(图 2－35)，对 PDC 钻头的稳定性、井底清洗、钻头磨损及钻头各部分载荷分布有显著影

响。内锥对PDC钻头起导向和稳定作用；钻头顶部是PDC钻头的最低点，钻进中最先吃入地层，由于地层变化而意外受损的可能性较大；侧面部分的刨面有直线和弧线两种，而直线时顶部和外部较尖，吃入性好、切削效率高；保径部分的作用是既能保证钻头直径又能对钻头的稳定性起很大保护作用。

③切削齿和工作角排列。PDC钻头采用水眼或喷嘴供给钻井液，通过切削齿的排列分配钻井液的方式保证切削齿的清洗、冷却和润滑。PDC钻头的切削齿有刮刀式、单齿式和组合式三种(图2－36)，表2－14列出的是PDC钻头布齿的优点及使用范围。

(a)刮刀式

(b)单齿式
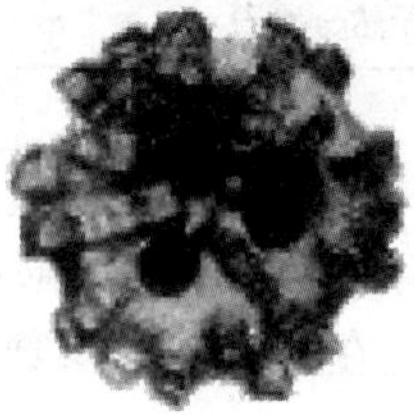
(c)组合式

图2－36　PDC钻头切削齿排列及分布方式

表2－14　PDC钻头布齿的优点及使用范围

名称	布齿特点	优点	使用地层
刮刀式布齿	将切削齿沿钻头中心附近到保径部分的直线布置在胎体刮刀上	整体强度高，抗冲击能力强，易清洗和冷却，排屑好，抗泥包能力好	黏性或软地层
单齿式布齿	将切削齿一个一个地单独布置在钻头的切削面上	钻头的使用寿命长	中软地层
组合式布齿	直线刮刀式和单齿式相结合的方式	易清洗、冷却和排屑能力高	中等硬度地层

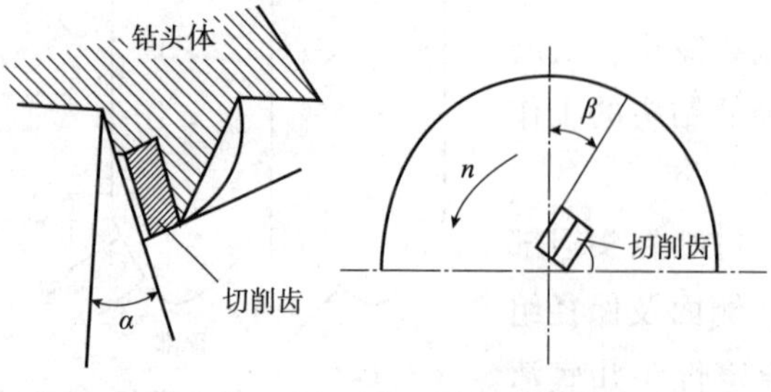

图2－37　PDC钻头切削齿工作角

PDC钻头的聚晶金刚石复合片在安装时，切削齿可采用后倾角α和侧倾角β的安装方式(图2－37)。后倾角α一般在10°～30°，其作用是可以减少齿在钻进过程中的震动，延长PDC钻头的使用寿命；侧倾角的作用是使切削齿在切削地层时对齿前切削产生侧向推力，使岩屑向钻头外端移动，以排除岩屑。

④PDC 钻头的种类及特征。根据钻头体材料和切削齿结构，PDC 钻头可分为胎体 PDC 钻头和钢体 PDC 钻头(图 2－38)。

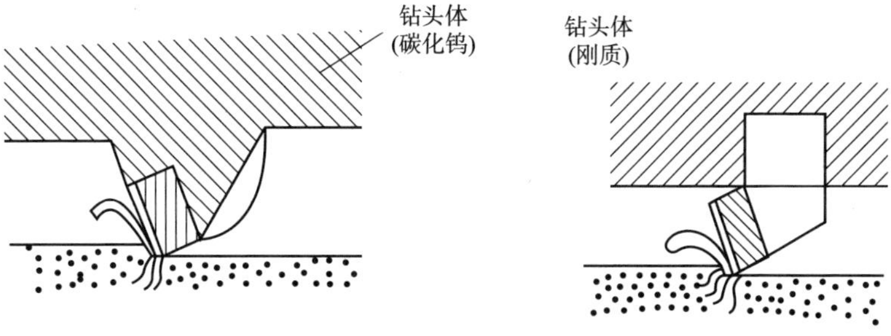

图 2－38 胎体 PDC 钻头和钢体 PDC 钻头

胎体 PDC 钻头用铸造碳化钨粉烧结而成，其方法与烧结天然金刚石钻头相同；刚体 PDC 钻头用整块合金钢通过机械加工，将聚晶金刚石复合片焊接在碳化钨齿柱上制成切削齿，再将切削齿镶嵌在钻头体上而成。

PDC 钻头主要具有以下特征：

a. 对不同硬度的地层 PDC 钻头切削元件主要以剪切、犁削或研磨为主，适合在中硬至坚硬的高抗压强度、中等研磨性地层中使用。

b. PDC 钻头具有独特的热稳定性，抗高温能力可达到 1200℃，适合于井底动力钻具在高钻速下使用。

c. PDC 钻头具有抛物线、圆形、锥形等不同的冠部形状，采用不同的布齿排列密度、布齿方式及不同的水力设计，以满足不同地层的需要，同时流道面积可根据用户要求设计。

总之，由于金刚石钻头具有在低钻压、高转数下取得高钻速和高进尺的特性，所以在许多钻井作业中，能取得牙轮钻头无法比拟的技术经济效益，成为快速钻井、防斜钻井、定向钻井、超深钻井、海洋钻井、高温钻井、井下动力钻井中高效、经济、安全的优良钻井工具。据专家预测，在 21 世纪末，各种金刚石钻头的钻井工作量有可能占总井工作量的 30%。

(3) PDC 钻头的合理使用

①钻头搬运过程中注意防碰，使用前检查切削齿是否损坏，水眼是否堵塞。

②下钻时钻头上扣要使用专用卸扣板，并控制下放速度。尽量避免用钻头划眼，若必须划眼，应接上方钻杆，用大排量，缓慢转动钻头，且时间不超过 2h。

③钻头下到井底后，提离井底0.5m以上，循环钻井液并缓慢转动钻具，以确保井底清洁。在钻头接触井底后，应以低转速和低钻压进行井底造型0.5～1m。

④用最优钻压试求法选定钻井参数以达到最快机械钻速，但不得超过厂家推荐的使用参数。可根据地层变化情况，适当调整参数，以获得最优的机械钻速。

⑤钻进时坚持使用钻杆滤清器，以防水眼堵塞。按选定的钻压和转速进行正常钻进，送钻要均匀。钻遇硬夹层时，可适当降低钻压，待钻穿后，再恢复正常钻压。

⑥遇到下列情况之一应考虑起钻：

a. 钻头没有进尺。

b. 泵压有明显升高或降低。

c. 机械钻速突然降低，采取措施无效。

d. 当低钻压钻进时，井底扭矩很大，且机械钻速降低。

e. 通过每米成本计算钻头继续使用时已不经济。

5)取心钻头

取心钻头用于钻取岩心。取心钻头的功用是环状破碎井底岩石，在中心部位形成岩心柱。岩心收获率的大小、钻进快慢都与钻头质量和选择有关。取心钻头的结构设计要有利于提高岩心收获率。钻头钻进时应平稳以免振动损坏岩心，钻头外缘与中心孔应同心，钻头水眼位置应使射流不直射岩心处并减少漫流对岩心的冲蚀。钻头的内腔应能使岩心爪尽量靠近岩心入口处，这样可使岩心形成后很快经岩心爪进入岩心筒而被保护起来，同时可使割心时尽量靠近岩心根部以减少井底残留岩心。根据取芯所钻地层不同，取心钻头同样分为刮刀式、牙轮和金刚石几种类型(图2-39)。

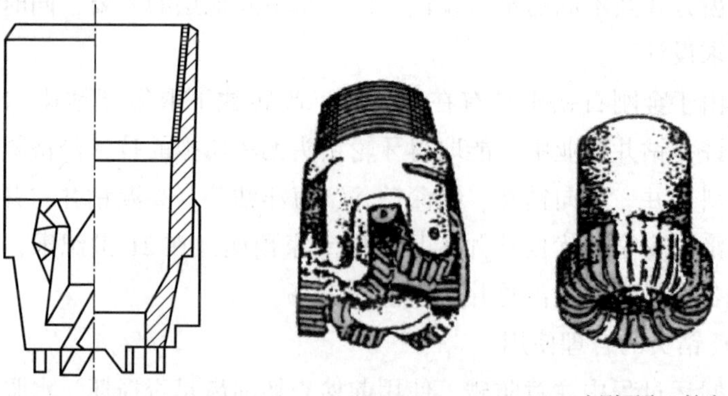

(a)刮刀式取心钻头　(b)牙轮取心钻头　(c)金刚石取心钻头

图2-39　取心钻头的类型

2.3.3 钻铤

钻铤是钻柱的主要组成部分，位于钻柱的最下部，与钻头相连。每根钻铤长约9m，靠两端的接头相互连接。钻进时，下部钻柱受到很大的压力容易发生弯曲。一方面，为了安全和直线钻进，就需要加强下部钻柱的强度；另一方面，为了使钻头获得较大的钻压而提高钻速，同时使下部钻柱组合具有较大的刚度，从而使钻头工作稳定，并有利于控制井斜，则需要增加下部钻柱的重量，因此在钻杆和钻头之间就要使用钻铤。

钻铤的特点是直径粗、壁厚而且重。其外径与同一尺寸钻杆的接头外径相同；壁厚为25～64mm，为钻杆壁厚的4～6倍；其单位长度的重量为钻杆的4～5倍，故钻铤又称加重钻杆。钻铤的种类有圆柱铤、螺旋钻铤、方钻铤等，其中最常用的是圆柱铤和螺旋钻铤。钻铤两端的丝扣均为粗扣，可直接相连。国产钻铤结构如图2－40所示。

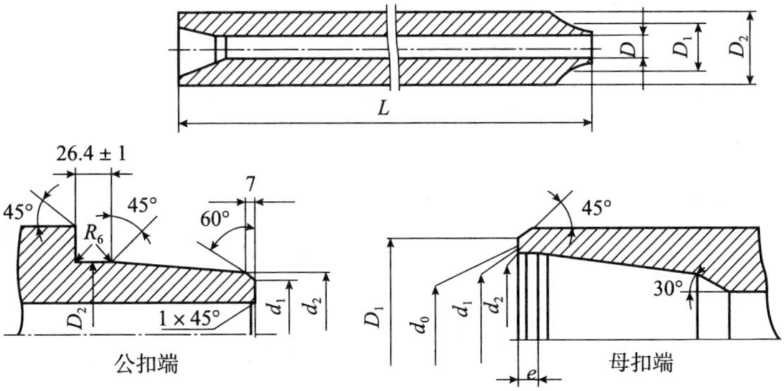

图2－40 国产钻铤结构

国产钻铤规范摘录见表2－15。

表2－15 国产钻铤规范摘录(YB 691—70)

公称直径		in	$4^3/_4$	$5^3/_4$	$6^1/_2$	7
		mm	121	146	165	178
外径	$D^{+2\%}_{-1\%}$	mm	121	146	165	178
内径		mm	55	70	75	75
端部直径	$d\pm16$	mm	118	142	161	173
重径	$D_1\ \pm0.4$	kg/m	76.6	111.2	127.3	164.3
长度	L	m	8～8.5	11.5～12.5		

续表

公扣端	端面丝扣直径	外径	d_2	mm	85.065	96.137	114.300	126.797
		内径	d_3	mm	79.403	90.151	108.638	119.289
	应力槽直径		$D_2-0.6$	mm	87	106	121	134
母扣端	端面丝扣直径	外径	d_4	mm	102.397	122.422	133.733	148.873
		内径	d_5	mm	96.735	116.456	128.071	141.365
	端面最大直径		d_0	mm	104	124	135	150

2.3.4 钻杆

2.3.4.1 钻杆的类型

1)方钻杆

方钻杆连接在钻柱的最上部，长度约为12m，其壁厚比钻杆大三倍左右，用高强度的合金钢制造，故具有较高抗拉强度和抗扭强度。钻进时，方钻杆与转盘中的方补心内孔相配合，将地面转盘扭矩传递给钻杆，从而带动方钻杆、钻杆、钻铤和钻头旋转钻进。在使用涡轮钻具和螺杆钻具钻井时，方钻杆承受钻柱的全部重量和反扭矩。

方钻杆在结构形式上有整体式和焊接式两种；按驱动部位的断面形状可将方钻杆分为四方钻杆和六方钻杆。一般大型钻机使用四方方钻杆，小型钻机使用六方方钻杆。方钻杆由上下接头和管体部分组成。管体部分为四方或六方两种结构(石油钻井大多为四方结构)；上接头为左旋母螺纹(反扣)，与水龙头连接，在旋转过程中左旋母螺纹防止倒扣；下接头为右旋公螺纹，与钻杆连接。工作时，方钻杆上端始终处于转盘面以上，下部则处于转盘面以下。

方钻杆的作用：

①钻井时，方钻杆与补心、转盘补心配合，将地面旋转扭矩传递给钻杆，以带动钻柱和钻头旋转。

②承受钻柱的全部重量。

③钻井液循环的通道。

2)钻杆

(1)钻杆的结构与作用

钻杆是钻柱的基本组成部分，其上端连着方钻杆，下端连着钻铤。钻杆包括钻杆体和钻杆接头两部分，利用钻杆接头的螺纹将钻杆连接，通过对焊(摩擦焊)连接杆体和接头。钻杆由无缝钢管制成，其壁厚一般有8mm、9mm、11mm

三种规格。钻杆长度一般有5.486～6.706m、8.230～9.144m、11.582～13.716m三种类型。

钻杆的主要作用是传递动力，循环泥浆，通过连接来增长钻柱，达到不断加深井眼的目的，即随着钻井深度的增加要不断接长钻柱。因此钻杆在石油钻井中使用数量最多，占有十分突出的地位。

①钻杆的强度。钻杆管体的强度特性包括抗拉强度、抗扭强度、抗挤强度和抗内压强度，而钻杆接头的强度特性则仅指其抗拉强度及抗扭强度。接头的抗拉强度远大于管体的抗拉强度，这是因为其壁厚比管体大得多。接头的抗扭强度则是一个多变量函数。其变量包括钢材强度、接头尺寸、螺纹牙型、导程、锥度、接触面的摩擦系数等，但接头抗扭强度主要取决于其内外径，应使用较小的数值。从API(美国石油学会，American Petroleum Institute)标准提高钻杆接头抗扭强度曲线上可查找各种型号接头，不同内外径时外螺纹接头与内螺纹接头的理论抗扭强度值。一般采用提高钢级的方法来提高钻杆的强度，而不采用增加壁厚的办法。表2－16是API钻杆钢级的物理性能。

表2－16　API钻杆钢级的物理性能

物理性能		钻杆钢级				
		D	E	95(X)	105(G)	135(S)
最小屈服强度	MPa	379.21	517.11	655.00	723.95	930.70
	lbf/in^2	55000	75000	95000	105000	135000
最大屈服强度	MPa	586.05	723.95	861.85	930.79	1137.64
	lbf/in^2	85000	105000	125000	135000	165000
最大抗拉强度	MPa	655.00	689.48	723.95	792.90	999.74
	lbf/in^2	95000	100000	105000	115000	145000

②钻杆加厚方式。为增加管体与接头的连接强度，在钻杆两个端部均进行加厚。一般国产及API钻杆所采用的加厚方式有三种：内加厚式、外加厚式、内外加厚式，如图2－41所示。

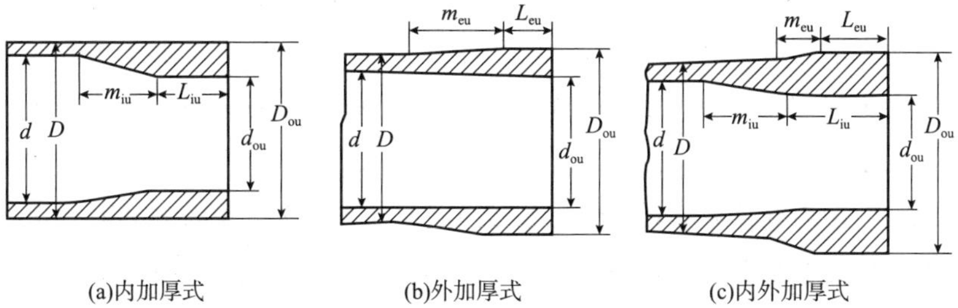

图2－41　钻杆加厚方式

③钻杆与接头的连接。石油钻杆接头是钻杆的组成部分，分为公接头和母接头，连接在钻杆管体两端，接头一端有锥螺纹用来连接各单根钻杆，在钻井过程中接头处要经常拆卸，接头表面承受相当大的大钳咬合力，并且在钻井过程中接头本身承受扭曲、拉伸、压缩等复合力的作用，受力条件复杂，设计时，对其力学性能要求较高。钻杆接头的壁厚较大，接头外径大于管体外径，并采用强度更高的合金钢。钻杆与接头的连接可分为丝扣连接和对焊连接。

丝扣连接即装配式连接，其方法是在单根钻杆两端车有细公扣，分别配上带粗、细扣的钻杆公、母接头各一只(合称一副)，称为有细扣钻杆[图2-42(b)]。丝扣形状一般为三角形60°的圆形扣，其加工、修理和装卸都比较方便，但其连接强度比管体强度低30%~35%。为了提高连接强度，采用了三角形90°的H90扣型和各种形式的梯形扣，以及无接箍连接。

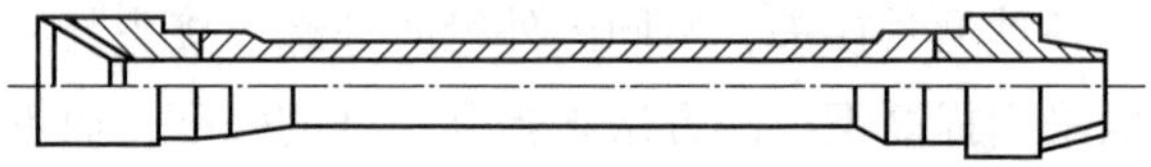

(a)对焊钻杆

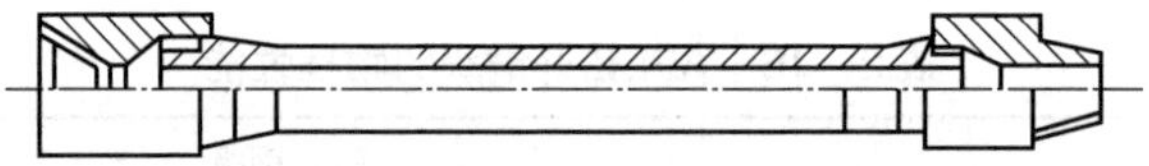

(b)有细扣钻杆

图2-42　钻杆结构示意图

对焊连接就是把公、母接头对焊在钻杆体两端，称为无细扣对焊钻杆[图2-42(a)]。无细扣对焊钻杆优于有细扣钻杆，一方面，有丝扣钻杆的细扣处很容易发生疲劳折断；另一方面，无细扣对焊钻杆在钻探中，抗疲劳强度比有细扣钻杆几乎高2.5倍。虽然，无细扣对焊钻杆存在接头和斜坡台肩偏磨较严重，接头损坏更换不容易等弱点，但可以通过改进接头材料和接头台肩的形状等加以克服。

目前，有细扣钻杆已逐步淘汰，我国现在生产或进口的钻杆都是无细扣对焊钻杆，接头与钻杆体采用闪光对焊和摩擦对焊工艺。

根据SY/T 5290—2000的要求，钻杆接头经热处理后表面硬度应为285~341HB，力学性能为$\sigma_b \geqslant 965$MPa、$\sigma_{0.2} \geqslant 827$MPa、$\delta_4 \geqslant 13\%$、$A_{kv} \geqslant 54$J。

钻杆接头材料通常为40CrMnMo钢，GB/T 3077—2015规定，其成分：C为0.37%~0.45%，Si为0.17%~0.37%，Mn为0.9%~1.2%，P为0.035%，S为0.035%，Cr为0.9%~1.2%，Mo为0.2%~0.3%。40CrMnMo钢具有良好的淬透性。淬透性测定表明，在柴油中淬火，当直径小于100mm时，可以完全淬透，采用860℃油冷+550~570℃回火工艺进行调质处理，可以提高材料的综合性能，达到钻杆接头的要求。

钻杆在钻井过程中与井壁或套管不断地接触摩擦，产生磨损，为避免接头磨损造成断钻杆、脱扣等钻井事故，必须在钻杆母接头上设有钻杆接头防磨带。

④钻杆性能要求。钻进时，钻杆承受复杂的力。钻杆上部有由于钻栓本身重量而产生的拉应力，这种拉应力越往上越大，在方钻杆与钻杆连接处最大；钻进时在井眼出现井斜，方位变化较大，或定向钻斜井时，还会承受较大的交变弯曲应力；在有负荷的情况下旋转时会产生扭应力等。因此，钻杆处于如此恶劣的工作环境，要求钻杆性能为：弹性高；自直性好；内壁光滑；提高液力效率；抗寒冷、抗氢化，不易硬化和脆化；钻杆杆体必须与接头用钢匹配。

(2)钻杆用钢的化学成分和组织

化学成分对疲劳强度的影响大致与其对抗拉伸强度的影响呈正比关系。碳是影响疲劳强度的重要元素，碳既可间隙固溶强化基体，又可形成弥散碳化物进行弥散强化，提高钢材的形变抗力，阻止循环滑移带的形成和开裂，从而阻止疲劳裂纹的萌生和扩展，提高疲劳强度。其他合金元素主要通过提高钢的淬透性和改善钢的强韧性来改善疲劳强度。如在钻杆用钢中加入 Cr、Mo 和 Ni 等合金元素都可以提高钻杆钢的淬透性、耐腐蚀性，从而提高钻杆的性能。

根据 API 标准的要求，石油钻杆必须对摩擦焊缝进行调质处理，即“淬火 + 高温回火”。在进行钻杆焊缝的热处理冷却环节中，即使采用高压空气吹冷，也可能在焊缝处产生 90% 以上的马氏体组织。采用调质处理的摩擦焊接接头，焊合区晶粒组织比热墩粗后的晶粒组织细得多，无过热脆化现象，使钻杆的强度和韧性提高。

(3)提高钻杆性能的措施

①正确选材，改进加工工艺。应根据腐蚀介质情况选择合适的钻杆管材，特别是在硫化氢环境中，应避免采用高强度钻杆或钻杆接头。在满足提升强度条件下，优先选择低强度钻杆。根据 GB/T 22512. 2—2008 等规定，要求钻杆在加工以后，必须达到下列要求：

a. 外表面不得有裂纹、折叠、轧折离层、花纹和结痕存在。允许存在深度不得超过外径允许公差的轻微凸凹面、纵向直通道等缺陷。

b. 钻杆椭圆度不得超过外径允许公差范围，光杆部分的壁厚均匀度不得超过允许公差范围。在使用中，外径磨损超过 2mm 不得继续使用，而外径磨损超过 1mm，不得用于深孔钻进。

c. 内加厚钻杆的弯曲度每米不大于 1mm，外加厚钻杆弯曲度不大于 1. 5mm。

②只要改善原材料的微观组织缺陷，细化珠光体组织，就能提高钻杆接头的

冲击功。奥氏体的形成通常是以扩散方式进行的，是通过形核和晶核长大两个步骤实现的。因此，奥氏体的形成速度取决于扩散型和晶核长大速度。奥氏体化温度越高，一方面，临界晶核半径越小，形核功越低；另一方面，扩散速度增加，能量起伏增加，自由能差增大，相变的驱动力也增加，所以奥氏体化温度越高，奥氏体形核越容易。

钻杆在加工过程中，当达到保温时间后，将钻杆接头单件及时出炉，竖立在地面上，均匀空冷以保证每件产品都能有相同的冷却速度，获得组织均匀的细珠光体，消除原材料微观带状组织缺陷，有利于提高冲击功。

2.4 井身结构

2.4.1 套管

2.4.1.1 套管类型和作用

油气田成功开采取决于套管的良好性能，套管在井内充当结构保持器，起到隔离不需要的流体，限制并引导产层中的油或气流到地面的作用。一口井中所下入套管的层数及各层导管的直径、下入深度和套管外水泥的返回深度，以及相应各井段钻进所用的钻头的直径称为该井的井身结构(图 2 - 43)。

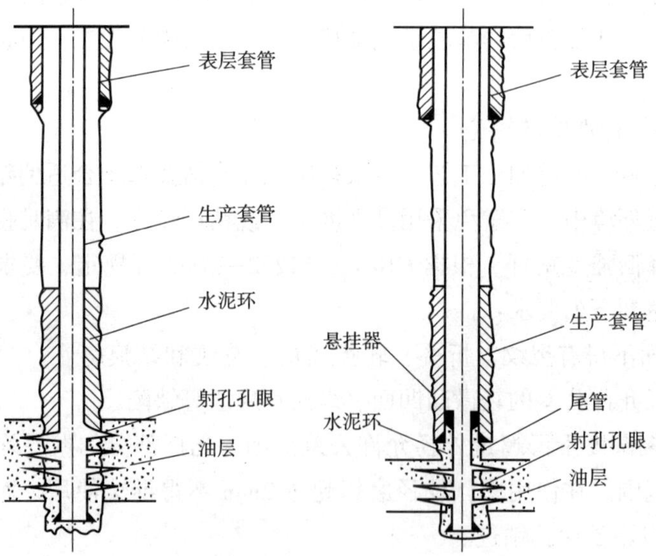

图 2 - 43 井身结构

1)套管类型

根据套管在井内所起的作用不同，将套管分为表层套管、技术套管、生产套管、油层套管及尾管等。

(1)表层套管

表层套管是在钻表层井眼时，将钻井液从地表引导到钻井装置平台上，是水泥浆返回地面的通道。表层套管用来防护浅水层污染，抑制松软地层，封隔浅层流沙、砾石层及浅层气，用来安装井口防喷器以便继续钻进。同时表层套管是井口设备(套管头及采油树)的唯一支撑件，承担悬挂依次下入井内的各层套管的载荷。

(2)技术套管

技术套管又称保护性套管，一般下至表层套管和生产套管之间的预定深度。其主要作用是隔离坍塌地层、复杂的页岩层、浅层气及高压水层，防止井径扩大，减少阻卡及键槽的发生，以保证钻井工作的顺利进行。另外，技术套管还用来分隔不同的压力层系，以便建立正常的钻井液循环；技术套管对生产套管有支持作用，它也为井控设备的安装、防喷、防漏及悬挂尾管提供了条件，对油层套管还具有保护作用。但是，技术套管不一定要下，要根据地层情况和钻井技术水平决定。

(3)生产套管

生产套管也称为完井套管，又称为采油或采气套管。其主要作用是将储集层中的油、气通过生产套管采出来，并具有保护井壁，隔开各层的流体，达到油气井分层测试、分层采油、分层改造的目的。

(4)油层套管

用以把不同压力和性质的油、气、水层分割开来，在井内建立一条牢固通道、保护井壁、满足分层开采和增产措施的要求而下入的套管；油层套管外的水泥浆返高一般在最上部油气层100m以上。

(5)尾管

尾管是一种不延伸到井口的套管柱，分为钻井尾管和采油尾管，通常尾管悬挂于技术套管上。尾管的优点是下入长度短、费用低；缺点是固井施工困难。在深井钻进中，尾管另一个突出的优点是，在继续钻进时可以使用异井钻具；在顶部的大直径钻具比同一直径的钻具有更高的抗拉伸强度，在尾管内的小直径钻具具有更高的抗内压能力。

(6)筛管

在管体上加工有孔、缝的套管。

(7)人工井底

固井结束后，留在套管内的水泥塞或胶塞的顶面。

2)井身结构

井身结构：包括一口井的套管层数、各层套管的下入深度及各层套管的直径、相应各井段的钻头直径(井眼直径)和套管外的水泥返高。

井身结构确定的原则及依据：

①能有效地保护油层，使不同压力梯度的油气层不受泥浆污染损害。

②应避免漏、喷、塌、卡等复杂情况产生，为全井顺利钻进创造条件，使钻井周期最短。

③钻下部高压地层时所用的较高密度泥浆产生的液柱压力，不致压裂上一层套管鞋处薄弱的裸露地层。

④下套管过程中，井内泥浆液柱压力和地层压力之间的压差，不致产生压差卡套管事故。

2.4.1.2 套管强度

套管的受力情况异常复杂，主要有外挤压力、内压力和轴向压力等。外挤压力主要来自管外钻井液压力、地层中液体压力、易流动岩层的侧压力等，其作用可能将套管压偏或使之扭曲；内压力主要来自钻井液、地层流体(油、气、水)压力以及特殊作业所施加的压力，其作用结果可能使套管胀裂；轴向压力则来自套管柱本身重量，上提下放时的动载，上提时弯曲井段处的阻力及注水泥时的压力等，这种轴向压力集中于各套管间丝扣连接处，越往上越大，到井口时达到最大值。因此，套管在井内要承受这些外载的作用，就要求套管有一定的强度。

套管强度是指套管所具有的能够抵抗外载的能力。套管所能承受的最大外挤压力称为套管抗挤强度；套管钢级能承受的最大内压力称为套管的抗内压强度；套管能承受的最大轴向拉力称为套管的抗拉强度。套管强度与套管的钢级、直径、壁厚、螺纹连接类型、加工精度等诸多因素有关。为了统一套管的强度特性，API 规定了套管钢级标准。钢级由字母及其后的数码组成，其中字母可任意选择，无特殊含义。目前有 10 种钢级的 API 套管，即 H-40、J-55、K-55、C-75、L-80、N-80、C-90、P-110、Q-125 等。表 2-17 列出的是 API 套管和非 API 套管最小屈服强度和最低抗拉强度，表 2-18 列出的是 API 套管钢级的物理性能。

表 2 – 17 套管各种钢级的最小屈服强度和最低抗拉强度

API标准	最小屈服强度/MPa	最低抗拉强度/MPa	非 API标准	最小屈服强度/MPa	最低抗拉强度/MPa
H – 40	275. 79	413. 69	S – 80	379. 21	655. 00
J – 55	379. 21	517. 11	S0095	655. 00	758. 42
K – 55	379. 21	655. 00	S – 95	655. 00	758. 42
C – 75	517. 11	655. 00	SS – 95	551. 58	689. 48
L – 80	551. 58	655. 00	S – 105	655. 00	758. 42
N – 80	551. 58	689. 48	S – 140	965. 27	1034. 21
C – 90	620. 53	689. 48	Y – 150	1034. 21	1103. 16
C – 95	655. 00	723. 95	S – 155	1068. 69	1137. 63
P – 110	758. 42	861. 84			
Q – 125	861. 84	930. 79			

表 2 – 18 钢级的物理性能

钢级	颜色标志	最小屈服强度/MPa	最高屈服强度/MPa	最低抗拉强度/MPa	延伸率/%	API 标准（适用范围）
H – 40	无色或黑色	276	552	414		5A
J – 55	浅绿	379	552	517	22. 5	5A
K – 55	绿色	379	552	665	18	5A
N – 80	红色	552	758	689	17	5A
C – 75	蓝色	517	620	665	18	5AC
L – 80	红夹棕	552	665	665	18	5AC
C – 90	紫色	620	725	690		(5AC)
C – 95	棕色	665	76	720	16. 5	(5AC)
P – 110	白色	758	965	865		A5X
Q – 125	白色	861	1040	930	18	(5AQ)
Y – 150	白色	1035	1240	1140	11. 5	(5AX)

设计套管柱强度的方法是安全系数法，即：套管强度/外载≥设计安全系数。

显然，设计安全系数的大小直接影响套管柱的安全性与经济性。我国石油工业标准中所推荐的套管柱安全系数范围见表 2 – 19，套管屈服强度安全系数见表 2 – 20。

表 2-19 我国套管柱设计安全系数范围

套管类型	扛挤设计安全系数	抗内压设计安全系数	抗拉设计安全系数
表层套管	1.0~1.1	1.1~1.2	1.6~1.8
技术套管	1.0~1.125	1.1~1.33	1.6~2.0
生产套管	1.0~1.2	1.1~1.4	1.6~1.9

表 2-20 我国套管体屈服强度安全系数

质量/(kg/m)	管体屈服强度/kg	每段以下重/kg	安全系数
410.7	241315.2	123129.7	1.96
464.3	273974.4	55838.2	4.91
517.9	306633.6	21047.0	14.57

2.4.1.3 套管接箍和螺纹

单根套管通常由管本体和接箍组成(图 2-44)。接箍和本体是分开加工的,接箍两端加工有内螺纹,而本体两端加工有外螺纹。API 标准接箍有圆扣接箍和梯形扣接箍,圆扣接箍尺寸、质量和公差见表 2-21。

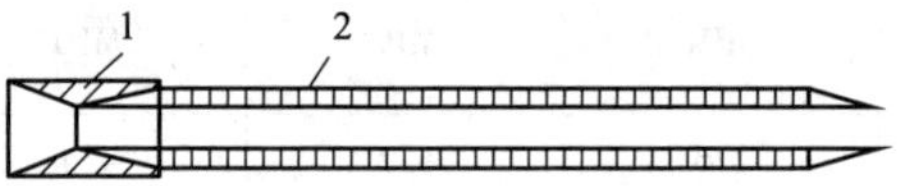

图 2-44 单根套管示意图

1—接箍;2—套体本体

表 2-21 API 圆扣套管接箍尺寸、质量和公差

尺寸/in	外径/in	最少长度/in		凹面直径/in	端面直径/in	质量/(lb/in)	
		短圆扣	长圆扣			短圆扣	长圆扣
$4^{1}/_{2}$	5.000	$6^{1}/_{4}$	7	$4^{19}/_{32}$	5/32	8.05	9.07
5	5.563	$6^{1}/_{2}$	7^{3}_{4}	5^{3}_{32}	3/16	10.18	12.56
$5^{1}/_{2}$	6.050	$6^{3}/_{4}$	8	$5^{19}/_{32}$	1/2	11.44	14.03
$6^{5}/_{8}$	7.390	$7^{1}/_{2}$	$8^{3}/_{4}$	$6^{23}/_{32}$	1/4	19.97	24.82
7	7.656	$7^{1}/_{4}$	3	$7^{3}/_{32}$	3/16	18.34	23.67
$7^{5}/_{8}$	8.500	$7^{1}/_{2}$	$9^{1}/_{4}$	$7^{33}/_{32}$	1/4	26.93	34.23
$8^{5}/_{8}$	9.625	$7^{3}/_{4}$	10	$8^{2}3/_{32}$	9/32	35.58	47.48
$9^{5}/_{8}$	10.625	$7^{3}/_{4}$	$10^{1}/_{2}$	$9^{23}/_{32}$	9/32	39.51	55.77

续表

尺寸/in	外径/in	最少长度/in		凹面直径/in	端面直径/in	质量/(lb/in)	
		短圆扣	长圆扣			短圆扣	长圆扣
$10^{3}/_{4}$	11.750	8	—	$10^{27}/_{32}$	9/32	45.53	—
$11^{3}/_{4}$	12.750	8	—	$11^{27}/_{32}$	9/32	49.61	—
$13^{3}/_{8}$	14.375	8	—	$13^{15}/_{32}$	5/16	56.23	—
16	17.000	9	—	$16^{3}/_{32}$	5/16	78.98	—
$18^{5}/_{8}$	20.000	9	—	$18^{23}/_{32}$	5/16	118.94	—
20	21.000	9	—	$20^{3}/_{32}$	5/16	98.25	126.74

另外，还有许多特殊接箍，能提供比 API 标准接箍连接更高的强度、更大的防腐能力和更大的余隙。

套管强度和密封性能与套管螺纹和螺丝连接密切相关。API 标准螺纹有短圆螺纹(STC)、长圆螺纹(LTC)、梯形螺纹(BTC)和直连型螺纹(XL)(图 2-45)。

API 标准螺纹虽能满足一般井的要求，但对于深井、超深井、高压气井、热采井、大位移井等，API 标准螺纹经常不能满足轴向拉力或气密封性的要求。

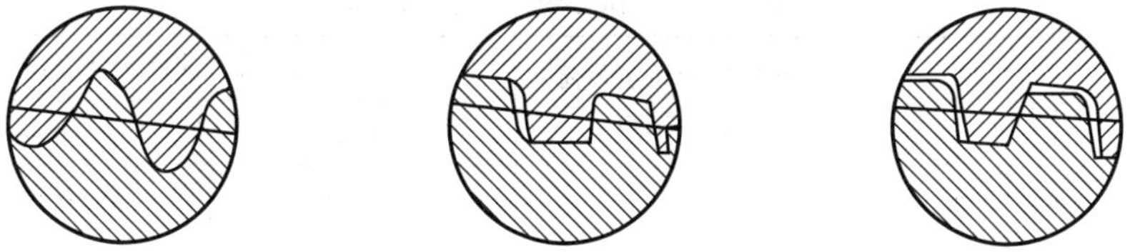

(a)短圆螺纹连接　　(b)梯形螺纹连接　　(c)直连型螺纹连接

图 2-45　API 标准螺纹连接示意图

2.4.1.4　新型套管的开发

随着深井、超深井及复杂条件下油气田的开采，用于深井的超高强度套管，酸性环境用防腐蚀套管，高抗挤毁套管，耐 CO_2、H_2S 及 Cl^- 强腐蚀等耐腐蚀套管等新型套管的使用比例逐渐升高。API 套管中，适用于含硫化物油气藏的套管有 H-40、J-55、K-55、C-75、L-80 和 C-90 等，但不能满足高含 H_2S、CO_2 等强腐蚀性油气藏的开发。在含 H_2S 的酸性气田中，H_2S 气体对钢材有极大的影响。室温下，H_2S 能腐蚀套管，易产生硫化氢脆性断裂及硫化物应力腐蚀开裂(SSC)；在高温时，虽然 H_2S 不会引起 SCC，但可能发生腐蚀而使套管变薄，影响套管的使用寿命。NKAC 系列及 NKACM 系列套管具有好的抵抗 SSC 性能。NKAC 系列及 NKACM 系列套管的化学成分及物理性能见表 2-22 及表 2-23。

表 2-22 NKAC 及 NKACM 系列套管的化学成分

系列组分	C	Si	Mn	P	S	Cr	Mo
NKAC	0.25~0.35	0.15~0.35	≤0.75	≤0.03	≤0.005	≤1.2	≤0.40
NKACM	0.25~0.35	0.15~0.35	≤0.75	≤0.03	≤0.005	≤1.2	0.40~0.80

表 2-23 NKAC 及 NKACM 系列套管的物理性能

系列	屈服强度/MPa	抗拉强度/MPa	硬度/HRC
NKAC85	586~689	≥689	≤23
NKAC858			17~23
NKAC90	620~724	≥710	≤24
NKAC905			18~24
NKAC90MS			
NKAC95	355~758	≥724	≤25
NKAC958			19~25

对 NKAC 标准套管抗 SSC 试验要求的结果范围见表 2-24。

表 2-24 抗 SSC 试验要求值

系列	极限应力恒定载荷张力试验	临界应力 S_c（壳型曲染法试验）/MPa	
		最小	平均
NKAC85AC85S	屈服强度>0.77	965.3	1654.8
NKAC90，AC90S		861.9	1310.1
NKAC90，AC95S		792.9	1172.2
NKAC90MS	屈服强度>0.83	861.9	1310.1
NKAC95MS		861.9	1241.1

根据 CO_2 酸性水浓度，适用于高含 CO_2 油气藏开发的套管是含 Cr 不锈钢套管，其主要化学成分见表 2-25。如 Cr9、Cr13、Cr23 或 Cr25 级别的不锈钢管，铬钢钢级为 80、85、95，其强度性能见表 2-26。铬钢虽然抗腐蚀性能强，但是其初始费用要比一般钢材的费用高，且含铬越高成本越高，要综合考虑进行选择。

另外，非 API 套管发展迅速，实际生产中约有 1/4 是非 API 管。表 2-27 列出的为非 API 标准的特殊条件下套管适用范围。

表 2-25 适于 CO_2 条件下的不锈钢套管的化学成分

钢级	C	Mn	Si	Cr	Mo	P	S
NKCr9	0.22	1.0	1.0	9	1.0	0.025	0.005
NKCr13	0.22	1.0	1.0	13	—	0.025	0.005

表 2-26 铬钢强度的性能

钢级		屈服强度/MPa		抗拉强度/MPa	最大硬度/HRC
		最大	最小		
NKCr9	80	552	655	689	23
	85	586	689	724	24
	95	655	758	758	—
NKCr13	80	552	655	689	23
	85	586	689	724	24
	95	655	758	758	—

表 2-27 非 API 标准特殊套管适用范围

用途	特殊套管钢级
超高强度	NK-140、VM-150、WSP-140、WSP-150
耐酸性腐蚀	SS105、SU95、BDG-105S
高抗挤	BG65T、125T
高寒高强度	SM-80L~110L、NK-LT95~125、NT-80LS-110LS
高抗硫	L80-1、C110SS

目前，为适应深井、超深井的需要，各国已开始研制屈服强度在 900MPa 以上的超高强度套管。一些高抗挤毁管材的抗挤毁能力比同强度的 API 标准规定的管材高 30%~50%。

2.4.1.5 套管头

套管头是用于钻井过程中对井口压力进行控制的重要设备，采用 API 6A 碳钢或低合金钢制造而成。与表层套管通过卡瓦式、螺纹式、焊接式等方式连接。

2.4.1.6 套管柱

依强度设计的顺序，由不同钢级、外径、壁厚、材质和螺纹的多种套管及附件连接起来下入井中的管柱。

2.4.1.7 套管串

套管串：将引鞋、套管鞋、旋流短节、浮箍、磁性定位短节、扶正器等用丝扣连接在一起的管串。

①引鞋：接在套管柱最下端的锥状体，用于引导套管柱顺利入井。

②套管鞋：上端与套管连接，下端有内倒角并与引鞋连接的短节。

③浮鞋：将引鞋、套管鞋和阀体制成一体的装置。

④浮箍：防止水泥浆倒流的装置。

⑤旋流短节：由短套管加工而成，在管体上沿螺旋线开有小孔，焊上喷流管，短节接在套管鞋上端，注水泥时，水泥浆沿切线流出，在环形空间旋流上返，提高顶替效率。

⑥扶正器：装在套管柱上，使井内套管居中，确保水泥浆均匀注满环形空间，提高固井质量。

⑦磁性定位短节：射孔时用来准确测定油、气层深度的短套管，短套管接在油气层以上 100m 左右。

⑧联顶接：下套管时接在最后一根套管上，用来调节套管柱顶面的位置，并与水泥头连接的短套管。

套管串的技术要求：

①套管串中要有短套管，用于磁性定位，短套管的下入深度在油气层顶部 50m 左右。

②套管接箍、扶正器等附件应避开油气层。

③阻流环至油层底界的距离大于 15m。

④套管鞋距井底的距离大于 3m。

⑤阻流环以下套管内水泥塞高度大于 20m。

2.4.1.8 套管丝扣

套管丝扣有多种，最常用的是长圆扣和梯形扣。

套管是由丝扣连接成套管串下入井内的，在连接套管时要根据套管的不同尺寸和扣型选择最佳扭矩，使用液压套管钳上扣，保证套管串的质量。

套管强度指标有：

①抗拉强度：套管丝扣的连接强度。

②抗挤强度：套管抗外挤压力破坏的能力。

③抗内压强度：套管的切应力达到钢材平均屈服极限时的内压力。

2.4.2　固井材料

2.4.2.1　固井

固井：在井眼内按设计要求下入套管柱，并在套管柱与井壁形成的环形空间注入水泥浆，使之固结在一起的工艺过程。

2.4.2.2　注水泥

(1)注水泥流程(图2－46)

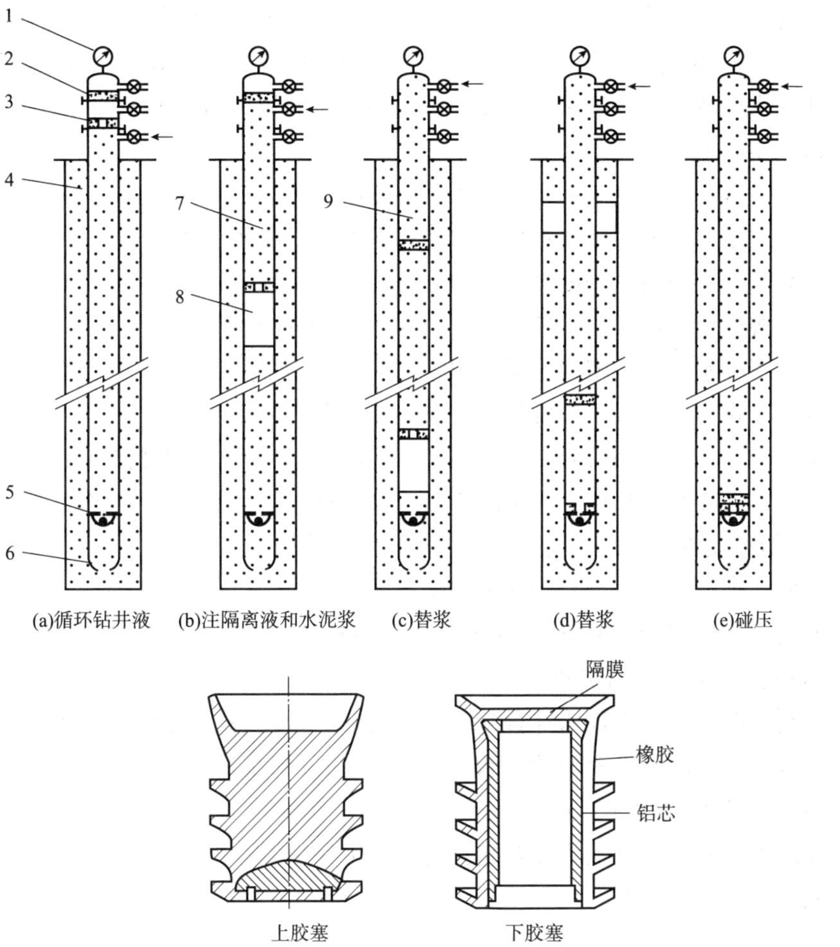

图2－46　注水泥方案示意图

1—压力表；2—上胶塞；3—下胶塞；4—钻井液；5—浮箍；6—引鞋；
7—水泥浆；8—隔离液；9—钻井液

①循环钻井液，清洗井壁。

②注隔离液。

③下放下胶塞，注水泥。

④注完水泥，下放上胶塞，钻井液替水泥浆。

⑤替浆到上、下胶塞相碰结束。

下胶塞：中间为空，上部有一层隔膜，外层为橡胶。注水泥时，先(在套管内)放入下胶塞，再注水泥，下胶塞与水泥一起下行。下胶塞遇承托环不动，压力升高使薄膜破裂，使水泥形成通道。

上胶塞：实心，注足水泥后，放入上胶塞，上胶塞上方注泥浆，上胶塞下部是注入的水泥。上胶塞与水泥一起下行，上胶塞使水泥和泥浆分开。上胶塞遇到下胶塞，将循环通路堵塞，泵压升高，称碰压，提醒操作人员“注水泥完成”。

注完水泥后，套管内留10～20m水泥塞，如果不是油层套管要钻开。

(2)固井材料

①油井水泥：适用于油、气、水井固井的水泥。

②水泥浆：水泥与配浆液按一定比例混拌所形成的浆体。

③高密度水泥浆：密度高于2.10g/cm^{3}的水泥浆。

④常规密度水泥浆：密度介于1.75～2.10g/cm^{3}的水泥浆。

⑤低密度水泥浆：密度介于1.30～1.72g/cm^{3}的水泥浆。

⑥超低密度水泥浆：密度低于1.30g/cm^{3}的水泥浆。

⑦含盐水泥浆：用含有一定量NaCl的配浆水配制出的水泥浆。一般分为低含盐(NaCl含量小于10%)、半饱和(NaCl含量约13%)、高含盐(NaCl含量大于20%)、饱和盐水(NaCl含量约26%)等4类水泥浆。

⑧胶结强度：水泥与套管或地层交界的强度。

⑨初凝：水泥凝结时间测定仪(维卡仪)的试针沉入水泥浆中距底板0.5～1.0mm时，为水泥达到初凝。

⑩初凝时间：水泥加水拌合起，至水泥浆开始失去塑性所需的时间。

⑪终凝：水泥凝结时间测定仪(维卡仪)的试针沉入水泥浆中距底板不超过1.0mm时，为水泥达到终凝。

⑫终凝时间：水泥加水拌合起，至水泥浆完全失去塑性并开始产生强度所需的时间。

2.5 钻井基础知识

(1)钻机八大件

①井架；②天车；③游车/游动滑车；④大钩；⑤水龙头；⑥绞车；⑦转盘；

⑧泥浆泵。

(2)钻柱组成及其作用

钻柱通常的组成部分：钻头、钻铤、钻杆、扶正器、专用接头及方钻杆。

钻柱的基本作用：①起下钻头；②施加钻压；③传递动力；④输送钻井液；⑤进行特殊作业：挤水泥、处理井下事故等。

(3)钻头

钻头主要分为：刮刀钻头；牙轮钻头；金刚石钻头；硬质合金钻头；特种钻头等。衡量钻头的主要指标：钻头进尺和机械钻速。

(4)钻井液的性能及作用

钻井液是钻井的“血液”，其主要作用：①携带、悬浮岩屑；②冷却、润滑钻头和钻具；③清洗、冲刷井底，利于钻井；④利用钻井液液柱压力，防止井喷；⑤保护井壁，防止井壁垮塌；⑥为井下钻具传递动力。

钻井液的主要性能指标有：①密度；②黏度；③屈服值；④静切力；⑤失水量；⑥泥饼厚度；⑦含砂量；⑧酸碱度；⑨固相、油水含量。

(5)常用的钻井液净化设备

①振动筛：清除大于筛孔尺寸的砂粒。

②旋流分离器：清除小于振动筛筛孔尺寸的颗粒。

③螺杆式离心分离机：回收重晶石，分离黏土颗粒。

④筛筒式离心分离机：回收重晶石。

(6)钻井中钻井液的循环程序

钻井液罐经泵→地面管汇→立管→水龙带、水→钻柱内→钻头→钻柱外环形空间→井口、泥浆(钻井液)槽→钻井液净化设备→钻井液罐。

(7)钻井液静液压力在钻井中的变化

静液压力，是由钻井液本身重量引起的压力。静液压力会在钻井中变化，岩屑的进入会增加液柱压力，油、气、水侵会降低静液压力，井内钻井液液面下降会降低静液压力。防止钻井液静液压力变化的方法：有效地净化钻井液；及时起钻灌满钻井液。

(8)钻开油气层过程中，钻井液对油气层的损害

主要有以下几种损害：

①固相颗粒及泥饼堵塞油气通道。

②滤失液使地层中黏土膨胀而堵塞地层孔隙。

③钻井液滤液中离子与地层离子作用产生沉淀堵塞通道。

④产生水锁效应，增加油气流动阻力。

(9)预测和监测地层压力的方法

①钻井前，采用地震法；

②钻井中，采用机械钻速法，d、d_c 指数法，页岩密度法；

③完井后，采用密度测井，声波时差测井，试油测试等方法。

(10)喷射钻井

喷射钻井是利用钻井液通过喷射式钻头喷嘴时，所产生的高速射流的水力作用，提高机械钻速的一种钻井方法。

(11)影响机械钻速的因素

①钻压、转速和钻井液排量；

②钻井液性质；

③钻头水力功率的大小；

④岩石可钻性与钻头类型。

(12)钻井取芯工具组成

①取心钻头：用于钻取岩心；

②外岩心筒：承受钻压、传递扭矩；

③内岩心筒：储存、保护岩心；

④岩心爪：割断、承托、取出岩心；

⑤悬挂轴承、分水流头、回压凡尔、扶正器等。

(13)取岩心

取岩心是在钻井过程中使用特殊的取心工具把地下岩石成块地取到地面上来，这种成块的岩石叫作岩心，通过它可以测定岩石的各种性质，直观地研究地下构造和岩石沉积环境，了解其中的流体性质等。

(14)平衡压力钻井

在钻井过程中，始终保持井眼压力等于地层压力的一种钻井方法叫作平衡压力钻井。

(15)井喷

井喷是地层中流体喷出地面或流入井内其他地层的现象。引起井喷的原因：

①地层压力掌握不准；

②泥浆密度偏低；

③井内泥浆液柱高度降低；

④起钻抽吸；

⑤其他措施不当等。

(16)软关井

软关井就是在发现溢流关井时，先打开节流阀，后关防喷器，再试关紧节流阀的一种关井方法。因为这样可以保证关井井口套压值不超过允许的井口套压值，保证井控安全，一旦井内压力过大，可节流放喷。

(17)钻井过程中溢流显示

①钻井液储存罐液面升高；

②钻井液出口流速加快；

③钻速加快或放空；

④钻井液循环压力下降；

⑤井下油、气、水显示；

⑥钻井液在出口处性能发生变化。

(18)溢流关井程序

①停泵；

②上提方钻杆；

③适当打开节流阀；

④关防喷器；

⑤试关紧节流阀；

⑥发出信号，迅速报告队长、技术员；

⑦准确记录立柱和套管压力及泥浆增量。

(19)钻进中井下复杂情况

钻进中由于钻井液的类型与性能选择不当、井身质量较差等原因，造成井下遇阻、遇卡以及钻进时严重蹩跳、井漏、井喷等，不能维持正常钻井和其他作业正常进行的现象。

(20)钻井事故

钻井事故是指由于检查不周、违章操作、处理井下复杂情况的措施不当或疏忽大意，而造成的钻具折断、顿钻、卡钻及井喷失火等事故。

(21)井漏

井漏主要有下列现象：

①泵入井内钻井液量 > 返出量，严重时有进无出；

②钻井液罐液面下降，钻井液量减少；

③泵压明显下降，漏失越严重，泵压下降越明显。

(22)卡钻及原因

卡钻就是在钻井过程中因地质因素、钻井液性能不好、技术措施不当等原因，使钻具在井内长时间不能自由活动，这种现象叫卡钻。主要原因有黏附卡钻、沉砂卡钻、砂桥卡钻、井塌卡钻、缩径卡钻、泥包卡钻、落物卡钻及钻具脱落下顿卡钻等。

(23)处理卡钻事故的方法

①泡油解卡；

②使用震击器震击解卡；

③倒扣套铣；

④爆炸松扣；

⑤爆炸钻具侧钻新眼等。

(24)固井

固井就是向井内下入一定尺寸的套管串，并在其周围注入水泥浆，把套管固定在井壁上，避免井壁坍塌。其目的：①封隔疏松、易塌、易漏等复杂地层；②封隔油、气、水层，防止互相窜漏；③安装井口，控制油气流，以利钻进或生产油气。

(25)井身结构

包括：①一口井的套管层次；②各层套管的直径和下入深度；③各层套管相应的钻头直径和钻进深度；④各层套管外的水泥上返高度；等等。

(26)套管柱下部结构

①引鞋：引导套管入井，避免套管插入或刮挤井壁；

②套管鞋：引导在其内部起钻的钻具进入套管；

③旋流短节：使水泥浆旋流上返，利于替泥浆，提高注水泥质量；

④套管回压凡尔：防止水泥浆回流，下套管时阻止泥浆进入套管；

⑤承托环：承托胶塞、控制水泥塞高度；

⑥套管扶正器：使套管在钻井中居中，提高固井质量。

(27)注水泥施工工序

下套管至预定深度→装水泥头、循环泥浆、接地面管线→打隔离液→注水泥→顶胶塞→替泥浆→碰压→注水泥结束、候凝。

(28)完井井口装置

①套管头：密封两层套管环空，悬挂第二部分套管柱和承受一部分重量；

②油管头：承座锥管挂，连接油层套管和采油树、放喷闸门、管线；

③采油树：控制油气流动，安全而有计划地进行生产，进行完井测试、注液、压井、油井清蜡等作业。

(29)尾管固井法

尾管固井是在上部已下有套管的井内，只对下部新钻出的裸眼井段下套管注水泥进行封固的固井方法。

尾管有三种固定方法：①尾管坐于井底法；②水泥环悬挂法；③尾管悬挂器悬挂法。

完井的定义：完井是使井眼与油气储集层(产层、生产层)连通的工序，是衔接钻井工程和采油工程而又相对独立的工程，包括从钻开油气层开始，到下生产套管、注水泥固井、射孔、下生产管柱、排液，直至投产的系统工程。

(30)试油(气)

在钻井发现油、气层后，还需要使油、气层中的油、气流从井底流到地面，并经过测试而取得油、气层产量、压力等动态资料，以及油、气、水性质等，称作试油(气)。

(31)井底污染

井底污染又称井底损害，是指油井在钻井或修井过程中，由于钻井液漏失或水基钻井液的滤液漏入地层中，使井筒附近地层渗透率降低的现象。

参考文献

[1]李继志．石油钻采机械概论[M]．青岛：中国石油大学出版社，2011.
[2]万邦烈．采油机械的设计计算[M]．北京：石油工业出版社，1988.
[3]李颖川．采油工程[M]．北京：石油工业出版社，2021.
[4]邹艳霞．采油工艺技术[M]．北京：石油工业出版社，2023.
[5]杨树栋，李权修，韩修廷．采油工程[M]．东营：石油大学出版社，2001.
[6]张琪．采油工程原理与设计[M]．东营：石油大学出版社，2003.
[7]陈玉祥，王霞．油气田应用材料[M]．北京：中国石化出版社．2009.
[8]王杰祥．油水井增产增注技术[M]．东营：中国石油大学出版社，2006.
[9]张湘亚，陈弘．石油化工流体机械[M]．东营：石油大学出版社，1996.

第3章　采油装备用材

3.1　采油机械及用材

3.1.1　概述

采油设备：在油气开采过程中必需的各种设施、设备，如抽油机、抽油杆、抽油泵、采油树、油管、作业机、罐车、泵车，以及集输设施等。这些都是采油所必需的、不可缺少的。

油田开发阶段的划分：

1)按产量划分阶段

产量上升阶段；

产量稳产阶段；

产量递减阶段。

2)按开采方法划分阶段

一次采油阶段：利用油藏本身的天然能量开采石油的阶段。这一阶段可开采出原油地质储量的10%～15%。

二次采油阶段：一次采油过程中，油藏能量不断被消耗，依靠天然能量采油无法维持采油速度，由人工向油藏中注水或者注气以补充地层能量而增加采油量的阶段。这一阶段可开采原油地质储量的20%～30%。

三次采油阶段：针对一次、二次未能采出的剩余在油藏中的原油，向地层注入其他驱油剂或者引入其他能量来提高原油采收率的阶段。

3)按油田综合含水方法划分开发阶段(实际常用方法)

无水采油期(综合含水率小于2%)；

低含水采油期(综合含水率在2%～40%)；

中含水采油期(综合含水率在40%～80%)；

高含水采油期(综合含水率在80%～90%)；

特高含水采油期(综合含水率在90%以上)。

3.1.1.1 自喷采油

定义：依靠油层本身的能量使油喷到地面。

能量来源：井底油流具有足够的压力；随同原油一起进入井底的溶解气所具有的弹性膨胀能量。

自喷采油的四个环节：

①油层渗流：原油从油层到井底。

②井筒流动：从井底沿着井筒上升到井口。

③油嘴节流：原油到井口之后通过油嘴流动。

④地面管线流动：沿着地面管线到分离器，然后通过油气分离将油和天然气分开，分别计量后，原油进入储油罐以备输运，天然气进入集输管线储运或使用。

3.1.1.2 气举采油

气举采油法：当油井不能自喷时，除采用前面介绍的人工举升方法外，还可以人为地把气体(天然气或空气)压入井底，使原油喷到地面的采油方法。

优点：设备比较简单，管理调节较方便。在新井诱导油流及作业井的排液方面有其优越性。

缺点：需压缩机和高压管线，地面系统设备复杂，投资大，气利用率低。

连续气举是将高压气体连续地注入井内，使其和地层流入井底的流体一同连续从井口喷出的气举方式。它适用于采油指数高和因井深造成井底压力较高的井。

间歇气举是将高压气间歇地注入井中，将地层流入井底的流体周期性地举升到地面的气举方式。间歇气举既可用于低产井，也可用于采油指数高、井底压力低，或者采油指数与井底压力都低的井。

3.1.2 抽油机

抽油机是开采石油的一种机器设备，俗称“磕头机”，是油田广泛应用的传统抽油设备，通常由普通交流异步电动机直接拖动。其曲柄以配重平衡块带动抽油杆，驱动井下抽油泵做固定周期的上下往复运动，把井下的油送到地面。

抽油机的原理其实和我们平时家里自己打的水井抽水的原理一样，也是通过一个活塞拉杆(抽油杆)的抽吸作用把油抽上来，然后通过地下埋的管道送走。唯一不同的地方就是这个拉杆的动作是通过一个电机来带动的。

抽油机工作过程：电动机经传动皮带→减速箱(三周二级减速)→曲柄连杆旋转运动→游梁上下直线运动→悬绳器→抽油杆→带动泵柱塞上下往复运动→抽油。

3.1.2.1 游梁式抽油机

抽油机属于有杆抽油设备的地面动力传动装置。按照驱动方式，主要分为电驱动抽油机和液、气驱动抽油机；按照结构特点，分为游梁式抽油机(常规型游梁式抽油机、前置式游梁式抽油机和异相曲柄抽油机)和无游梁式抽油机(链条抽油机、长环形齿条抽油机、直线电机抽油机等)。

1)常规型游梁式抽油机

游梁式抽油机是最古老、应用最广泛的一种抽油机形式。它工作可靠、坚实，使用和维修方便，并且在常规型基础上发展了多种形式。它的作用是通过减速箱、曲柄连杆或其他杆件机构等，将动力机的旋转运动变为抽油杆和抽油泵的往复运动，实现抽油泵的吸油和排油过程，并悬挂抽油杆，承受荷重。常规型游梁式抽油机的结构图和简图分别如图3－1和图3－2所示，主要由电动机、齿轮减速箱、曲柄、平衡重、连杆、游梁、支架和驴头等组成。驴头上安装有钢丝绳悬绳器，通过光杆夹和吊环与光杆连接在一起。光杆通过井口密封盒与油管内的抽油杆连接。抽油机主要为曲柄、连杆、游梁、虚杆的四连杆机构。驴头将游梁前端往复圆弧运动，变为抽油杆垂直往复运动。

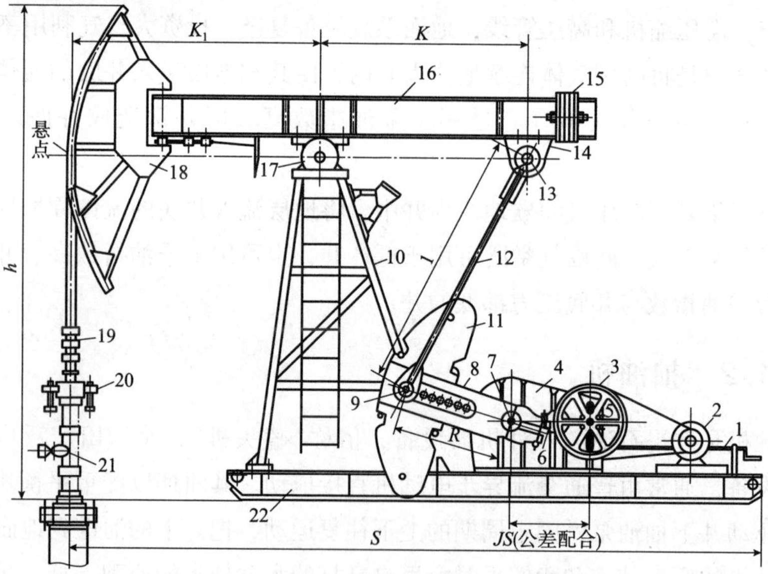

图3－1 常规型游梁式抽油机结构图

1—刹车装置；2—电动机；3—减速箱皮带轮；4—减速箱；5—输入轴；6—中间轴；7—输出轴；8—曲柄；9—连杆轴；10，17—支架；11—平衡重；12—连杆；13—横梁轴；14—横梁；15—平衡板；16—游梁；18—驴头；19—悬绳器；20—井口密封盒；21—出油三通；22—底盒

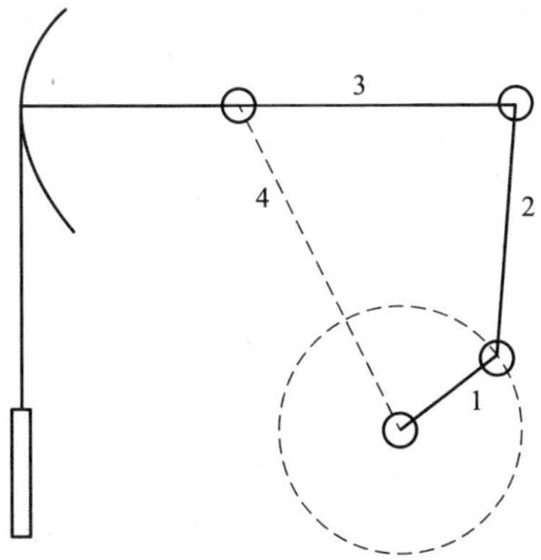

图3-2 抽油机结构简图

1—曲柄；2—连杆；3—游梁；4—虚杆

我国常规型游梁式抽油机已经标准化，可以用代号、规格代号和型号表示。按照石油行业标准 SY/T 6723—2016 的规定，代号包括类别代号、平衡方式代号和齿形代号三种。

抽油机类别代号：CYJ 表示常规游梁式抽油机；CYJQ 表示前置式游梁式抽油机；CYJY 表示异相曲柄抽油机；CYJS 表示双驴头型抽油机。

平衡方式代号：Y 为游梁平衡，即在游梁上加平衡重；B 为曲柄平衡，即在曲柄上加平衡重；F 为复合平衡，即同时用两种以上(含两种)方式；Q 为气动平衡，即用气缸平衡。

齿形代号：H 代表点啮双圆弧齿形；无 H 标记代表渐开线齿形。

抽油机规格代号：由额定悬点载荷－光杆最大冲程－减速器额定扭矩的数值排列组合而成。例如，额定悬点载荷为 80kN、光杆最大冲程为 3m、减速器额定扭矩为 37kN·m 的抽油机规格为 8－3－37。

抽油机型号用类别代号、规格代号以及减速器齿形代号和平衡方式代号等表示为：□－□－□－□－□－□。各方框含义依次是：第 1 个方框表示抽油机类别代号(CYJ、CYJQ、CYJY 或 CYJS)；第 2 个方框表示驴头额定悬点载荷，kN；第 3 个方框表示光杆最大冲程，m；第 4 个方框表示减速器额定扭矩，kN·m；第 5 个方框表示减速器齿轮齿形代号；第 6 个方框表示平衡方式代号。

例如，CYJ8－3－37－HB 型抽油机表示常规型曲柄平衡，额定悬点载荷 80kN，光杆最大冲程 3m，点啮双圆弧齿轮啮齿传动减速器，额定扭矩为 37kN·m。

根据基本参数的大小，游梁式抽油机可分为若干类：

①按驴头最大悬点载荷，可分为轻型($P_{max}\leqslant30kN$)、中型($30kN<P_{max}\leqslant100kN$)和重型($P_{max}>100kN$)三类。驴头最大悬点载荷取决于抽油杆和油柱的重量，反映了一定的抽油杆和抽油泵组合情况下允许的下泵深度。

驴头悬点载荷取决于下述因素：

a. 抽油杆柱的重量 P_r。作用方向向下，$P_r=\rho_r g f_r L$，其中 L 为抽油杆长度或下泵深度，ρ_r为材料密度，g 为重力加速度，f_r为抽油杆截面积。

b. 油管内抽油泵柱塞以上油柱重量 P_{ou}。作用方向向下，$P_{ou}=\rho_o g(F-f_r)L$，其中 ρ_o为原油密度，F 为抽油泵柱塞截面积。

c. 油管外油柱对柱塞下端的压力 P_{od}。作用方向向下，$P_{od}=\rho_o ghL$，其中 h 为抽油泵的沉没高度。

d. 抽油杆柱和油柱运动所产生的惯性载荷 P_{ri}和 P_{oi}。大小与悬点的加速度成正比，作用方向与加速度方向相反。

e. 抽油杆柱和油柱运动所产生的振动载荷 P_v。大小和方向也是变化的。

f. 摩擦力 P_{fs}和 P_{ff}。柱塞与泵筒间、抽油杆(接箍)与油管间的半干摩擦力 P_{fs}，以及抽油杆与油柱间、油柱与油管间和油流通过泵游动阀产生的液体摩擦力 P_{ff}，占总载荷的2%～5%，一般不考虑。

②按光杆最大冲程，可分为短冲程($S_{max}\leqslant1m$)、中等冲程($1m<S_{max}\leqslant3m$)、长冲程($3m<S_{max}\leqslant6m$)和超长冲程($S_{max}>6m$)四类。冲程的大小直接影响采油产量和抽油机重量。

③按最大冲次，可分为低冲次($n_{max}\leqslant6$ 次/min)、中等冲次(6 次/min $<n_{max}\leqslant15$ 次/min)和高冲次($n_{max}>15$ 次/min)三类。当抽油泵的泵径一定时，采油产量取决于 S_{max}和 n_{max}。

④按减速箱曲柄轴最大输出扭矩，可分为小扭矩($M_{max}\leqslant10kN\cdot m$)、中等扭矩($10kN\cdot m<M_{max}\leqslant30kN\cdot m$)、大扭矩($30kN\cdot m<M_{max}\leqslant60kN\cdot m$)和超大扭矩($M_{max}>60kN\cdot m$)四类。$M_{max}$通常随悬点载荷和冲程的增加而增加。

此外，抽油机的功率由冲程次数和扭矩的乘积决定，因此也可以根据所需要的最大功率 N_{max} 将抽油机分为小功率($N_{max}\leqslant5kW$)、中等功率($5kW<N_{max}\leqslant25kW$)、大功率($25kW<N_{max}\leqslant100kW$)和超大功率($N_{max}>100kW$)四类。

抽油机工作时，在上、下冲程中，电动机所承受的载荷相差很大。上冲程时，驴头悬点静载荷主要是抽油泵柱塞以上的液柱重量与抽油杆重量之和，提起这部分重量时电动机需要做很大的功；而下冲程时，液柱重量转移到固定阀上，驴头仅承受抽油杆的重量，电动机不仅无须做功，反而由于抽油杆靠自重下落，使电动机处于发电机状态。因此，在上、下冲程中，电动机的负载是极不均匀的，加上悬点运动速度和加速度的变化，更加剧了这种不均匀性，结果是使抽油机振动加剧，电机、减速箱、抽油泵等效率降低，寿命缩短，抽油杆断裂现象增加，能耗过多。因此，所有抽油机－抽油泵装置中都必须采取平衡措施，尽可能消除负功，使电动机等在上、下冲程中的负载接近相等，以避免上述不良现象的产生。

2）前置式游梁式抽油机

图3－3为前置式游梁式抽油机的结构简图。它的特点是横梁紧靠驴头，支架与游梁连接处紧靠尾部，减速器和平衡块等置于支架的前方。前置式游梁式抽油机除了同样具有工作可靠、坚实及维修简便等优点外，还有一些独特之处：

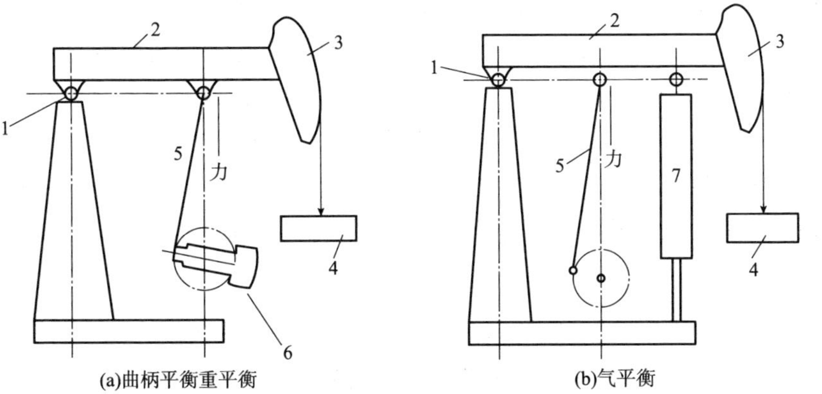

图3－3 前置式游梁式抽油机结构简图

1—支点；2—游梁；3—驴头；4—悬重；5—连杆；6—平衡重；7—气平衡系统

①平衡效果好。同一种规格的抽油机，前置式的实际净扭矩均是正值，变化比较平缓，常规式的净扭矩则出现正、负值，变化幅度大。因此，前置式游梁式抽油机运行比较平稳，减速齿轮无反向载荷，连杆、游梁等不易疲劳损坏，机械磨损少，噪声小，整机寿命较长。

②光杆最大载荷减小。前置式游梁式抽油机的简化模型是曲柄摇杆机构，存在极位角 λ，使得上冲程曲柄转角大于下冲程曲柄转角。上冲程时，曲柄约旋转195°，下冲程时约旋转165°，上、下冲程时间差约为上冲程的15.4%。而常规式抽油机由于结构限制，上冲程时曲柄约旋转182.5°，下冲程约旋转177.5°，上、下冲程所占的时间接近相等。由于光杆运动加速度与运动时间的平方成反比，上冲程时间长的前置式抽油机的光杆加速度减少40%，光杆最大载荷减小10%，从而使抽油杆断杆事故减少，寿命延长。

③节能效果好。前置式抽油机曲柄平衡重与连杆曲柄销之间对称设置，并存

在极位角 λ，若平衡重配置适当，抽油机上冲程运动开始时平衡重产生的平衡扭矩比油井载荷扭矩“滞后”$2/\lambda$，约 7.5°；而下冲程开始时比油井载荷扭矩“超前”约 7.5°。这样，抽油机的工作系统能够达到较佳的均衡扭矩。据实际测定，这一均衡扭矩的特点使得同一等级的前置式抽油机减速器的净输出扭矩减少 35% 左右。因此，与同等级的常规式抽油机相比，前置式抽油机所配备的电动机一般可减小 20% 的功率。与相同挂泵深度下油井每耗电 1kW · h 的出油量相比，前置式抽油机比常规式节约能耗 35% 左右。

3)异相曲柄抽油机

图 3 –4 为异相曲柄抽油机的结构简图，全名称为后置式异相曲柄平衡 I 类杆系抽油机(rear mounted geometry class Ⅰ lever systems with phased crank counter balance)。它与常规抽油机的主要区别在于：曲柄销孔轴线与曲柄自身轴线之间有偏离角 τ，反映在外观上，曲柄有一个明显的凸起；减速器明显后移，其输出轴中心线至游梁支承架中心线的水平距离加大，曲柄远离井口；曲柄上标有箭头，指明曲柄只能朝井口方向旋转；当游梁处于水平位置时，曲柄也基本上止于水平状态，连杆与二者接近垂直，且在整个上行程中几乎始终保持 90°。

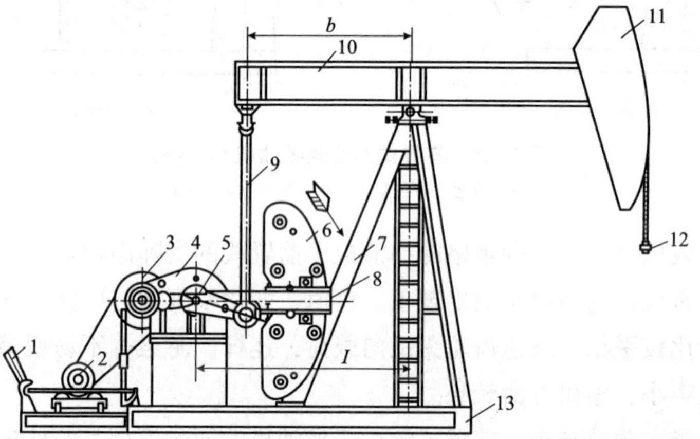

图 3 –4　异相曲柄抽油机的结构简图

1—刹车机构；2—电动机及小皮带轮；3—大皮带轮；4—减速箱；5—异相曲柄；6—平衡块；7—机架；8—平衡块安装曲柄；9—连杆；10—游梁；11—驴头；12—悬绳器；13—底座

异相曲柄抽油机的主要优点：

①由于曲柄连杆臂与游梁间的夹角 β 在上行程中几乎保持 90°，加大了力臂，减少了连杆拉力，从而使减速器输出的最大净扭矩比常规式的减少了 40% ~ 60%，因此在相同条件下配用的减速箱和电动机可以降低 1 ~ 2 个等级，减少了动力消耗，异相曲柄抽油机上冲程时扭矩峰值减小，下冲程时扭矩峰值增大，使

扭矩变化幅度变小。

②由于有曲柄偏移角，平衡重可发挥类似前置式抽油机的“均衡扭矩”作用，使上冲程曲柄转角增大约12°，达到192°，即上冲程时移动同样距离，时间却延长，加速度减小，动载下降，从而使光纤载荷减小，有利于减小振动和延长机、杆、泵的使用寿命。

③曲柄远离井口，井口操作范围扩大。

④异向曲柄抽油机结构与常规式抽油机相差不大，有利于常规式抽油机的技术改造。

异向曲柄抽油机的缺点：由于减速器后移，使底座加长，制造困难；两个曲柄不能通用，增加了制造工作量；曲柄只能单一方向旋转且与常规式转向相反，否则性能变坏。此外，尽管曲柄偏角越大，净扭矩越小，但偏移角越大，制造越不方便，曲柄臂越短，销孔间距越难以保证，甚至可能使上、下冲程净扭矩大小颠倒，这是不被允许的。

3.1.2.2 无游梁式抽油机

游梁式抽油机的缺点是重量大，振动载荷难以完全避免，这在长冲程条件下更为突出。为了改善抽油杆的工作条件，减轻重量，扩大有杆抽油设备的使用范围，目前石油矿场上已出现多种类型的无游梁－抽油泵采油装置。它们仍然保留有杆抽油方式，只是抽油机结构和运动形式发生了变化。

1)链条抽油机

链条抽油机是我国科技人员独创的一种无游梁式抽油机，具有惯性载荷小、冲程长度大、重量轻、节省电能等优点，已在许多油田应用。图3－5为链条抽油机结构示意图，由传动、换向、平衡、悬吊和机架等五部分组成。

链条抽油机的主要特点是采用了轨迹链条的换向机构。轨迹链条上有一个特殊的链节，其上装有向外伸出的主轴销和滑块。主轴销可在滑块的铜套中转动，滑块与往返架相连，并可在其中做水平滑动。工作时，电动机通过三角皮带和减速箱驱动主动链轮旋转，使得垂直布置的环形轨迹链条在主、被动链轮(主、被动链轮齿数相等，垂直布置)之间运转；轨迹链条则通过特殊链节上的主轴销和滑块带动往返架顺着机架上的轨道做往复匀速直线运动；若特殊链节自链轮右边向下运动，往返架被拉向下，达极限位置时，特殊链节做复合运动过链轮，到达链轮的左边，进而带动往返架一起向上运动；达上极限位置后，特殊链节又绕过上链轮到达右边，再带动往返架向下；往返架的上横梁连接着绕过天车轮的钢丝绳，通过悬绳器与光杆带动抽油泵。

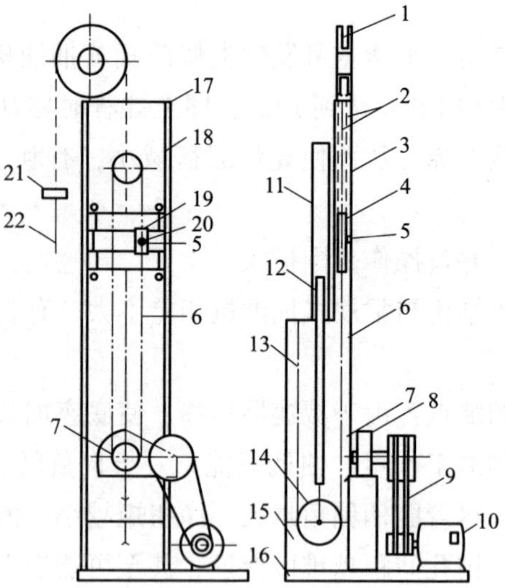

图 3-5　链条抽油机结构示意图

1—天车轮；2—钢丝绳；3—被动(上)链轮；4—往返架；5—特殊链轮；6—轨迹链条；7—主动(下)链轮；8—减速箱；9—皮带轮；10—电动机；11—平衡气缸；12—平衡柱塞；13—平衡链条；14—平衡链轮；15—油底壳；16—底座；17—机架；18—轨道；19—滑块；20—特殊链节；21—悬绳器；22—光杆

链条抽油机采用气动平衡法，即在往返架的下横梁上连接着一根平衡链条，链条绕过固定于气缸柱塞杆上的平衡链轮，再固定到机架上。当往返架上行时，抽油杆柱靠自重下落，促使柱塞上行并压缩气包内的气体，使压力增高，储存能量；当往返架下行时，抽油杆柱向上，气包内的压缩气体膨胀，推动柱塞下行，帮助提起抽油杆柱。这样，抽油机做往复运动时，电动机的负载就比较均匀。

目前使用的各种长冲程抽油机中，链条式抽油机的工作效率最高，而且行程越长，效率越高。与同类型游梁式抽油机相比，国内应用最广泛的 LCJ12-5 型链条抽油机的泵效可提高 10% ~20%，延长作业周期两倍以上，节电 30% ~50%；但这种抽油机可靠性差，经常出现断钢丝绳、断链条、断特殊链节和主轴销以及气平衡系统漏气等情况，从而导致严重不平衡的三断一漏问题，平均无故障大修时间仅为半年。据此，胜利石油管理局总机械厂研制出了一种保证延长大修周期而价格与同型号游梁机相近的 LPJ12 型链条胶带抽油机。新机型采用由合成纤维和人造橡胶黏结而成的、具有很高弹性模量的柔性胶带，以代替钢丝绳；采用纯机械平衡解决了气平衡失效问题；采用新型导轨设计，将 4 个导向轮增加至 12 个，最关键的是保证导向轮处于良好的转动状态而不是滑动状态，这些改进解决了普通链条机的三断一漏问题。设计目标为 5 年不大修。

根据链条抽油机的设计思路，我国研究人员又提出了一种称为“曲柄链条滑轮式长冲程抽油机”的新型设计，如图 3 – 6 所示。它的工作原理：电动机经三角皮带和齿轮减速箱减速后，使曲柄的转数与悬点的冲次相同，再通过曲柄、连杆、安装有平衡重的导向小车和机架组成的曲柄滑块机构，将曲柄的旋转运动变为小车（滑块）的往复直线运动。小车上铰接有多排链轮（动滑轮）。盘绕该链轮的多排链条的一端固定，另一端与钢丝绳的右端连接。钢丝绳绕过天轮后通过悬绳器连接光杆。这样在无急回运动的情况下，导向小车位移是曲柄长度的 2 倍。通常曲柄最大长度为 1.25m，故抽油光杆的冲程可达 5m。如果将减速器输出轴中心偏离导向小车中心线一定距离，还可获得急回运动，以满足慢提快放节省动力或快提慢放开采稠油的要求，并且可略微增大冲程。

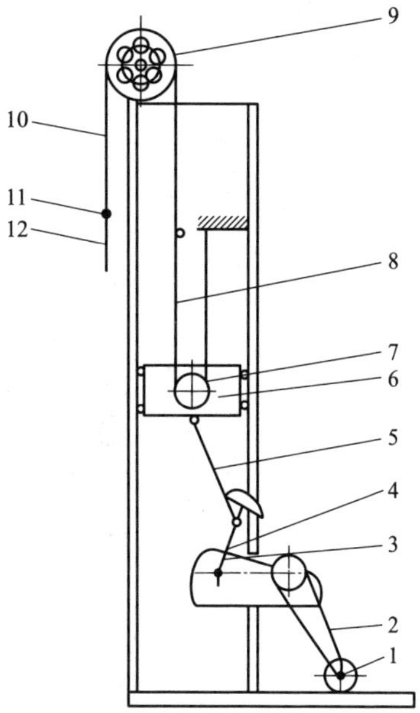

图 3 – 6　曲柄链条滑轮式长冲程抽油机简图

1—电动机；2—皮带传动；3—齿轮减速箱；4—带平衡重曲柄；5—连杆；6—安装平衡重的小车；7—链轮；8—链条；9—天轮；10—钢丝绳；11—悬绳器；12—光杆

2）长环形齿条抽油机

2008 年 11 月，由中国工程院院士顾心怿主持研发、胜利油田盛运机械制造有限公司和山友石油技术有限公司制造的长环形齿条抽油机通过山东省技术鉴定。该抽油机通过现场试验证明，运行平稳可靠，比常规抽油机节能 25% ~30% 。

长环形齿条抽油机有一个由长环形齿条和平衡滑块组成的特殊部件，平衡滑块内部加工有环形导向槽，如图 3 – 7 所示。图 3 – 8 为此型抽油机各部件间的运动关系：与长环形齿条 3 固定在一起的平衡滑块 1 上 4 个角均由相互垂直的两组扶正滚轮约束，只能在抽油机机身内做上下往复运动；电机输出的旋转运动经过皮带传动到减速器，在减速器输出轴带动下，小齿轮 6 在做旋转运动的同时，还可以与减速器、导向轮 4 一起沿着固定在机身上的水平轨道 5 做横向平动；直径稍大导向轮与小齿轮同轴安装，可以自由转动，但受平衡滑块内部环形导向槽 2 的约束。这样，在导向轮和导向槽的约束下，小齿轮与长环形齿条能够始终保持良好的啮合。假定小齿轮在长环形齿条上自左向右运动，自身又按顺时针旋转，则在图 3 – 8 所示的左半环内滑块向下运动，右半环内滑块向上运动，从而使滑块上下往复运动。通过悬挂装置及悬重皮带等带动抽油杆，即可实现抽油作业。

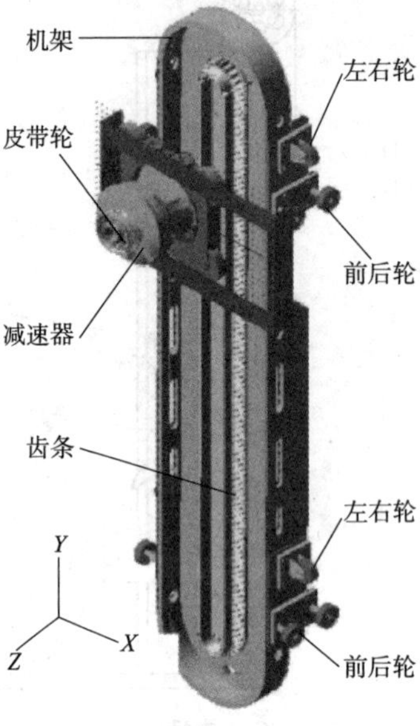

图3－7　长环形齿条抽油机示意图

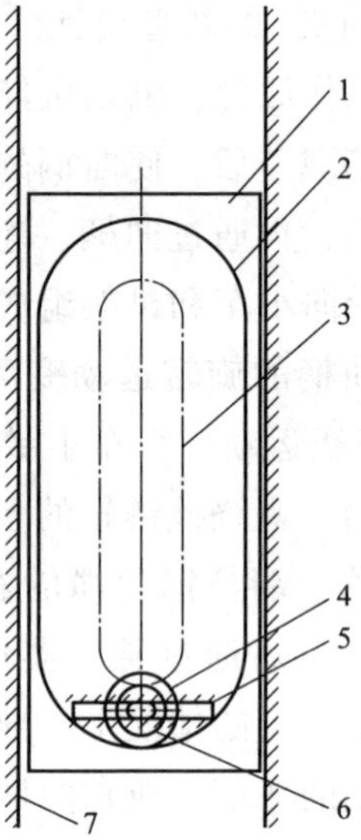

图3－8　长环形齿条抽油机工作原理

1—平衡滑块；2—环形导向槽；3—长环形齿条；
4—导向轮；5—水平轨道；6—小齿轮；
7—抽油机机身滑道

长环形齿条抽油机结构新颖，设计巧妙，主要体现在：

①实现了小齿轮在长环形齿条两边的连续啮合运转和动力传递。主要措施包括：导轮安装在环形导向槽内，其运动轨迹严格限制小齿轮按设定路径运行，确保与长环形齿条的良好啮合；机身上固定的横向水平轨道，为小齿轮提供了横向平动的自由度，使其在长环形齿条的上端和下端完成半圆形啮合运动的同时，能够进行横向位移；驱动小齿轮的摆线针轮减速器固定在安装有四个水平滚轮和四个垂直滚轮的座架上，可以随小齿轮和导向轮一起做横向平动，减速器固定在安装有四个水平滚轮和四个垂直滚轮的座架上，也随着小齿轮做横向水平的间歇往复运动；减速器的一端通过很长的柔性皮带传动输入动力，使得横向平动成为可能，因为在长度5m以上的皮带轮之间，距离不大的横向水平运动其中心距只有微小的变动，并不影响动力传输。

②由平衡滑块基座、长环形齿条、导向槽、四组大小扶正轮等组成的平衡滑块总成不仅是实现往复运动所必需的构件，也是抽油机平衡配重的主要组成部分，可根据油井的情况免加或少加配重。

③利用小齿轮与长环形齿条的啮合，将旋转运动变为直线往复运动，使得抽

油杆在上下冲程的大部分范围内做匀速运动，其本身又具有很大的减速比，简化了传动系统对减速器的要求。

在长环形齿条抽油机中小齿轮是主动齿轮，工作中在齿条的上下半圆弧内运动时，既要保持转动，又要做横向水平移动。它的安装轴系既要传递很大的力矩，又要承受平衡滑块系统的重力及由此形成的力矩，受力和运动状况十分复杂。为了满足齿轮齿条运动的准确度和平稳性，必须保证横向水平运动机构的定位精度。

长环形齿条抽油机是我国胜利油田又一项具有原创性和集成创新的自主知识产权成果。

3）直线电机抽油机

游梁式抽油机存在体积大、精度差等一系列问题，其传动系统能量损失高达28%，加上旋转特性造成启动扭矩大，系统效率一般不超过30%。为此，我国科技工作者广泛深入地开展了直线电机抽油机的研究，取得了十分显著的成果，近年来已经开发出多种先进的直线电机抽油机产品。

直线电机是一种利用电能产生直线运动的电机，它可以直接驱动机械负载做直线运动，取消了从电机到工作台的一切中间环节，将工作台进给传动链的长度缩短为零，即“零传动”或“直接传动”。图3－9为直线电机抽油机简图。直线电机可看作将一台旋转电机沿径向剖开，并将电机的圆周展成直线，但直线电机与

(a)示意图

(b)实物图

图3－9 直线电机抽油机

旋转电机又有很大不同，直线电机的铁芯是长直的、两端断开的。直接将直线电机的初级固定或支撑在井口，作为电机的定子，将电机的杆状动子作为次级，与悬点相连，当电源接通时动子即可做上、下往复运动。滑轮挂－平衡块用于平衡上、下冲程。

直线电机可实现无接触传递力，没有机械损耗，结构简单，工作稳定，寿命长，容易密封，不怕污染，适应性强，推力体积比大，可达到位移的高精度控制，其灵敏度高，随动性好，有精密定位和自锁的能力。

大功率低频变频器的研究开发和永磁材料的发展使直线电机在抽油机中的应用成为可能。

直线电机抽油机具有作业方便、整机结构简单、启动电流低、高运行稳定、占地小、噪声低、运行维护费用低、运动轨迹合理、节能效果可达45%等优点。抽油机还具有上快下慢、上慢下快、上下同速和换向时停滞间抽四种运动模式。直线电机抽油机将电能直接转变为直线往复运动，不但提高了效率，且实现抽汲参数无极调整，进而能根据采油的需要调整悬点运动规律。

直线电机抽油机结构示意图如图3－10所示。它的工作原理(按静载荷和论述)：上冲程光杆载荷为抽油杆重量加上液柱载荷，而平衡重(为抽油杆柱重加上二分之一液柱载荷)呈自由落体下行做功，此时动子下行拉力只有二分之一液柱载荷；当光杆下行时光杆载荷为抽油杆重量，呈自由落体下行做功，而动子拉动平衡箱上行，此时动子上行力仍是二分之一液柱载荷。这种抽油机采用的是天平式平衡，没有旋转运动，平衡效果好，抽油机运行平稳。目前，国内已经有多种形式的直线电机抽油机问世，并在不断的试验和应用中改进完善。

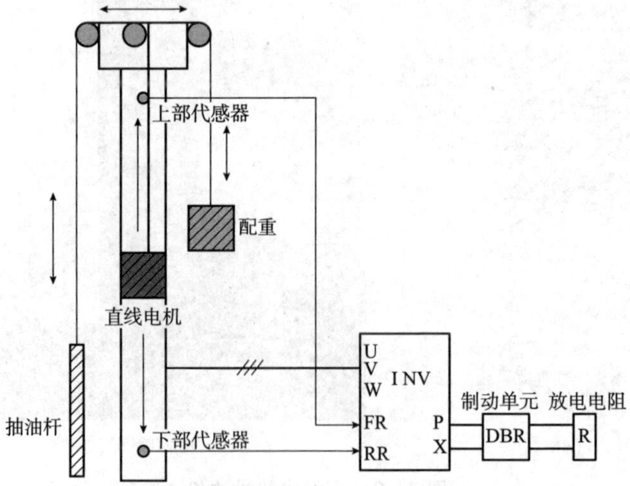

图3－10　直线电机抽油机结构示意图

3.1.3 螺杆泵

地面油气混合输送一般以分离环节为终点。分离环节设在什么位置需根据集输系统压能大小而定。油井产出物较早地分别输送，一定的井口回压可输送较长距离，但集输管网比较复杂；油气混合输送管网显得简单，但输送距离相对变短。

近年来海上采油发展较快。由于采油平台面积有限，距离陆地又比较远，平台上没有足够的空间安装分离设备，这时必须采用油气混合输送流程，并借助多相混输泵来为集输系统提供足够的压能。相关资料表明，以螺杆泵作为多相混输泵取得了明显的效果，其应用前景十分看好。

螺杆泵是一种容积式旋转型水力机械，如图 3-11 所示。它是利用相互啮合的螺杆与衬套间容积的变化为流体增加能量的。螺杆泵常用于输送润滑油、密封油及油气混输等。与其他压泵相比，螺杆泵具有结构紧凑，体积小，流量、压力无脉动，噪声低，容许的转速较高，自吸能力强，使用寿命长等优点，在工业和国防的许多部门都得到了广泛的应用。

图 3-11 螺杆泵

3.1.3.1 螺杆泵在油田的应用

螺杆泵于 1930 年发明后主要用于工业领域泵送黏稠液体，只是近 20 年内作为一种人工举升采油手段用于开采稠油和含砂原油。它是一种容积泵，特点是结构简单、尺寸小、重量轻，不会出现泵卡、气锁、被砂蜡垢等堵塞，不会形成乳化液。螺杆泵是开采稠油和含砂原油的一种很好的手段，其容积效率随原油黏度升高而升高，不像离心泵那样随原油黏度升高泵效急剧下降。目前，法国 MAPE 公司生产的螺杆泵可以在含砂量高达 60% 的井况下正常工作，系统效率在 50% 以上，比电潜螺杆泵(图 3-12)高 1 倍以上，比普通螺杆泵高 14%。

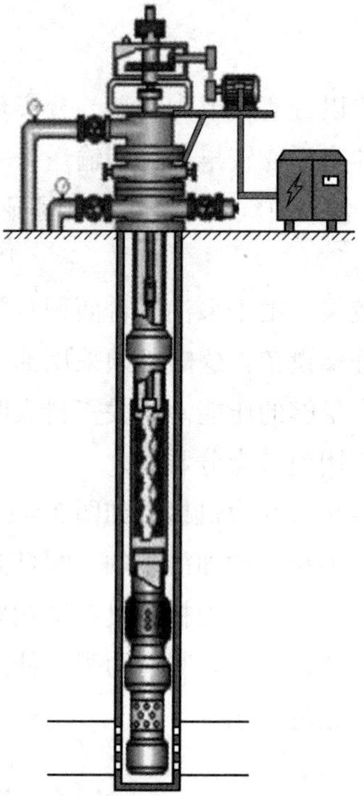

图 3-12　电潜螺杆泵采油装置

3.1.3.2　螺杆泵的结构和工作原理

螺杆泵主要由螺杆(转子)(图 3-13)及与之相配套的衬套(定子)组成。

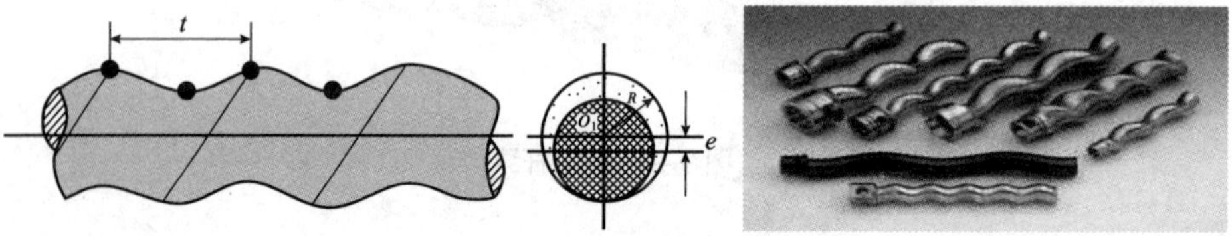

图 3-13　螺杆(转子)

螺杆的任一断面都是半径为 R 的圆。整个螺杆的形状可以看作由很多半径为 R 的薄圆盘组成，不过这些圆盘的中心 O_1 分布在一条圆柱螺旋线上。该圆柱的半径为螺杆泵的偏心距离 e、螺旋线的螺距为 t。

衬套(图 3-14)一般用橡胶材料制成。必须根据抽汲混合液的性质和泵工作条件来选取，如抽取油类、弱酸和碱等介质，可用丁腈橡胶作衬套材料；而要求在高耐磨、高强度和耐油、耐苯条件下工作，可选取聚氨酯橡胶作衬套材料。

图3－14 衬套(定子)

螺杆泵利用螺杆的回转来吸排液体，当螺杆转动时，螺杆衬套中靠近吸入端的第一个腔室的容积增加，形成负压，在压力差的作用下，液体被吸入第一个腔室。随着螺杆的继续转动，工作腔容积不断增至最大后，该腔室形成封闭，以螺旋方式向排出端移动，并最终在排出端消失。同时在吸入端又形成新的密封腔室。由于密封腔室的不断形成、推移和消失，使混合液通过一个一个密封腔室，从吸入端推挤到排出端，压力不断升高。螺杆工作原理如图3－15所示。

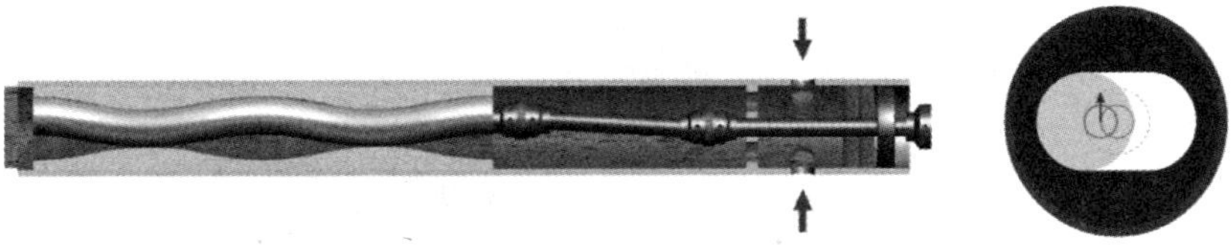

图3－15 螺杆工作原理

3.1.3.3 旋向、转向、流向关系

螺杆的螺旋旋向(左旋或右旋)、螺杆的转向(顺时针或逆时针)和混合液的流向三者之间的关系如图3－16所示。例如：螺杆为左旋，假设观察者位于螺杆的一端，如螺杆做顺时针转动，则混合液背向观察者；如螺杆做逆时针转动，则混合液流向观察者。将螺杆改为右旋，如螺杆做顺时针方向转动，则混合液流向观察者；如螺杆做逆时针转动，则混合液背向观察者。由此可见，旋向、转向和流向三个因素中，给定任意两个因素，可确定第三个因素。

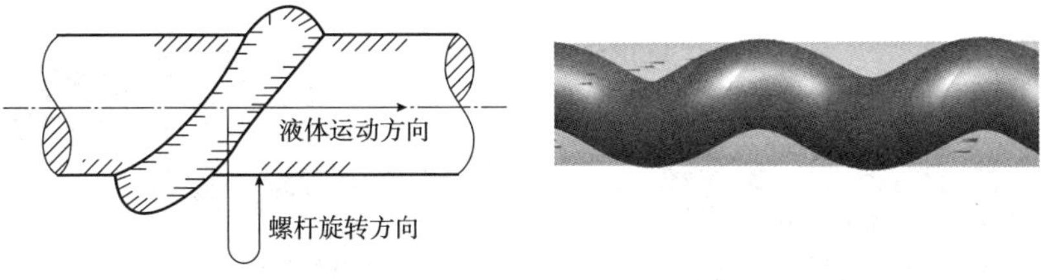

图3－16 螺杆的螺旋旋向

3.1.3.4 螺杆泵特点

①由于螺杆泵的衬套由橡胶制成，螺杆与衬套间的相对运动为滚动加滑动，

为高黏、高含砂、高含气原油的输送创造了有利的条件，加之螺杆泵的运动件少，过流面积大，油流扰动小，使其能在高黏原油中高效工作。

②由于密封腔室的推移速度是恒定的，理论上螺杆泵的流量是非常均匀的，不存在流量波动。

③螺杆泵种类。

a. 按螺杆数目分类：单螺杆，双螺杆，三螺杆，五螺杆；

b. 按螺杆螺距分类：长螺距，中螺距，短螺距；

c. 按结构形式分类：卧式，立式，法兰式，侧挂式。

在油田所用的螺杆式油气混输泵中，以单螺杆泵和双螺杆泵为主。

3.1.3.5 单螺杆泵

单螺杆泵组成示意图如图 3－17 所示。

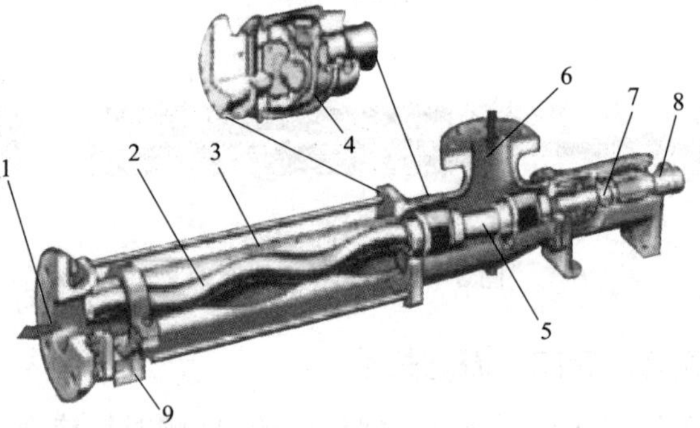

图 3－17 单螺杆泵组成示意图

1—排出口；2—螺杆；3—衬套；4—填料密封器；5—万向轴总成；6—吸入口；7—轴承；8—传动主轴；9—底座

3.1.3.6 双螺杆泵

双螺杆泵如图 3－18 所示。

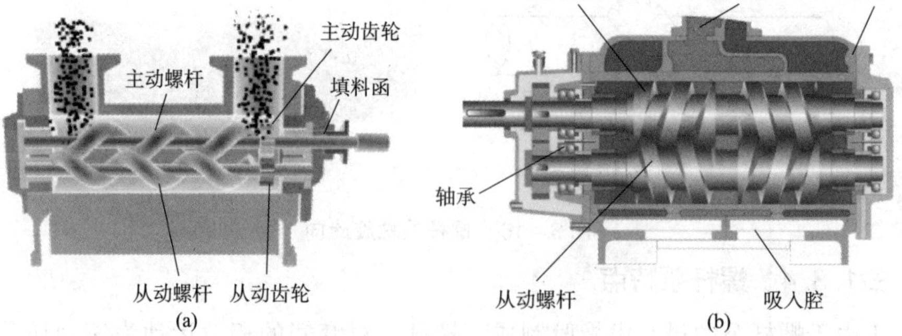

图 3－18 双螺杆泵

双螺杆泵由两根螺杆、轴承、吸入腔、排出腔、壳体等组成。

单螺杆泵特性曲线如图 3－19 所示。

(1)理论特性曲线

理论流量(Q_t) - 压头(H)曲线为一条水平线，表明其流量不随压头的变化而改变。

(2)实际特性曲线

随着压头 H 的增加，通过螺杆－衬套副密封线从泵排出端到吸入端的液体漏失量 q 也增加，实际流量 Q 是理论流量 Q_t 和漏失量 q 的差值。随着压头 H 的增加，流量 Q 是逐渐下降的。

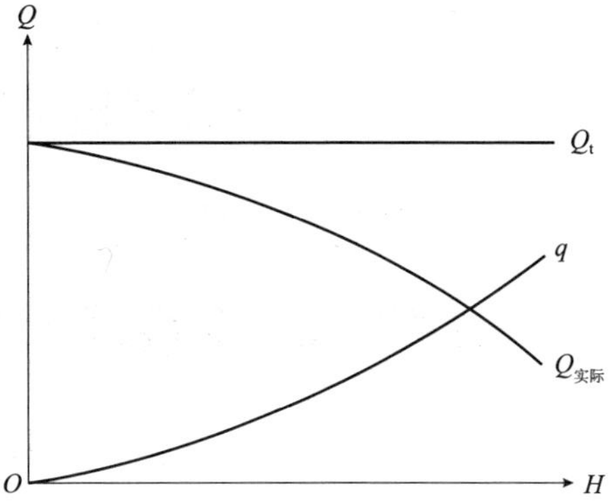

图 3－19　单螺杆泵的理论特性曲线(Q_t)和实际特性曲线($Q_{实际}$、q)

3.1.4　潜油电泵

潜油电动离心泵如图 3－20 所示，实物图如图 3－21 所示。

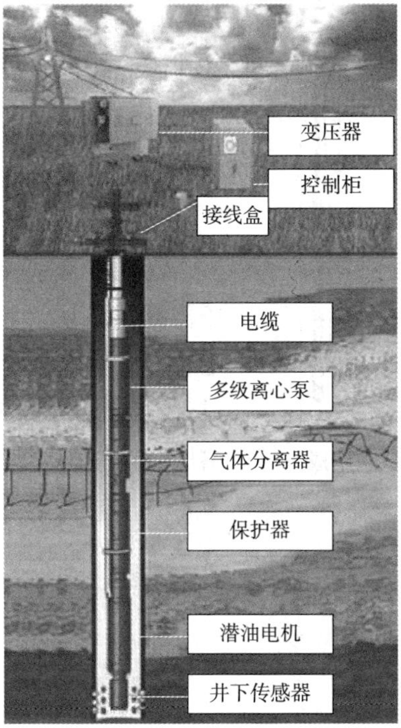

图 3－20　潜油电动离心泵

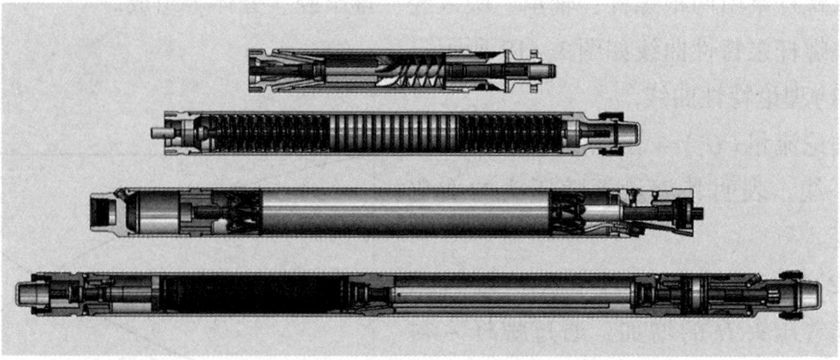

图 3-21　潜油电动离心泵实物图

潜油电泵全称为潜油电动离心泵，简称电泵，是重要的机械采油方法。

电泵是机械采油的重要设备之一。电泵的工作原理：地面电源通过变压器控制箱后经电缆给井下电机供电，使电机运转驱动多级离心泵，将井液举升到地面。

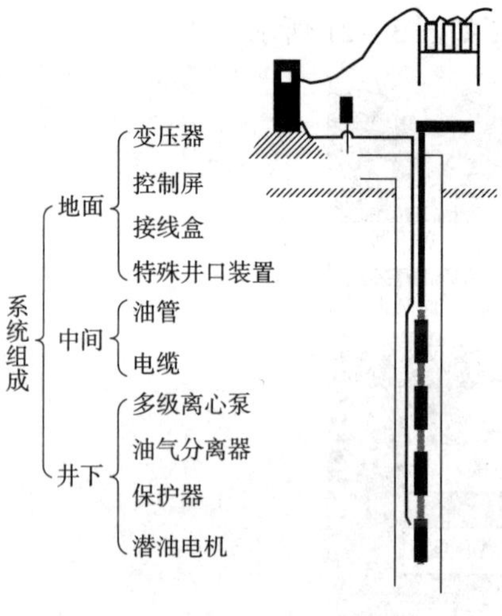

图 3-22　潜油电泵系统组成

优点：排量大、自动化程度高。

潜油电泵系统组成(图 3-22)：

①地面部分：包括变压器、控制屏、接线盒和特殊井口装置等。

②中间部分：主要有油管和电缆。

③井下部分：主要有多级离心泵、油气分离器、保护器和潜油电机。

潜油电泵系统工作过程：地面电源变压器提供电机所需工作电压输入控制屏，电缆、井下电机带动离心泵旋转把井液通过分离器输入泵内，由泵叶轮使井液逐级增压，油管举升到地面。

3.2　油管

3.2.1　油管性能

油管下到套管内，将油气引导到地面，即油、气井中的油、气通过油管从储层中被采出。根据采油时的技术需要，油管还可用于向油层注入高压水或气体，洗井、压井、压裂、酸化或者不压井起下作业装置或旋转钻井装置，实施钻井、修井等措施。因此，油管的性能对油气田开采有很重要的影响。API标准规定的油管规范及尺寸见表3－1。

表3－1 油管规范及尺寸

外径/mm	名义质量/(kg/m)		壁厚/mm	内径/mm	通径/mm	接箍外径/mm		
	不加厚	加厚				不加厚	加厚	
							正规	特殊间隙
60.3	5.96	—	4.24	51.8	49.45	73.0	—	—
	6.85	7.00	4.83	50.7	48.29	73.0	77.8	73.9
	8.64	8.86	6.45	47.4	45.03	73.0	77.8	73.9
73.0	9.53	9.68	5.51	62.00	59.61	88.9	93.2	87.9
	11.62	11.77	7.01	59.0	56.62	88.9	93.2	87.9
	12.81	12.96	7.82	57.4	54.99	88.9	93.2	87.9
88.9	11.47	—	5.49	77.9	74.75	108.0	—	—
	13.70	13.85	6.45	76.0	72.82	108.0	114.3	106.2
	15.19	—	7.34	76.0	71.04	108.0	—	—
	18.92	19.29	9.53	69.8	66.68	108.0	—	106.2
	21.00	—	10.92	—	—	—	—	—
101.6	14.15	—	5.74	90.1	86.94	120.6	—	—
	—	16.38	6.65	88.3	85.12	—	127.0	—
114.3	18.77	18.99	6.88	100.5	97.37	132.1	141.3	—
	36.64	—	14.22	—	—	—	—	—

在有杆抽油井中，未锚定的油管除了承受自身载荷外，还要承受液柱压力作用在油管内径面积与抽油泵泵塞面积之差上的不变载荷。油管上行程游动阀关闭，举升液体的载荷转换在抽油杆上时，导致油管卸载收缩；下行程时游动阀打开，举升液体的载荷通过泵底部固定阀作用在油管上，导致油管加载伸长。在这个循环中复变载荷每冲程循环一定，如果冲次为5～10min^{-1}，则一年要循环262万～524万次。这种频繁的交变载荷会引起油管本体特别是螺纹部分的疲劳断裂，尤其是油管螺纹连接部分更会因交变载荷而使公母螺纹间相互摩擦，且螺纹接头处又是处于应力集中的地方，容易使螺纹磨损漏失，降低泵效。

为了提高油管接头强度，还有许多特殊的油管接箍，比标准API不加厚、加厚或整体连接提供更高的强度、更高的防腐蚀能力和更大的间隙。这些特殊接箍通过如下方式改进性能：a. 接箍或母扣端带有特氟龙密封圈等；b. 特殊扣型，如梯形扣扭矩台阶、金属－金属密封、内加厚、外加厚、整体式连接和平接式连接等。

热处理可以进一步提高油管性能，但 API 只要求对焊缝做处理。焊缝通常用感应法加热到 899～1010℃不足 1min，这样就呈正火组织，与管体相似。N－80 级油管要求对全长做热处理，如果需两端加厚，则在加厚之后再对全长做热处理。

5AC 规范中的热处理要求也更详细。和其他规范一样，在加厚之后要做热处理以及管子全长度做热处理。C－75、L－80 和 C－95 的最低回火温度分别规定为 621℃、566℃和 538℃；除 C－95 管子外，在最后回火处理之后禁止冷作，而 C－95 只允许在回火之后进行最高达 3% 的压缩冷作。

为适应特殊环境还可使用非 API 级的管材，如具有特定性能适用于硫化氢环境的低合金钢，甚至为适应含氯化物、硫化氯和二氧化碳的高温深井而用高镍和钴的合金。表 3－2 给出了一部分常用的合金，并附有部分 API 钢级的典型化学成分和机械性能的范围。

表 3－2　API 及常用非公开级管材的化学成分和机械性能范围

管材	机械性能			化学成分/%									热处理
	屈服强度/MPa	抗张强度/MPa	硬度 RC	C	Mn	Mo	Cr	Ni	Cu	S	P	Si	
H－40			12～40	0.23～0.37	0.07～1.00								无资料
J－55	338～910	634～862	4～31	0.37～0.50	0.70～0.28	0.0～0.02	0.0～0.16	0.0～0.10	0.0～0.06	0.016	0.028	0.03～0.06	正火
C－55	517～614	765～831	15.7～22.0	0.34～0.46	1.48～1.64	0.12～0.27	0.04～0.12	0.01～0.06	0.0～0.04	0.012～0.022	0.017～0.04	0.11～0.29	正火及回火、淬火及回火
N－80	531～646	772～855	10～26.5	0.27～0.48	1.23～1.9	0.0～0.23	0.0～0.16	0.0～0.05		0.007～0.025	0.015～0.025	0.13～0.16	正火
	545～644	717～896	16～24										正火及回火
	578～967	731～1207	19.5～40										淬火及回火
L－80	552～655	696～800	18～20	0.25～0.44	0.62～1.54	0.15～0.38	0.0～1.30	0.0～0.25	0.0～0.35	0.019～0.04	0.018～0.06	0.26～0.35	淬火及回火

续表

管材	机械性能			化学成分/%									热处理
	屈服强度/MPa	抗张强度/MPa	硬度RC	C	Mn	Mo	Cr	Ni	Cu	S	P	Si	
M-80		700~800	15.6~21	0.13~0.34	0.58~1.73	0.02~0.31	0.07~0.94	0.0~0.03		0.009~0.035	0.018~0.038	0.22~0.29	淬火及回火
C-90	676~789	736~834	20~22.4	0.21~0.35	0.44~1.57	0.17~0.51	0.82~1.11	0.0~0.08		0.006~0.012	0.008~0.028	0.18~0.32	淬火及回火
C-95	676~789	767~952	20.1~29.5	0.29~0.46	0.62~1.54	0.15~0.38	0.0~1.30	0.10~0.18	0.09~0.14	0.001~0.021	0.011~0.035	0.17~2.8	淬火及回火
P-105	724~900	980~1063	28~30.0	0.31~0.46	1.45~1.65	0.25~0.30	0.58~0.90	0.00~0.03	0.0~0.03	0.01	0.026	0.20~0.28	正火及回火、淬火及回火
P-110	634~910	786~1020	23.1~33	0.30~0.45	0.48~1.60	0.01~0.38	0.04~0.30	0.02~0.05	0.0~0.03	0.009~0.018	13~0.04	0.07~0.32	正火及回火、淬火及回火
C-125	988	1076		0.27~0.46	0.61~0.97	0.21~0.38	0.50~1.30	0.0~0.03		0.014~0.018	0.001~0.018	0.29~0.31	淬火及回火
Soo-125 (Algoma)	917~958	923~1027	31~33	0.30~0.34	0.60~0.77	0.14~0.16	0.75~0.93	0.03	0.0~0.01	0.011~0.013	0.015~0.024	0.28~0.31	淬火及回火
C-140	1008	1106		0.26~0.46	0.61~0.97	0.27~0.38	0.98~1.30	0.0~0.01	0.0~0.01	0.011~0.014	0.001~0.013	0.28~0.32	淬火及回火
V-150	1083~1124	1117~1207	34~39	0.23~0.34	1.56~1.69	0.34~0.41	0.03~0.05	0.0~0.015	0.0~0.03	0.013~0.020	0.019~0.031	0.12~0.19	淬火及回火
9Cr 1Mo		规定的分析		0.15~max	0.30~0.60	0.90~1.10	8.0~10.0			0.30~max	0.30~max	0.25~1.00	全部所列等级
13Cr (AISI410)		规定的分析		0.15~max	1.00~max		12.0~14.0			0.040~max	0.030~max	1.00~max	全部所列等级

3.2.2 油管失效

3.2.2.1 焊接缺陷

焊接质量好坏对油管使用寿命有一定的影响。ERW 油管(Electric Resistance Weld，电阻焊油管)的焊接缺陷有几个来源：焊接面上的尘土或外界物质、焊接电流短路、电接点之间的跳火及焊接时过量或不足的顶推力等，这些称为烧化或跳焊；另一常见的焊接缺陷叫沟裂。这些都沿着材料的流线形成，即焊接时加高，且与非金属夹渣有关联。

对 ERW 油管进行热处理时可能会出现其他与 ERW 焊缝相关的问题。API 要求热处理温度不低于538℃，目的是不遗留有未回火的马氏体，但仍可能有局部硬点。这样，会降低断裂韧性以及抗SSC性能。此外，在对焊缝热处理时，热可能未能全部穿透管壁厚度，或可能出现感应加热区未能对正焊缝等。

轧钢厂应用改进的检验技术，显著地降低了ERW油管所出现的上述问题，使之比无缝钢管更具有竞争性。此外，ERW管比无缝管具有一定的优越性：表面光洁度比无缝管显著好，在涂敷涂层时既省工又省钱；壁厚和同心度较均匀，比无缝管有较高的抗挤毁性能；ERW管比无缝管便宜。如果ERW管能合理地制造、检查和试压，则大多数ERW油管在油气田中都能获得很满意的结果。

3.2.2.2 腐蚀

1) CO_2腐蚀

近年来，随着富含CO_2油气田开采，CO_2对油管的腐蚀越来越严重，如塔里木油田某一油井油管仅使用1年9个月便报废。

干CO_2不会对油管造成腐蚀，湿CO_2与水结合形成碳酸降低溶液的pH值引起严重的腐蚀。特别是对螺纹、接头(连接处)、改变金属组织处(如焊接处和加厚处)等腐蚀特别严重，其腐蚀反应如下：

$$CO_2 + H_2O \rightleftharpoons H_2CO_3$$

$$Fe + H_2CO_3 \longrightarrow FeCO_3 + H_2\uparrow$$

CO_2对钢腐蚀程度是铬和镍含量的函数，因此钢内加9%或更多Cr后，钢的腐蚀速率会显著降低，但是，当温度增加到250℃时，9Cr钢的腐蚀速率高达10mm/a，而13Cr的腐蚀速率较低，25Cr-6M(两相不锈钢)的腐蚀速率几乎为零。为了保证钢具有良好的抗腐蚀性，至少需要9%的铬，而铬的临界含量常为12%，从而12%~13%的铬钢代表了下一步可利用抗CO_2腐蚀的金属管材的发展趋势。

二氧化碳腐蚀主要是CO_2分压和温度的函数，如狄华德和米廉斯方程式：

$$\lg r = 11.92 - \frac{2320}{T+273} - 5.5\times10^{-3}T + 0.67\lg P_{CO_2}$$

式中 r——腐蚀速率，mm/a；

T——温度，℃；

P_{CO_2}——CO_2分压，MPa。

由狄华德和米廉斯方程可以画出列线图解(图3-23)。例如，CO_2分压为0.010MPa，温度为7℃，腐蚀速率为0.1016mm/a。对于那些范围超出列线图的情况，例如，一口深井的井底压力为137.9MPa，并含10%的CO_2，CO_2的分压为13.790MPa，如果井底温度是176℃，计算出来的腐蚀速率是1790.7mm/a。这一数值高得不合理，但是在现场也曾遇到在高CO_2分压及很高温度下发现非常高的腐蚀速率的情况。虽然上述方法有一定局限性，但仍是估计CO_2腐蚀严重性的一个非常好的手段，并有可能对含有CO_2系统的潜在腐蚀情况很快做出分析，而且，这一方法与API旧经验法相比，至少能在低CO_2分压时得到一些半定量信息。二氧化碳分压低于0.048MPa时，不会发生腐蚀；当CO_2分压在0.048～0.207MPa时，预计为中等腐蚀；当CO_2分压超过0.207MPa时，腐蚀将是严重的。

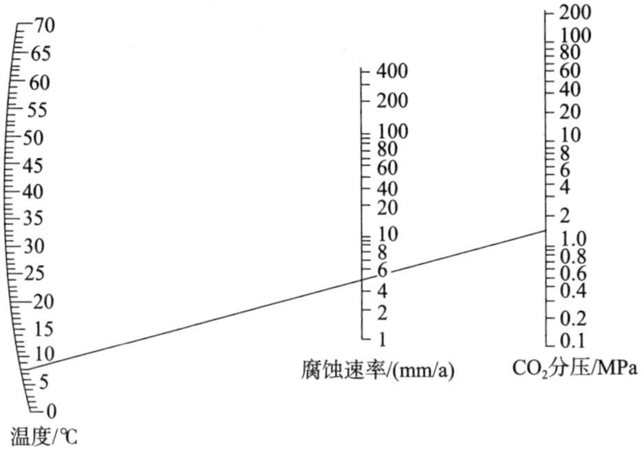

图3-23 腐蚀速率为CO_2分压和温度的函数的列线图解

狄华德与米廉斯的研究所涉及的CO_2分压仅为6.89×10^{-3}MPa。近年来将CO_2分压提高到6.89×10^{-3}MPa以上，研究结果如图3-24所示，因为温度和CO_2分压随着油管柱上位置的不同而变化，腐蚀情况也沿着管柱的位置而变化。

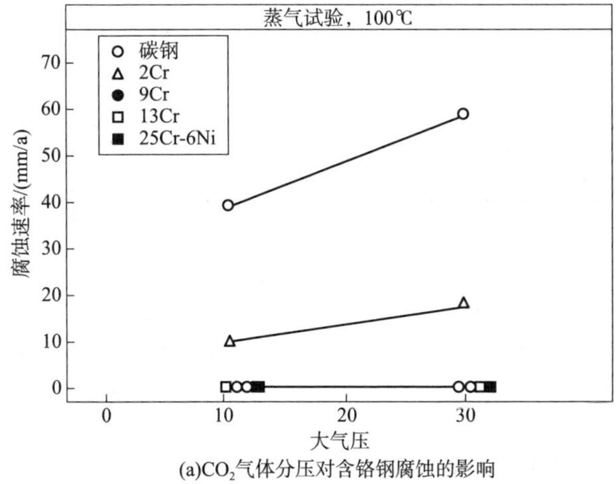

(a)CO_2气体分压对含铬钢腐蚀的影响

图3-24 CO_2气体分压和温度对含铬钢腐蚀的影响

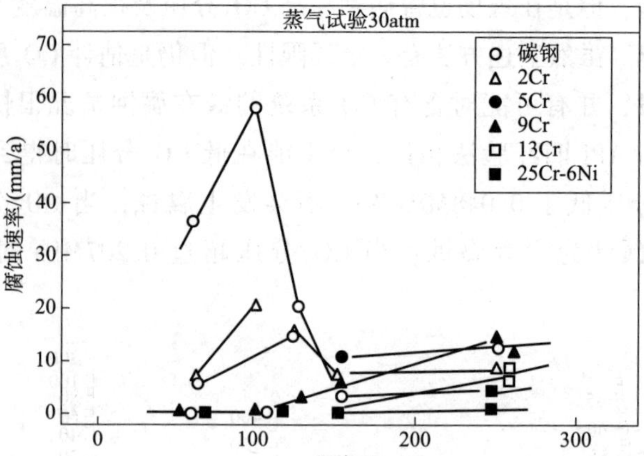

(b)温度对含铬钢腐蚀的影响

图3－24　CO_2气体分压和温度对含铬钢腐蚀的影响(续)

2)硫化物应力腐蚀开裂(SSCC)

油气田开发过程中面临的最大问题，就是合金在 H_2S 环境中破裂，即硫化物应力腐蚀开裂，图 3－25 所描述的是在 H_2S 环境中各种破坏形式。

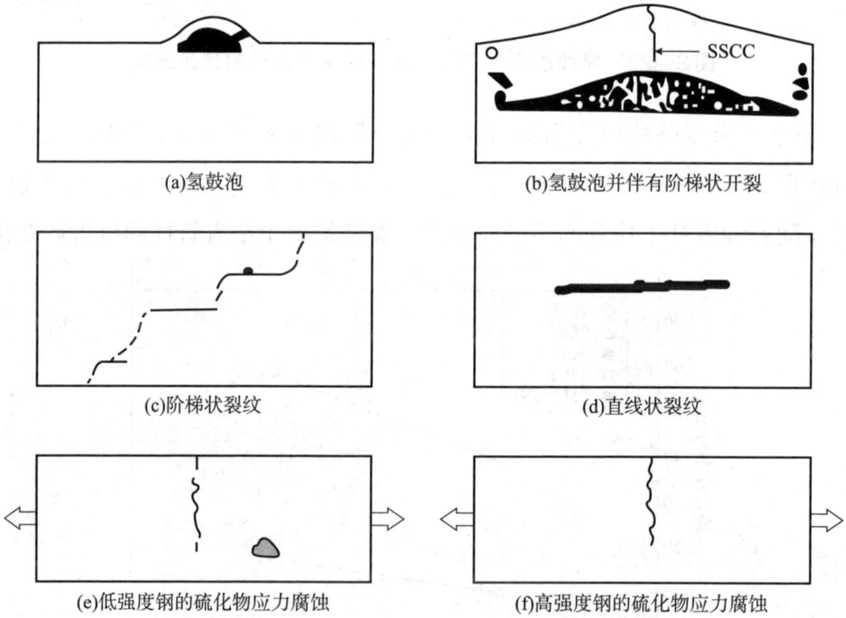

(a)氢鼓泡　(b)氢鼓泡并伴有阶梯状开裂

(c)阶梯状裂纹　(d)直线状裂纹

(e)低强度钢的硫化物应力腐蚀　(f)高强度钢的硫化物应力腐蚀

图3－25　在 H_2S 环境中各种破坏形式

硫化物应力腐蚀开裂是 H_2S 腐蚀导致氢原子进入金属的基体内所造成氢脆的一种特殊形式。硫化氢应力腐蚀开裂必须满足下列四个条件才能发生：一是硫化氢；二是水，甚至微量水；三是高强钢，严格的强度随着钢的成分和微观结构而变化；四是拉伸应力和拉伸载荷，应力可能是残余的和外加的。硫化氢应力腐蚀开裂发生的时间可长可短，如果上述条件都满足，可能在几小时、几天或几年内就会造成硫化氢应力腐蚀开裂。

(1)钢的成分组织对抗 SSC 性能的影响

钢的成分组织对抗 SSC 性能很重要。低合金钢 4130 和 C－Mn 钢相比，前者有较好的抗 SSC 性能，因为它有较高的淬透性和抗回火性，如图 3－26 所示。这种缓慢的回火特性使 4100 系列合金钢比 Cr－Mn 钢能在较高温度下回火而获得同样的硬度和机械性能，组织越均匀，抗 SSC 性能越优异。由于淬火得到更多的马氏体含量，因而 SSC 的临界应力得到显著的提高。

普通低合金钢管材的壁厚范围为 19.1～38.1mm。在这样的截面厚度下要获得所期望的性能，合金的淬透性非常重要。最重要的是淬灭要快，这就要求用水淬火。图 3－27 是 AISI 1040 钢末端淬火淬透性曲线，它的碳含量保持不变。在 4.76mm 处淬火带中间 AISI 1040 钢的硬度为 HRC33，而当 4340 硬度为 HRC32 时其深度约为 47.50mm。如果管内外都淬火，当硬度达到 HRC32 时管壁有效厚度将增加一倍。因此，合金元素增加淬透性的潜力是巨大的。

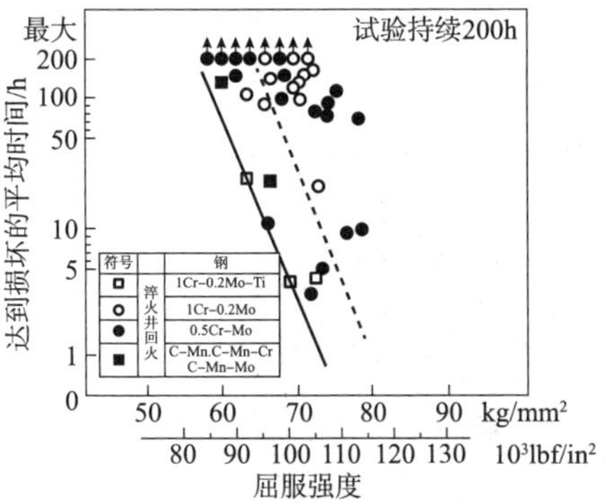

图 3－26 商业级 C－75、N－80、L－80、C－95 钢的硫化物－应力破裂

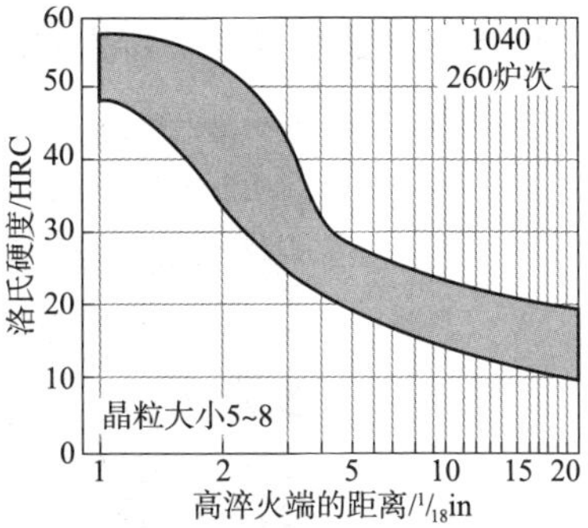

图 3－27 AISI 1040 钢的淬透性范围

图 3－28 是一些常用高合金钢的 SSC 临界应力，实验溶液是室温下 NACE 规定的溶液(脱氧水中含 5% NaCl、0.5% 醋酸，并使硫化氢达到饱和)。高合金钢的 SSC 临界应力与屈服强度有关，这些合金在承受 98% 屈服强度的应力下暴露 30 天，没有一点损坏，而且 MP35N 和其他合金在硫化氢环境内基本不会损坏。

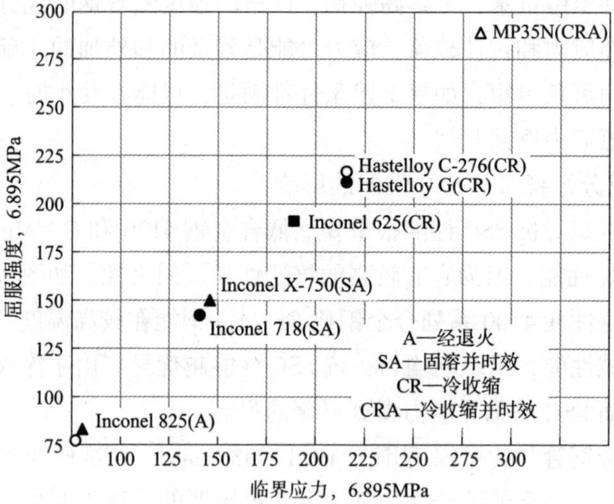

图3-28　高合金材料的屈服强度与SSC临界应力的关系

两相不锈钢具有两相组织，两相是指铁素体和奥氏体，典型显微组织如图3-29所示。两相不锈钢比奥氏体不锈钢具有较好的抗氯化物应力破裂性能，并比13% Cr有更好的抗失重腐蚀性能，同时具有增强抗SSC的性能，但是，抗SSC性能只限于低浓度的硫化氢。当硫化氢含量增高时，两相不锈钢的适用性就变差。因此必须使用高镍，特别是环境中同时存在CO_2和氯化物时。

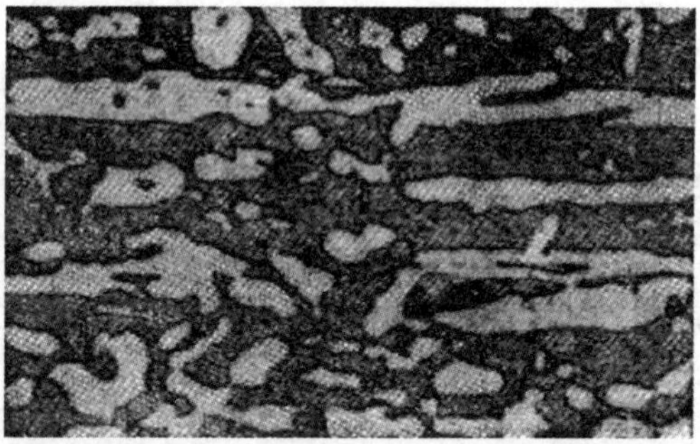

图3-29　轧制的两相不锈钢的显微组织(屈服强度为79ksi/in^2)

(浅色相为奥氏体，深色相为铁素体，放大400倍)

使用两相不锈钢的另一个原因是在经冷轧作用的条件下绝大多数使用两相不锈钢，但当井温较高时，会出现某种程度的复原，导致强度降低(图3-30)。因此，合金中的Cr和Ni元素对增强合金钢的抗腐蚀性和抗SSC性具有显著功效。13Cr钢代表合金钢的下限，Ni基合金代表上限，预计在未来更加严峻的油气田开发环境中，将成为油气田开发的重要选材。

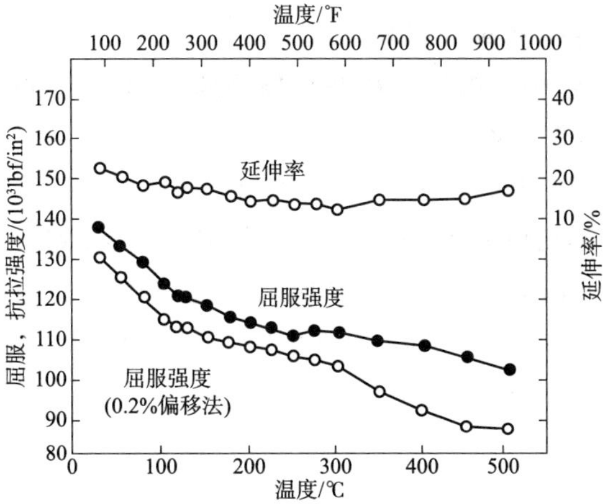

图 3-30 温度升高对两相不锈钢机械性能的影响

(2)温度对抗 SSC 性能的影响

常温下最容易产生硫化物应力腐蚀开裂，温度高于或低于常温时，硫化物应力腐蚀开裂敏感性均有所降低。图 3-31 是温度对管材的 SSC 的影响，该图也给出了 SOO-125、P-110、C-75 和 N-80 钢经正火并回火的影响及与淬火并回火的影响比较。由此可见，当钢强度水平提高后，不发生 SSC 的温度也提高。

(3) H_2S 浓度对抗 SSC 性能的影响

SSC 破裂时间随 H_2S 浓度减小而增加。图 3-32 是硫化氢浓度变化对普通管材级钢 SSC 的影响，显然，正火和正火并回火的钢劣于淬火并回火的钢，而高强度钢只能承受较少的硫化氢。

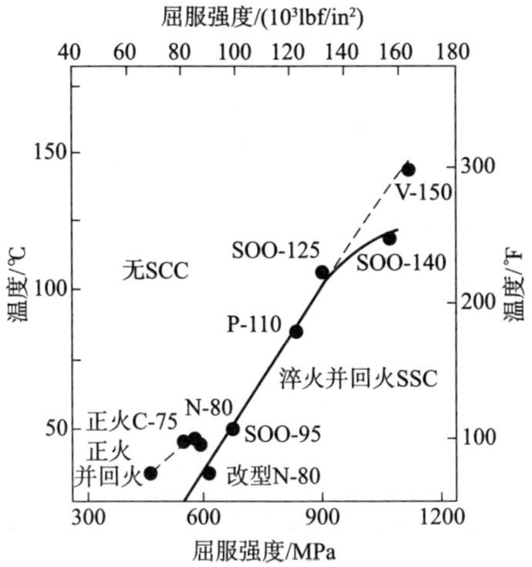

图 3-31 温度对普通钢级油管和套管的影响

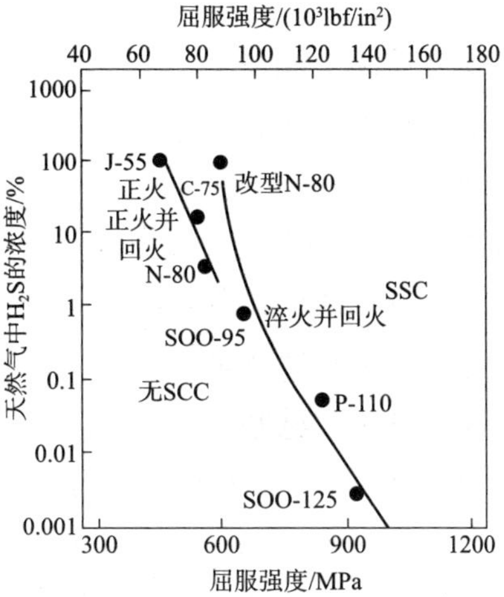

图 3-32 AISI 1040 钢的抗硫化物-应力破裂的影响

(4)pH 值对抗 SSC 性能的影响

在含 H_2S 的盐水中，钢的 SSC 开裂趋势随着 pH 值的降低而增加，当 pH 值 >9 时，钢失效显著增加。

(5)切痕深度和壁厚对抗 SSC 性能的影响

图 3-33 是 V 形切痕深度和壁厚对 SSC 的临界应力的影响。增加切痕深度并伴随着增加壁厚可以降低 SSC 临界应力超过 50%。例如，把一种壁厚为 6.35mm、切痕为 9% 的材料与同一材料但壁厚为 21.6mm、切痕为 12.5% 相比，SSC 临界应力降低到 35.3%。

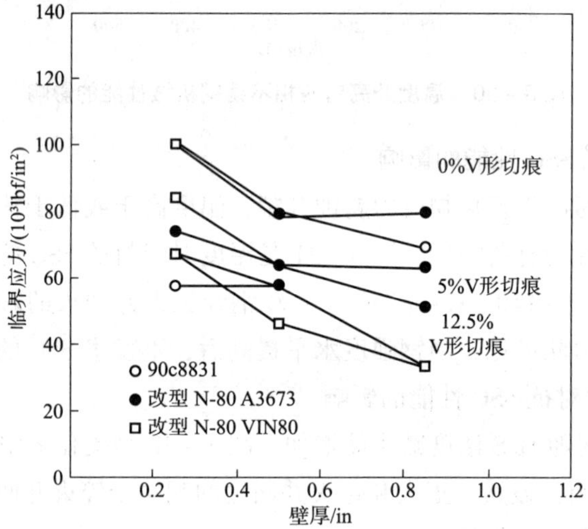

图 3-33 壁厚和 V 形切痕深度对硫化物-应力破裂的临界应力的影响

3.2.2.3 偏磨

油管偏磨绝大部分情况发生在抽油机井上。引起偏磨的原因主要是井斜和地层蠕变等。如地层出砂、出盐严重等井况因素造成套管变形，使井段出现弯曲，产生“狗腿”；多种因素(如井筒结蜡、结垢较严重)使抽油泵柱塞下冲程时阻力增大，导致抽油杆发生弯曲磨损油管；原油含水升高，增加了杆管接触面的摩擦阻力，导致油管偏磨加重。

3.2.2.4 结垢

油管结垢现象绝大多数情况出现在注水井上。引起注水井油管结垢的原因有：

①浅层清水与油层产水污水处理后混注，而清水属 $NaHCO_3$ 水型，污水属 $CaCl_2$ 水型。因此，在油管表面易发生反应生成 $CaCO_3$ 沉淀而结垢。

②油层产出水中含有游离的 CO_2 及 CO_3^{2-}、SO_4^{2-}，CO_2 含量一般为 100 ~

150mg/L，Ca^{2+}、Mg^{2+}总量高达4000～6000mg/L，Fe^{2+}含量为20～30mg/L。因此，易于反应生成$CaCO_3$、$MgSO_4$、$MgCO_3$、$FeCO_3$沉淀而结垢。

3.3 抽油杆柱

3.3.1 抽油杆柱结构

抽油杆是有杆泵抽油装置的重要部件。抽油杆通过接箍连接成抽油杆柱，其上用光杆连接抽油机，下接深井泵，其作用是将地面抽油机悬点的往复运动传递给井下抽油泵，起到传递动力的作用。抽油杆一般可以分为三类：金属抽油杆、非金属抽油杆和连续抽油杆。

普通抽油杆杆体是实心圆形断面的钢杆，两端为镦粗的杆头(图3－34)，其接头如图3－35所示。其特点是结构简单、易制造、成本低，主要用于常规有杆抽油方式。

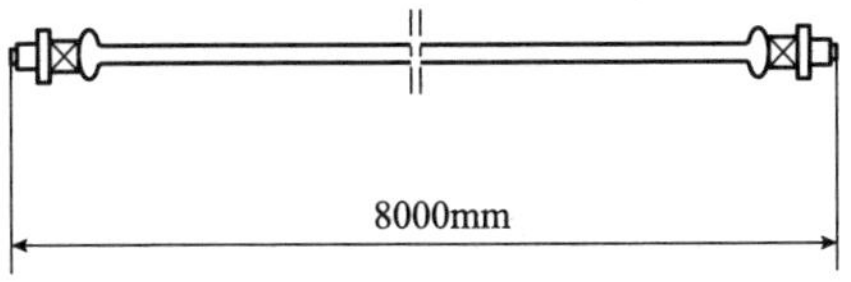

图3－34 普通抽油杆结构示意图

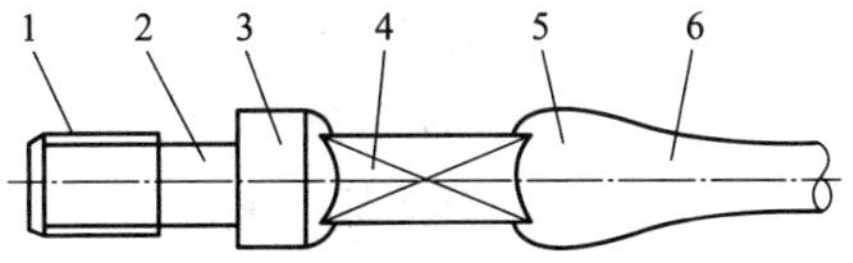

图3－35 普通抽油杆接头结构示意图

1—外螺纹接头；2—卸荷槽；3—推承面台肩；4—扳手方；5—凸缘；6—圆弧过渡区

抽油杆柱除了抽油杆和接箍外，还有：

①光杆。位于抽油杆最上端，其作用是连接驴头钢丝绳与井下抽油杆，并与井口密封盒配合密封抽油井口。因此，对光杆强度和表面光洁度要求较高。

②加重杆。抽油杆柱的下部采用加重杆，其目的是防止抽油杆柱下部发生纵向弯曲，减少抽油杆的断脱事故。可用于大泵抽油、稠油井和深井作业等。

③抽油杆扶正器。扶正器可使抽油杆处于油管中心，不直接与油管接触，减少抽油杆的磨损、振动和弯曲。常用于深井、斜井和定向井作业等。

此外，还有用于减少抽油机振动的减振器、防止抽油杆接箍旋松的防脱器等。

3.3.2 抽油杆性能

目前，国内外研究者对抽油杆的抗力指标尚有不同的见解，因此对抽油杆用钢的技术要求没有统一看法。API标准中只规定了抽油杆的抗拉强度，并以此来划分抽油杆的级别。API 标准将普通抽油杆分为 C 级、D 级和 K 级三个等级，表 3-3 是 API 标准 C 级、D 级、K 级抽油杆规定的化学成分、机械性能及应用范围。

表 3-3　抽油杆的化学成分、机械性能及应用范围

钢级	化学成分	抗拉强度/MPa		应用范围
		最小	最大	
K	AISI 46XX	85	115	轻、中负荷油井
C	AISI 1036	90	115	中、重负荷油井
D	碳素钢或合金钢	115	140	轻、中负荷而且有腐蚀性油井

抽油杆最大许用应力与最小工作应力的关系：

$$\sigma_{max} = (\sigma_b/4 + M\sigma_{min})S_f$$

$$\Delta\sigma = \sigma_{max} - \sigma_{min}$$

式中　σ_{max}——最大许用应力，MPa；

σ_{min}——最小工作应力，MPa；

$\Delta\sigma$——最大许用应力范围，MPa；

M——M 为 0.5625；

σ_b——抽油杆的最低抗拉强度，MPa；

S_f——使用系数，无腐蚀条件下，$S_f=1$；有腐蚀介质时，$S_f<1$。

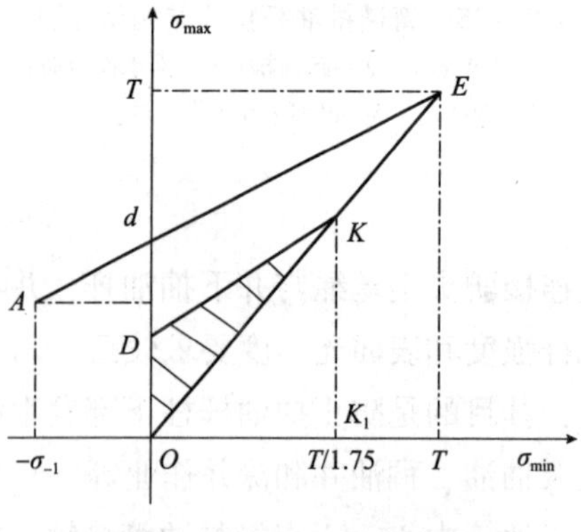

图 3-36　修正古德曼图

普通抽油杆抗疲劳性能必须满足修正古德曼图(图 3-36)的要求：即抽油杆服役时，其对应的 σ_{max} 和 σ_{min} 必须都落在图中的阴影三角区内，且其疲劳寿命应 $>10^7$ 次。

出于抽油杆制造工艺考虑，抽油杆用钢必须具有较小的脱碳敏感性、晶粒长大倾向和过热敏感性。大量研究分析证明，由于抽油杆生产工艺原因，出厂的抽油杆表面都存在着脱碳层，其深度为 0.13～1.20mm。这不仅会降低抽油杆表面抗磨损能力，同时也会大大降低抽油杆的整体强度，造成抽油杆早期失效。为了提高抽油杆抗腐蚀性能需要对抽油杆表面做特殊处理。这可以通过表面感应硬化或做表面喷丸处理来实现。这两种方法使表面处于正压力状态，感应硬化有时压应力可以达到 862MPa，表面硬度达 475～650BHN，经过喷丸处理后测得压应力达 462MPa。

热处理工件时可能会造成工件变形，其主要原因是热应力和组织应力作用。显然要减小零件在热处理过程中的变形，除提高热处理操作水平外，还应要求抽油杆用钢具有以下特点：

①相变 AC_3要低，可使淬火或正火温度降低，而减小热应力；

②淬透性要好，可在淬火冷却过程中采用冷速较慢的冷却介质，从而降低热应力和组织应力；

③碳含量要低，这样就降低由奥氏体向马氏体转变时产生的组织应力；

④合金元素在固溶体中分布要均匀，可保证冷却时沿整个截面均匀冷却，促进相变同时进行。

3.3.3 抽油杆失效

抽油杆是抽油机－柱塞泵举升系统的薄弱环节之一，抽油杆质量的好坏直接影响有泵抽油装置的工作效率。

抽油杆柱在井内工作条件异常复杂。假定油井、油管都是铅直的，抽油杆柱在运行过程中沿垂直方向做上、下往复运动。杆柱的运动速度随时间变化而变化，在一定往复运动过程中，杆柱不同部位的受力将有变化。如果忽略接箍部分在运动中所受的阻力，则可将每一级杆简化为等直杆。因此，抽油杆在充满井液的油管中主要受力为：悬点钢绳对抽油杆的拉力；单位长度抽油杆柱的自身重力及惯性载荷；井液与单位长度抽油杆之间的摩擦力；单位长度抽油杆柱在井液中的浮力；井口回压对抽油杆柱的作用力等。活塞上部抽油杆下行速度超过活塞运动速度，导致抽油杆弯曲；抽油杆与油管的摩擦力向上传导，使较长范围内抽油杆发生偏磨等因素直接导致抽油杆断脱而停产；而且，在高含水油气田、高腐蚀性油气田，油井液会加剧抽油杆的腐蚀，使抽油杆失效，导致油气田免修期缩短和原油产量下降等。

3.3.3.1 断裂

抽油杆断裂绝大部分情况是因为抽油杆的金属材质存在缺陷，在井筒腐蚀介质环境下形成了局部小阳极与大阴极腐蚀电偶，从而造成局部坑蚀而发生杆体断裂。另外，由于杆在生产过程中频繁受到拉伸、压缩等复杂交变应力作用，容易出现疲劳断裂。当然，抽油杆偏磨严重造成杆断的现象也存在。

3.3.3.2 脱扣

抽油杆脱扣原因很多，归纳起来有：抽油杆下井时上扣扭矩不够；抽油杆柱固有的工作特性；抽油杆接箍处存在严重的偏磨现象，导致杆在接箍处脱扣等。

3.3.3.3 腐蚀疲劳

腐蚀疲劳是导致抽油杆失效的主要原因。原油中含有 H^+、HS^-、S^{2-} 和 H_2S 分子等腐蚀性介质，当抽油杆和原油接触时，将和 Fe 发生电化学反应。造成在短时间内抽油杆腐蚀严重的主要原因有：一是在低温下(低于 100℃)金属材料随 H_2S 浓度增加材料腐蚀速率增加；二是在 $CO_2/H_2O/H_2S$ 的共同作用下，井液的 pH 值较低，H_2S 电化学腐蚀随 pH 值的降低而加快。图 3－37 和图 3－38 是抽油杆腐蚀疲劳失效常见情况。

图 3－37 抽油杆体受 CO_2 的局部腐蚀

图 3－38 抽油杆体的麻点腐蚀

由于抽油杆的使用环境特殊，抽油杆钢化学成分和热处理对疲劳性能有明显影响(表 3－4)。

表 3－4 按 API 规范抽油杆钢的分类和它们在 H_2S+CO_2＋盐水环境中的腐蚀疲劳性能

材料	热处理	极限抗拉强度/MPa	硬度 HRC	36000lbf/12000in² 应力时腐蚀疲劳寿命		最小极限抗拉强度(API 规范)/MPa	ISO 6508—1(标尺)
				周期数/10⁶	使用寿命/月		
1036	正火	703	8	8.63	13	793	C
4621	正火并回火(542℃)	614	10	5.19	7.5	565	K
1036	淬火并回火(542℃)	855	21	9.10	13.2	793	D
1036	淬火并回火(542℃)	945	29	4.72	6.8	793	D
4142	正火并回火(542℃)	876	27	5.96	8.5	793	D
4340	正火并回火(542℃)	924	28	3.73	5.4	793	D

在硫化氢环境中，硫化物应力裂纹或氢助长疲劳裂纹扩展可以加速腐蚀疲劳，因此，在硫化氢环境下，较高强度抽油杆比低强度抽油杆更易失效。对于低浓度硫化氢环境，可通过净化材质、大幅降低硫含量、改善材料组织结构等措施减缓腐蚀。对不含硫化氢而只含氯化物和二氧化碳环境，有些资料表明，从抗腐

蚀的角度，低合金钢比碳钢(如1036钢)更有优势。

近年来研究表明，增加合金元素并不能像预期那样增强抽油杆抗腐蚀疲劳的性能，这是因为所加合金不具有抗点蚀性能，但是，采用Al、Cr或Ni基热喷涂技术以防止硫化物应力腐蚀的新技术，也逐渐成熟并得到认可，因此可选这种热喷涂技术制作光杆、提高抽油杆抗腐蚀疲劳性能。

另外，可在API标准C级或D级抽油杆上使用等离子电弧喷涂316不锈钢，以提高抗腐蚀性，从而提高抗腐蚀疲劳性能。这一方法是弧光等离子流把不锈钢熔融颗粒携带到抽油杆表面上，涂层典型厚度约为5～7mil。从图3－39可以看出，有涂层的抽油杆在含硫化氢、二氧化碳和盐水环境里具有一定的优越性：比无涂层抽油杆能承受高得多的峰值应力，但是若所加峰值应力超过55klbf/in^2，316不锈钢涂层发生破裂，抗疲劳性能反而比无涂层抽油杆还低。运用10^7周期疲劳寿命准则，使用有涂层抽油杆，很明显能获得高40%操作峰值应力，但是，涂层结合强度是等离子喷涂效果的限制因素，所以，使用较高强度有涂层D级抽油杆并不比有涂层C级性能优异。

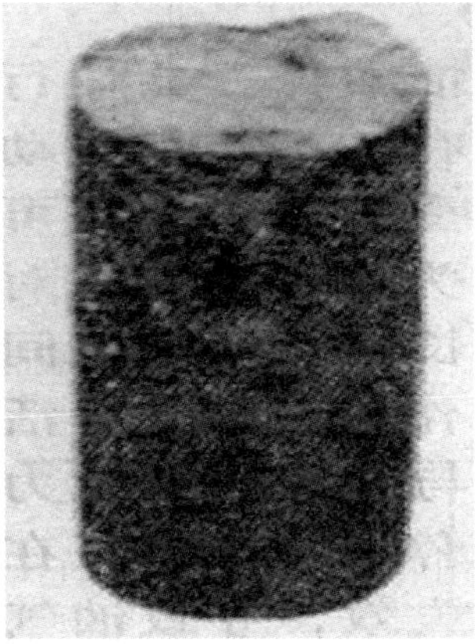

图3－39 抽油杆的腐蚀疲劳损坏

3.3.3.4 其他失效方式

抽油杆接头旋得不够紧也可能导致抽油杆损坏。接头松动导致在紧邻于公螺纹最后几齿与螺纹处的接箍螺纹根部开始发生疲劳断裂(图3－40～图3－42)。

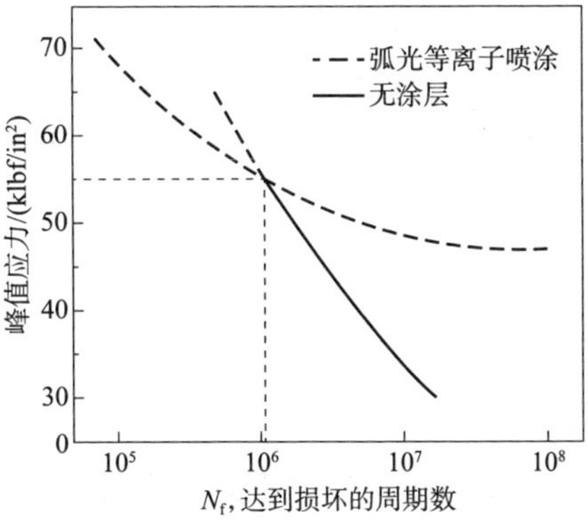

图3－40 C级抽油杆经电弧－等离子喷涂与无涂层的疲劳寿命比较

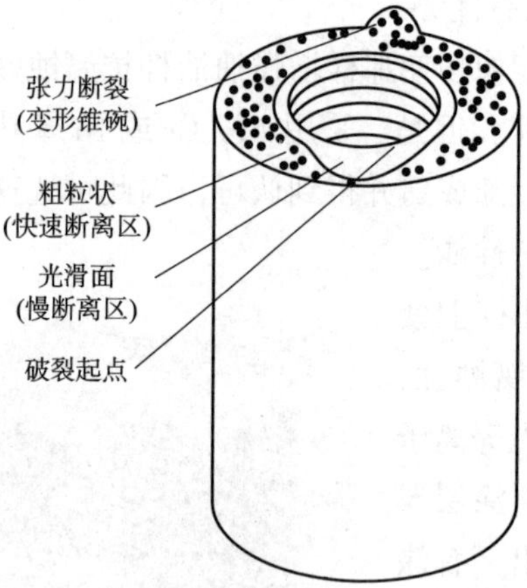

图3-41　抽油杆接箍疲劳损坏(内部)

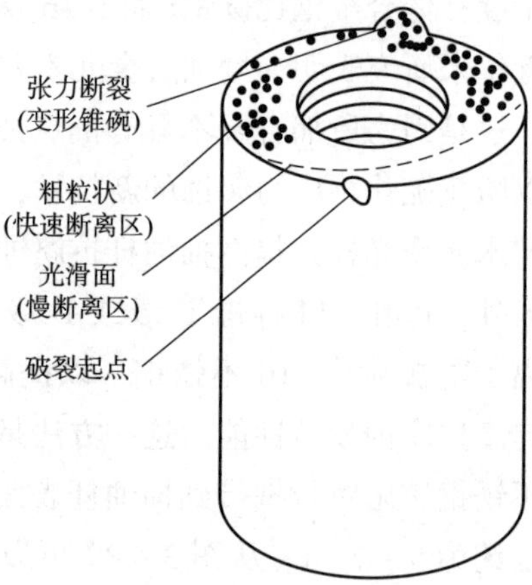

图3-42　抽油杆接箍疲劳损坏(外表)

另外，榔头敲击接箍、管锚芽痕、腐蚀、磨损等可以产生刻痕，接箍从外表面刻痕处开始发生疲劳断裂。

3.3.4　提高抽油杆使用寿命措施

3.3.4.1　防断、防脱

防止抽油杆断裂须从以下三方面着手：

①增强抽油杆抗拉强度和抗疲劳强度等性能；

②防止不合格抽油杆下井；

③优化杆柱组合和生产参数。

要防止杆脱，主要考虑以下三方面：

①必须保证作业时按标准上紧抽油杆丝扣，减少人为因素造成的脱杆；

②抽油杆柱组合和生产参数必须严格按相关标准执行，改善抽油杆工作状态，防止脱扣；

③加抽油杆防脱器。

3.3.4.2　防磨损

1)加装防偏磨扶正器

目前所使用防偏磨扶正器本体由耐磨性较好的尼龙材料制成，卡装在抽油杆上，拆装方便，能减少杆、管磨损，具有结构简单、寿命长、成本低等特点。扶正接箍是滚轮偏磨扶正体，以丝扣形式与抽油杆相连，其主要特点是拆装方便，适用于抽油杆下部防磨，但在中和点以上，使用寿命较短。

2)加装旋转井口装置

该装置设计是通过地面人力转动来改变油管与抽油杆的偏磨面，使磨损均匀分布，从而达到延长抽油杆使用寿命的目的。

3.3.4.3 表面强化

表面强化是提高硬度、耐磨性以及整个制品腐蚀疲劳抗力最有效的方法之一。由于疲劳裂纹一般从金属表面开始，因此提高表层静强度和疲劳强度，可大幅提高整个零件疲劳强度，而比较软的和可塑的芯部，可以阻止动载抗力降低。

目前应用于抽油杆表面强化，较为成功的方法有：表面感应淬火、喷丸处理、电镀各种覆盖层。表面感应加热淬火后的抽油杆，外表面有2mm深淬硬层，淬硬层组织为马氏体和少量屈氏体块，未淬火的芯部则是同等数量的珠光体和铁素体。

表面喷丸强化方法是利用高速运动弹丸向材料表面喷射的过程。在此过程中，表层金属发生塑性循环应变，其结果出现以下两种变化：表层金属发生组织结构变化和表层产生残余压应力场。适当控制这两种变化，便会在很大范围内改变材料疲劳断裂抗力和应力腐蚀断裂抗力。喷丸速度是实施喷丸强化处理的一个重要参数，铸铁弹丸极限速度由于受到动力学冲击强度限制，一般不能超过100m/s；钢质弹丸极限速度可比铸铁弹丸高0.5～1倍，为150～200m/s。将40%～50%的直径为0.8～1.5mm的铸铁弹丸和60%～50%的直径为1～3mm的钢质弹丸混合后进行喷丸处理，既能使抽油杆表面硬化，又能使其表面达到一定粗糙度。最佳的喷丸时间是60～120s。试验证明，喷丸强化可使20Ni2Mo钢的腐蚀疲劳极限从45MPa提高到80MPa，提高了78%。

参考文献

[1]李子丰．油气井管杆柱力学[M]．北京：石油工业出版社，1996.

[2]陈庭根，管志川．钻井工程理论与技术[M]．北京：石油大学出版社，2000.

[3]刘合．油田套管损坏防治技术[M]．北京：石油工业出版社，2003.

[4]王仲茂，卢万恒，胡江明．油田油水井套管损坏的机理及防治[M]．北京：石油工业出版社，1994.

[5]石油科学技术情报研究所．套管的磨损与腐蚀[M]．北京：石油工业出版社，1983.

[6]刘立涛，王优强．抽油杆和油管偏磨腐蚀的研究进展[J]．河南石油，2006(2)：8，70－72.

[7]姚红星，柳春图．抽油杆裂纹扩展的实验研究和剩余疲劳寿命的预测[J]．机械强度，2007(5)：865－869.

[8]吕树章，吴则中，翟中军，等．材料表面工程技术在抽油杆生产上的应用[J]．石油矿场机械，2006(4)：87－91.
[9]张振永．油气管道焊接材料设计用量计算[J]．油气储运，2004(7)：38－41，69.
[10]宋生奎，朱坤锋，朱鸣．输油管道腐蚀的修复方法[J]．安全、健康和环境，2006(1)：23－26.
[11]李栋，吴国忠，齐晗兵．海底输油管道热力影响范围的确定[J]．油气田地面工程，2006(11)：23.
[12]黄天笑，宫瑞，高淑婷．抽油杆常见事故分析及防治对策[J]．长江大学学报：自科版，2006(4)：583－584.
[13]吕拴录，赵国仙，王新虎，等．特殊螺纹接头油管腐蚀原因分析[J]．腐蚀与防护，2005，26(4)：179－181.
[14]谢道军，谢继辉，刘治．油管损坏原因分析及预防措施[J]．胜利油田职工大学学报，2005(5)：52，57.
[15]李继志．石油钻采机械概论[M]．青岛：中国石油大学出版社，2011.
[16]陈玉祥，王霞．油气田应用材料[M]．北京：中国石化出版社，2009.

第 4 章　油气储运用材

4.1　储运设备概述

4.1.1　储运概念及应用

油气储运指的是石油、天然气的储存、运输过程，是连接生产端和消费端的中间纽带，其中有场站储存、管道运输、车辆运输等，其中管道已经成为我国油气运输的主要方式和发展目标。

中国持续推进国家石油储备基地建设（如舟山、大连、黄岛等），目标是形成相当于 90 天原油进口量的储备能力（“十四五”规划重点任务）。推进 LNG 接收站和地下储气库建设，提升调峰能力（如 2025 年地下储气库工作气量目标达 550 亿 m^3）。新建原油/天然气管道（如中俄东线、西气东输四线）纳入国家重大工程，强化中西部与沿海区域的联通。

管道运输一般为长距离运输方式，具有如下优缺点。优点：①运输量大；②运费低，能耗少；③运输管道一般埋在地下，安全可靠，损耗低；④建设投资少，占地面积少。缺点：①不如船运、车运等运输方式灵活，主要适用于单向，定点运输；②一定直径的管道与一定经济的运送量相匹配。

4.1.2　储运设备面临的问题

现阶段中，由于油气开采储运属于国民经济的命脉，因此，主要由国家垄断，依托国有企业开展。由于历史原因，我国油气发展历史时间不长，开采储运技术尽管有了一定的发展，但和发达国家相比，还是显得较为落后。

随着石油工业发展与油气用量的迅速增长，油气储运安全变得越来越重要，逐渐成为石油行业稳定发展的重要保障。油气储运过程复杂，它的易燃易爆特性给储运安全带来巨大威胁，并且油气挥发出的气体有一定毒性，对油气储运工作人员的身体健康造成不利影响。为了降低油气储运中的事故发生率，减少经济损失和人员损失，就必须剖析油气储运特点，针对危险因素确立预防措施。

纵观油气储运的安全问题，可以发现，我国在安全防御方面有很多工作未做到位。比如，我国的油气储运管道平均每年每千公里出现 3 次事故，而美国和欧洲仅为 0.5 次和 0.25 次。较高的事故发生率，不仅严重制约了油气行业的可持续发展，还给生态环境与社会安全带来巨大挑战。要改变这种局面，就必须正视油气储运隐患。

4.1.3 油气储运管道腐蚀严重

长距离油气运输管道由于多种因素，通常都是做埋地处理，以西气东输工程管道为例，其横跨我国东西数千公里，在这数千公里范围内，地质、水文、气候等因素都有了较大变化，此外，管内油气在长时间储运过程中也会逐渐腐蚀内壁。上述因素都会对管道造成严重影响，慢慢地让管道产生腐蚀、开裂、管道壁变薄等风险问题。

油气储运中金属设备破损的最重要因素就是设备腐蚀，设备破损后泄漏的气体会给人类生存环境带来巨大威胁。引起设备腐蚀的因素有四种：

第一，大气腐蚀。因大气腐蚀而受损的金属设备大约是设备受损总量的一半以上，其中受腐蚀影响最严重的金属材料就是碳钢与普通低合金钢。

第二，土壤腐蚀。水和盐在土壤中形成电解环境，将金属设备分解腐蚀；土壤中的生物、矿物酸性物质，对金属设备也有一定的腐蚀作用。

第三，二氧化碳腐蚀。天然气与石油中含有大量的二氧化碳，它与水结合后，水溶液就会呈现出酸性，与钢铁表面接触后分解铁元素，使钢铁设备逐渐被腐蚀。这种现象在油气储运中经常发生，具有较高的威胁性。

第四，硫化氢腐蚀。在油气开采时，会伴生着一种具有化学腐蚀特征的气体——硫化氢，它对金属的腐蚀性很强，让金属表面出现裂痕。硫化氢在与金属反应时，还会产生氢气，氢气在金属裂痕处积聚，逐渐形成高压区，压迫储运设备变形。

4.1.4 油气储运设备设计存在缺陷

我国油气储运直至中华人民共和国成立后才正式起步，由于发展时间较短，同发达国家相比，技术、设计以及施工工艺方面都有着不同程度的落后。以我国自主研发的降阻剂、降凝剂为例，尽管这些产品能够让油气在不加热的情况下实现运输，不过因为我国油气种类丰富、运输距离长、地质情况复杂等，使得现有的产品无法解决上述问题，造成油气输送能耗过高，油气运输效率低。同时，因为我国现阶段中油气发展以生产和销售为主，所以在油气运输设备方面投入有限，直接导致我国油气储运技术工艺发展受限，设计不完善，严重影响了油气管道运输行业的整体发展。

设备故障会直接导致油气运输事故的发生。设备出现故障的原因有五个方面：第一，生产商在制造油气储运设备时，存在偷工减料的现象，设备自身质量不过关；第二，石油储运企业为节省资金，购买价格低廉没有质量保障的油气储运设备；第三，油气储运设备的材质性能不佳，不能承受长期作业，在震动过大或热胀冷缩的情况下，设备会出现变形，进而引起油气泄漏，引发火灾；第四，设备自身设计不合理，设备的防电、防腐、防爆性能差；第五，设备日常检修工作不到位，不能及时发现储运设备故障。

4.1.5 油气储运安全面临的问题

石油天然气在人们看来属于高危产品，其易燃易爆属性一旦处理不好就容易引发安全事故。同时，在运输过程中，必须进行加压和加热处理，这样就提高了其发生事故的风险，从而增加了储运工作人员的工作压力和危险。

随着我国石油工业的发展，20 世纪 70 年代开始兴建大型输油管道，我国管道工业进入第一个发展高潮，建设的管道主要是原油管道。到目前为止，我国铺设的百公里以上的原油长输管道有 40 余条，管径为 159 ~ 720mm，形成了具有一定规模的原油管网。

我国管道工业继第一个发展高潮之后，于 20 世纪 90 年代中期逐渐进入第二个发展高潮。此次发展高潮以天然气管道和成品油管道建设为主。管道已成为我国油气储运最主要的设备。

我国管道的发展归纳起来存在以下几个问题：

①对管道的前期工作重视不够，油气资源未得到充分落实，盲目建设管道，导致管道利用率低下。

②输油管道主要设备的性能和效率较低。

③老管线自动化水平低下。

④工艺流程滞后。20 世纪修建的原油管道大多采用旁接油罐流程和先泵后炉流程。

我国管道今后发展的方向：

a. 东部不会有大的建设任务，重点是完善、改造输油工艺，采用先进的工艺流程；

b. 管道建设重点将向西部转移；

c. 发展成品油管道和浆体管道。

油气储运经过的路程长，中间操作多，油气自身也具有易燃易爆的特性，因此提高储运的安全性任重且道远。为了提高储运安全性能，保障社会安全，维护石油行业的利益，应更加重视新型储运设备的研发工作，不断创新改进油气储运技术。

4.2 储运金属材料发展

现代管线钢属于低碳或超低碳的微合金化钢，是高技术含量和高附加值的产品，管线钢生产几乎应用了冶金领域最近20多年来的一切工艺技术新成就。目前管线工程的发展趋势是大管径、高压富气输送、高冷和腐蚀的服役环境、海底管线的厚壁化，因此目前对管线钢的性能要求主要有以下几方面：

①高强度。管线钢的强度指标主要有抗拉强度和屈服强度。在要求高强度的同时，对管线钢的屈强比(屈服强度与抗拉强度之比)也提出了要求，一般要求在0.85～0.93。

②高冲击韧性。管线钢要求材料应具有足够高的冲击韧性(起裂、止裂韧性)。对于母材，当材料的韧性值满足止裂要求时，其韧性一般也能满足防止起裂的要求。

③低的韧脆转变温度。严酷的地域、气候条件要求管线钢应具有足够低的韧脆转变温度。DWTT(落锤撕裂试验)的剪切面积已经成为防止管道脆性破坏的主要控制指标。一般规范要求在最低运行温度下试样断口剪切面积不小于85%。

④优良的抗氢致开裂(HIC)和抗硫化物应力腐蚀开裂(SSCC)性能。

⑤良好的焊接性能。钢材良好的焊接性对保证管道的整体性和野外焊接质量至关重要。近代管线钢的发展最显著的特征之一就是不断降低钢中的碳含量，随着碳含量的降低，钢的焊接性得到明显的改善。添加微量钛，可抑制焊接影响区韧性的下降，达到改善焊接性能的目的。随着石油、天然气输送的不断发展，对石油管线钢性能的要求不断提高，尤其是对韧性要求的提高。这些性能的提高就要求把钢材中杂质元素S、P、O、N、H含量降到很低的水平。高强度、高韧性是通过控冷技术得到贝氏体铁素体组织来保证的，同时应降低钢中碳的含量和尽可能去除钢中的非金属夹杂物，提高钢的纯净度。其中要求碳含量不高于0.09%、硫含量低于0.005%、磷含量低于0.01%、氧含量不高于0.002%；输送酸性介质时管线钢要抗氢脆，要求氢含量低于0.0002%；对于钢中的夹杂物，最大直径要小于100μm，并要求控制氧化物形状，消除条形硫化物夹杂的影响。

管线输送石油天然气具有高效、经济、安全、无污染等特点，是长距离输送油气的有效工具。为提高输送效率、降低能耗、减少投资和降低管线运营费用，长输管线向高压、大口径发展已成趋势。这样采用高强度管线钢将更经济，同时由于管线途经的地理环境恶劣，对安全性要求高，需采用焊接方式制管和施工，因而对管线用钢在强度、韧性、焊接性和抗腐蚀性等方面不断提出更高的要求。

近年来，国内石油与冶金行业联合攻关，相继成功开发了符合质量技术要求的 X70、X80 热轧板卷、宽厚钢板及螺旋缝埋弧焊管和直缝埋弧焊管等，我国生产 X70、X80 管线钢已经趋向成熟。

早期的管线钢一直采用 C、Mn、Si 型的普通碳素钢，在冶金上侧重于性能，对化学成分没有严格的规定。自 20 世纪 60 年代开始，随着输油、气管道输送压力和管径的增大，开始采用低合金高强钢。这类钢的化学成分：C≤0.20%，合金元素≤3%～5%。随着管线钢的进一步发展，到 20 世纪 60 年代末 70 年代初，美国石油组织在 API 5Ⅸ和 API 5LS 标准中提出了微合金控轧钢 X56、X60、X65 系列。这种钢突破了传统钢的观念，碳含量为 0.10%～0.14%，在钢中加入小于 0.20% 的 Nb、V、Ti 等合金元素，并通过控轧工艺使钢的力学性能得到显著改善。到 1973 年和 1985 年 API 标准又相继增加了 X70 和 X80 钢，而后又开发了 X100 管线钢，碳含量降到 0.01%～0.05%，对于开发遥远气田起到了重要作用，开发出真正现代意义上的多元微合金化控轧控冷管线钢。

我国管线钢的应用和起步较晚，过去已铺设的油、气管线大部分采用 Q235 和 16Mn 钢。“六五”期间，我国开始按照 API 标准研制 X60、X65 管线钢，并成功地与进口钢管一起用于管线铺设。20 世纪 90 年代初，宝钢、武钢相继开发了 X70 管线钢，并成功地在涩宁兰管道工程上应用。21 世纪初，宝钢、武钢、鞍钢等又开发了高钢级 X80 管线钢，并在西气东输工程上应用。目前他们正向开发 X100 等更高级管线钢迈进。

4.2.1 管线钢发展现状

天然气日益成为重要的能源资源，改善长距离输送的经济性对于开发遥远气田起到了重要作用。超高强度管线钢的应用可以显著降低长距离天然气输送管线的总成本，涉及材料、建设、压缩站以及集成项目运营等多个领域的成本。

4.2.1.1 X100 高钢级管线钢

对于 X100 高钢级管线钢，目前国外几大钢管厂均采用低碳高锰的纯净钢，结合微钛化处理，在炼钢和轧钢过程中通过 Nb、Mo、B 和 Ni 等合金元素的固溶强化、沉淀强化、细晶强化等，得到具备高强度、高韧性、良好焊接性的管线钢。各个厂家在生产时都非常注意 X100 级管线钢化学成分的准确控制、非再结晶区的总压下量、终冷温度和贝氏体+马氏体组织的控制。目前，国外已经有日本新日铁公司、欧洲钢管公司等多家国外企业成功研制出X100管线钢。

早在1985年，日本钢铁公司NSC(Nippon Steel Corporation)就开始了X100级管线钢的研究。从1998年起，加拿大管道公司TCPL(Trans Canada Pipelines Limited)一直致力于X100级管线钢的开发应用等研究工作，于2002年9月，将NKK提供的厚14.3mm的X100钢管用于WESTPATH项目中Saratoga部分试验段的建设，并取得了一系列技术成果。为了检验管材的止裂性能，采用直径36in(914.4mm)的Grade690钢级的钢管进行了两次全尺寸爆破试验，结果证明其扩展裂纹的止裂与预测的止裂韧性值相符。因此，2002年新版的加拿大管道标准CSAZ 245.1—2002中也首次将该钢级列入标准之中。

英国BP公司于20世纪80年代开始与钢铁和制管企业合作，为非酸性天然气输送管道成功开发了X100管线钢钢管，并且进行了冶金、理化性能评价，焊接性能评估和钢管现场弯曲试验。同时，为了确定X100管材对钢管长程开裂的止裂能力，还进行了多次全尺寸爆破试验。从1995年起，Europipe已有小尺寸产品问世，其管壁厚度范围在12.7~25.4mm，管径范围在914.4~1422.4mm。为了解决X100级管线钢的现场焊接性问题，在对Europipe生产的X100级钢管进行了多种焊接工艺试验后，意大利SNAM公司指出只要采取适当的措施，X100级钢管现场焊接的焊缝强度和韧性可以获得满意的结果。

2006年，鞍山钢铁集团联合北京科技大学高效轧制国家工程研究中心研制X100管线钢，并于2007年试制成功，成为国内第一家能够生产X100管线钢的企业。

国内外研究表明，X100管线钢的显微组织是由板条贝氏体、针状铁素体、粒状贝氏体构成的复合组织，三种组织比例的优化是决定材料综合力学性能的关键所在，而控制冷却是决定组织构成与综合力学性能的关键工艺。

图4-1描述了在天然气输量恒定的情况下，高强度钢管的直径、壁厚和单位长度质量的粗略计算结果。即使各钢级单位长度材料价格相同，通过应用更高强度的钢可显著降低钢管的质量和壁厚，也可使运输和现场焊接的费用下降。

有关X100管线钢最早的研究报告发表于1988年，通过大量工作已形成很好的技术体系。表4-1为报道的部分X100管线钢的成分，相对应的力学性能列于表4-2。其成分特点是低碳、高锰、铌的质量分数为0.04%~0.06%、含有钼，其他成分各家有所不同，但均不含硼。C_{eq}(ⅡW)(国际焊接协会的碳当量)值一般在0.46%~0.48%，通过适当的TMCP工艺可得到X100管线钢的性能。并且P_{cm}值在0.20%左右，具有较好的焊接性。

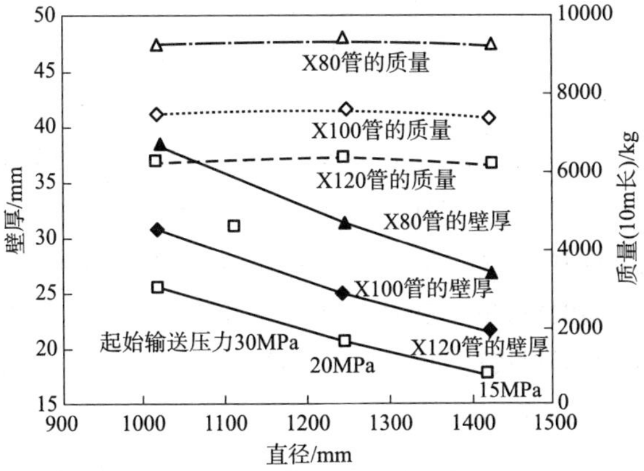

图4-1 恒定输量下钢管强度对钢管尺寸和质量影响

表4-1 X100管线钢成分 %

序号	C	Si	Mn	Nb	Ti	其他元素	C_{eq}(ⅡW)	P_{cm}	厂家
1	0.06	0.22	1.96	0.04	0.01	Cu、Ni、Mo	0.46	0.19	新日铁
2	0.07	0.1	1.83	含	含	Cu、Ni、Cr、Mo、V	0.48	0.2	住友
3	0.06	0.3	1.8	0.06	0.015	Cu、Ni、Mo、V		0.19	川崎
4	0.07	0.3	1.9	0.05	0.018	Cu、Ni、Mo	0.46	0.2	欧洲钢管
5	0.08	0.35	1.9	0.05	0.018	Ni、Mo	0.46	0.19	

表4-2 与表4-1对应序号成分的X100管线钢力学性能

序号	焊管尺寸/mm(外径×壁厚)	$R_{t0.5}$/MPa	R_m/MPa	屈强比	延伸率δ/%	A_{kv}/J	落锤撕裂试验断口剪切面积的比例/%	厂家
1	762×14.3	694	794	0.87	21	242(-10℃) 205(-40℃)	100(-10℃) 100(-20℃)	新日铁
		719	803	0.90	24	250(-10℃) 222(-30℃)	93(0℃) 82(-20℃)	
2	914×19.1	803	863	0.93		185(-45℃)	97(-10℃)	住友
3	914×15	727	852	0.85		256(0℃)	96(0℃)	川崎
	762×20	770	917	0.84		280(0℃)	93(0℃)	
4	1421×19.1	737	820	0.92	18	200(0℃)	85(-20℃)	欧洲钢管
5	914×16	750	816	0.92	18	270(0℃)	85(-30℃)	

欧洲钢管自1995年开始进行X100的开发试制，通过试验认为采用表4-1

的成分并使用 TMCP 工艺，可得到强度、韧性和焊接性较好配合的 X100 管线钢，并按此进行 X100 管线钢的试生产，到 2002 年已生产了数百吨壁厚在 12.7 ~ 25.4mm 的 X100 管线钢。

2002 年 9 月，TransCanada 用 JFE/NKK 提供的口径 1219mm、壁厚 14.3mm 的 X100 钢管在加拿大 WESTPATH 项目中铺设了 1km 长的试验段，进行了世界上首次 X100 管线钢的应用试验。表 4 – 3 是该试验段用的 X100 管线钢的部分性能，具有高强度、高韧性和良好的焊接性。通过现场焊接试验，认为只要采取适当的措施，X100 管线钢现场焊接的焊缝强度和韧性就可以获得满意的结果。这对推广应用 X100 管线钢具有指导意义。

表 4 – 3　世界第一条 X100 管线钢试验段的焊管性能

焊管尺寸/mm (口径×壁厚)	$R_{t0.5}$/MPa	R_m/MPa	屈强比	延伸率 δ/%	焊接接头的 R_m/MPa	落锤撕裂试验断口剪切面积的比例(−5℃)/%	A_{kv}(−5℃)/J		
							母材	HAZ	焊缝
1219×14.3	763	838	0.91	21	811	100	241	122	112

4.2.1.2　X120 超高强度管线钢

1993 年，埃克森美孚公司开始了 X120 超高强度管线钢的研发工作，针对新的合金成分设计、热轧钢板的热动力学和相变机制、HAZ 和焊缝金属的性能，在实验室进行了几次小规模的钢板实验，并取得了 6 项专利。1996 年分别与日本新日铁和住友签订了 X120 钢管联合开发协议，以期进一步开发以及推行商业化应用。具体做了以下几方面工作：合金化原理、轧钢、制管工艺的确定；母材、HAZ、焊缝金属的力学试验和适用性验证试验；焊接技术和工艺的研究；管线设计方针的确定；X120 的应用环境评定。X120 管线钢的研究目标见表 4 – 4，要求在满足高强度的同时还需具有 −30℃大于 231J 的高止裂韧性。表 4 – 5 为新日铁开发的 X120 管线钢母材的基本成分，表 4 – 6 为住友开发的 X120 管线钢的基本成分。研究表明，使用这种高钢级钢管可使长距离管线输送工程总造价降低 5% ~15%。

考虑到焊接性，管线钢的碳的质量分数不超过 0.1%，需采用不经热处理的 TMCP 钢。开发的 X120 管线钢选用了以下贝氏体(LB)为主的显微组织，通过 IDQ(轧后直接淬火)工艺获得。为在经济的化学成分下促进下贝氏体显微组织的形成，进行了加入硼和不加硼的试验。含硼钢在母材和热影响区都具有较好的韧性，表明加入硼对 X120 管线钢获得所需的高强度和高韧性的结合是更为可取的，并在合金成本上更经济，这一点是十分重要的。

表 4-4 X120 管线钢的目标性能

项目	管体母材	焊缝及热影响区
拉伸强度(环向)/MPa	屈服强度≥827	抗拉强度
	抗拉强度≥931	
-30℃ CVN (夏比 V 形缺口摆锤冲击试验)冲击功/J	≥231	≥84
-20℃ CTOD(裂纹张开位移法)/mm	≥0.14	≥0.08
CVN 的 DBTT(韧脆转移温度)/℃	≤-50	
-20℃ DWTT 的 SA(剪切面积百分比)/%	≥75	
屈强比	≤0.93	

表 4-5 新日铁开发的 X120 管线钢母材的基本成分 %(质量分数)

C	Mn	Ti	Nb	Mo	B	其他元素	P_{cm}
0.04	1.93	0.020	含	0.32	0.0012	Cu、Ni、Cr、Nb	0.21
0.036	1.96	0.017	含	0.34	0.0012	Cu、Ni、Cr、Nb	0.21

表 4-6 住友开发的 X120 管线钢的基本成分 %(质量分数)

C	Si	Mn	其他元素	C_{eq}	P_{cm}
0.05	0.06	1.56	Cu、Ni、Nb、V、Ti、B	0.52	0.20

需注意的是硼必须存在于沿晶界的固溶体中，要防止 BN 和 $Fe_{23}(C,B)_6$的形成。因此，硼的加入量需限制在一个非常窄的范围内。钛有助于固定钢中的氮，钼和铌对稳定硼的效果也是有用的。为获得足够的淬硬性还应含有高锰和镍、铜、铬等其他合金元素，以使全壁厚转变为以下贝氏体为主的显微组织。

为保证焊接接头强度，开发了强度高于钢板的高韧性焊接金属。研究了焊丝和焊剂的多种组合，关键的技术是得到上贝氏体的显微组织和低碳、低氧的化学成分。表 4-7 是新日铁开发的 X120 管线钢焊缝的典型成分。

表 4-7 新日铁开发的 X120 管线钢焊缝的典型成分 %(质量分数)

位置	C	Si	Mn	Ni	Mn	Cr	P_{cm}
外焊缝	0.05	0.23	1.63	2.22.6	0.92	1.0	0.31
内焊缝	0.05	0.18	1.69		0.98	1.1	0.32

新日铁开发的 X120 钢线管的力学性能列于表 4-8。压平的全板厚试样环向强度均满足目标值。焊缝的强度与母材(钢板)相当。CTOD(裂纹尖端张开位移)

满足设定的目标要求。但落锤撕裂试验断口剪切面积的比例与目标相比尚有差距。表4-9列出环焊接头的拉伸性能、夏比冲击能和CTOD值，这些值均满足目标值。

表4-8 新日铁开发的X120管线钢的力学性能

焊管尺寸/mm（外径×壁厚）	API板状拉伸试样				焊接接头 R_m/MPa	落锤撕裂试验断口剪切面积的比例/%	A_{kv}（-30℃）/J		
	$R_{t0.5}$/MPa	R_m/MPa	屈强比	延伸率δ/%			母材	HAZ	焊缝
1219×19	865	945	0.90	31	950	75.72（-5℃） 65.63（-20℃）	335	162	217

表4-9 X120管线钢的环焊性能

焊接接头的抗拉强度/MPa	HAZ		焊缝	
	A_{kv}/J	裂纹尖端张开位移（-20℃）/mm	A_{kv}/J	裂纹尖端张开位移（-20℃）/mm
954	185（-5℃）	0.155，0.161，0.169	115（-5℃）	0.145，0.125，0.137
955	105（-30℃）		111（-30℃）	

2004年2月在加拿大阿尔伯特北部用新日铁生产的外径914mm、壁厚16mm的X120钢管建设了世界上首条1.6km长的X120管线示范段。当时室外温度为-30℃，设定最小的道间预热温度为125℃，未发现裂纹。示范段提供了寒冷天气使用X120管线钢新材料进行现场建设的经验，成功地实施了包括现场弯曲和环焊等各种现场建设作业。

4.2.1.3 X70管线钢

20世纪70年代初，TransCanada首次使用了X70钢级的钢管，迄今为止，已经建设了近6300km长的管线；而欧洲钢管公司到2001年底也已生产X70钢级的钢管近321万t。目前，X70级别的管线钢的生产技术在欧洲钢管、新日铁、住友、NKK、KAWASAKI、IPSCO、ILVA等公司均已成熟，并且向着厚壁、深海、抗腐蚀发展。

4.2.1.4 X80管线钢

高钢级管线钢的生产是钢铁企业综合实力的重要标志和体现。X80管线钢在国际上的研究和应用已有40多年的历史，关于其组织、机械性能和抗腐蚀性能、焊接性能等的相关研究也已有较多报道；但是，由于其对强韧性和焊接性等综合性能的特殊要求，X80 管线钢的使用仍受到一定限制，迄今为止，世界上已建成的 X80 管线钢输气管线也不多。而对于 X80 管线钢强韧化的深入研究仍然是人们关注的重要课题之一。对于 X80 管线钢的研究，通过添加适量的合金元素，配以优化的控轧控冷工艺，获得最佳的综合性能，一直都是钢铁工作者致力的课题。

1985 年德国 Mannesmann 公司(后并入欧洲钢管公司)成功研制了 X80 钢级的钢管，并铺设了 3.2km 长的试验管道。此后，X80 管线钢不断发展。到目前为止，X80 管线钢的用户主要有加拿大的 TransCanada、德国的 RuhrGas 和英国的 Transco 等，其生产厂商主要有欧洲钢管，日本的住友、新日铁、NKK、川崎，澳大利亚的 PipeSteel 和韩国的 Posco 等公司。国外大多数专家认为，X80 钢级管线钢在管线设计、炼钢轧钢、制管成型、焊接工艺、检测评定、防腐保护、运营维护、工艺优化等方面均已经积累了丰富的经验，在工业应用方面已经不存在技术上的问题。

我国的管线钢研究和应用发展较晚。1958 年我国才正式生产油气输送焊管，早期多采用 16Mn 和 Q235 的碳锰钢和碳钢材料制成。20 世纪 70 年代后期较高强度的油气输送管线建设工程采用了日本的 TS52K 管线钢。90 年代初期，我国相继研发成功了 X52、X60、X65 热轧板卷，成功应用于国内的主要油气管道干线建设。2002 年我国实施的西气东输工程首次在主要管道用钢上使用了 X70 管线钢，进一步缩小了与国外的技术差距。2005 年，成功在冀宁联络线上进行了直径为 1016mm 的 X80 级埋弧焊管的铺设，其标志着我国特种钢冶金水平、轧制和制管技术正式达到了大管径 X80 级埋弧焊管的工程应用能力。西气东输二线工程管道建设超过 9102km，全部采用了我国自主研发的 X80 级高等级管线钢。2014 年 5 月，中俄共同签署了《中俄东线管道供气购销协议》，为满足从 2018 年起管道 380 亿 m^3/a 超大输气量的要求，中国石油天然气集团公司研制开发了外径为 1422mm 的超大口径 X80 钢管线应用技术，首次采用超大口径的 X80 级焊管在管道干线上使用。表 4-10 为全球已建成的 X80 管线的主要项目。

表 4-10 全球已建成的 X80 管线主要项目

序号	建设年份	国家	工程名称	长度/km	钢管厂	直径 ϕ/mm	壁厚 t/mm
1	1985	德国	Ruhr Gag/Megal Ⅱ	3.2	曼内斯曼	1118	13.6
2	1986	斯洛伐克	第四输气管道	1.5	曼内斯曼	1422	15.6
3	1992—1993	德国	Ruhr Gag/Weme Schulech	258.9	欧洲钢管	1219	18.3/19.4
4	1990—2002	加拿大	Center Alberta System	459.3	IPSCO、新日铁	1067/1219	10.6/17.8

续表

序号	建设年份	国家	工程名称	长度/km	钢管厂	直径 ϕ/mm	壁厚 t/mm
5	2001—2004	英国	Cambridge M. G. H. S. Wilbughby. etc	208	欧洲钢管	1219	14.3/21.8
6	2004	美国	Cheyenne Plains	608	IPSCO	914	11.74/16.94
7	2005 至今	中国	中俄东线管道工程	5111	中国	1422	21.41/38.5

另外，根据中国石油天然气集团公司科技发展部的相关部署，中国石油天然气管道局总承包，将在西气东输冀宁联络线河北景县段使用 X80 级钢管，管段全长 7.71km，该工程钢管管径为 1016mm，设计压力为 10MPa。该地段地处二级、三级地区，二级地区管长 5.49km、使用壁厚为 15.3mm 的螺旋埋弧焊管，三级地区管长 2.22km、使用壁厚为 18.4mm 的直缝埋弧焊管；工程段上使用 X80 级现场预制冷弯管 13 根。

4.2.2 管线钢 HTP 的发展和应用

TMCP(机械控制)工艺一般含再结晶轧制和非再结晶轧制，有的还增加两相区轧制。铌作为现代微合金化管线钢中最主要的元素之一，对再结晶温度的作用十分明显。随着奥氏体状态下固溶的铌含量增加，结晶的终止温度将升高，可在比传统管线钢 TMCP 工艺高的轧制温度下进行精轧，有助于减少精轧阶段的轧机负荷。为了提高铌在奥氏体中的固溶度，需降低钢中的碳含量。在质量分数为 0.03% 左右的超低碳含量下，1100～1150℃温度范围可固溶质量分数为 0.08%～0.12% 的铌。这样形成管线钢的 HTP(高温轧制)技术。

由于铌有促进针状铁素体形成的作用，同时，由于采用了超低碳的成分设计，这类管线钢具有高的冲击韧性、良好的焊接性能及抗 HIC 的能力。在中国的西气东输工程用的 X70 管线钢和中国第一条 X80 管线应用工程中用的 X80 管线钢也体现了这种成分的设计思想。

早期由于厚板生产厂的加速冷却能力不强，为保证相变强化的效果常加入钼元素，该型的 X80 成分(质量分数/%)：C 0.05，Mn 1.75，Cu 0.30，Ni 0.30，Mo 0.30，Nb 0.08，Ti 0.011。随着 TMCP 技术的发展，轧后冷却速度的增加，开发了不含钼的成分体系，通过用铬替代钼以保证高强度管线钢的强度，形成新的 HTP 工艺的成分体系。这对降低管线钢的合金成本有显著作用。

2005 年建成投产的美国第一条 X80 管线项目——Cheyenne Plains 输气管线中

使用了用 HTP 技术生产的 X80 管线钢。该管线全长 616km，外径为 762mm 和 914mm，壁厚分别为 9.8mm、11.8mm、14.1mm 和 16.9mm。其中 488km 为螺旋焊管，采用由加拿大 IPSCO 公司用传统 HTP 技术生产的含钼 X80 管线钢，128km 是由美国 NAPA 公司采用 Orange 公司用含铬的 HTP 技术生产的 X80 管线钢板制造的 UOE(一种大直径直缝焊管)直缝埋弧焊管。两种焊管共计 18.1 万 t，其成分见表 4-11，均具有超低碳高铌的特点，且不含钒。这样 $w(Nb)+w(V)+w(Ti)$ 并未增加。对应的焊管性能列于表 4-12，具有 X80 的高强度、高韧性特点。由于采用了超低碳设计，P_{cm} 值低，使之具有好的焊管焊接性能和现场环焊性能。

表 4-11 美国第一条 X80 管线钢的化学成分 %(质量分数)

项目	成分体系	C	Mn	Si	Nb	Cr	Mo	Ni	Ti	P_{cm}
UOE 焊管	新 HTP	0.04	1.58	0.13	0.098	0.24	—	0.15	0.011	0.15
螺旋焊管	传统 HTP	0.03	1.68	0.27	0.095	—	0.30	—	0.019	0.16

表 4-12 采用 HTP 技术生产的美国第一条 X80 管线钢的焊管性能

项目	$R_{t0.5}$/MPa	R_m/MPa	屈强比	落锤撕裂试验断口剪切面积的比例(-7℃)/%	A_{kv}(-7℃/J)		
					母材	HAZ	焊缝
UOE 焊管	605	703	0.86	100	292	290	80
螺旋焊管	585	707	0.83				

4.2.3 高强度抗大应变管线钢的发展

管线发展最具挑战性的领域之一是地震区和永冻带，这些地区的埋地管线材可能发生大的塑性变形。针对这类管线工程采用了“基于应变设计法”的新概念。这样，管线管材需要更高的抗压缩和拉伸应变的性能。对于按“应力设计”的管线管材，抗大应变的管线管材的纵向性能十分重要。

钢管的可变形性可通过提高应变硬化性能(降低屈强比)得到提高，而钢材的应变硬化性能受到显微组织的强烈影响，由硬相和相对软的相组成的双相显微组织可获得较大的应变强化性能。JFE 开发了两种类型的高变形性管线钢，一种是由铁素体 + 贝氏体双相显微组织构成，另一种是由贝氏体 + 马氏体双相显微组织构成。这些管线钢对地面运动引起的大应变有着更高的抗弯折和抗断裂能力。为了生产这种高强度高性能的管线钢，JFE 在西日本钢铁厂的 Fukuyama 厚板厂安装了 HOP(在线热处理工艺)装置，这是一种螺线管型感应加热设备，在生产

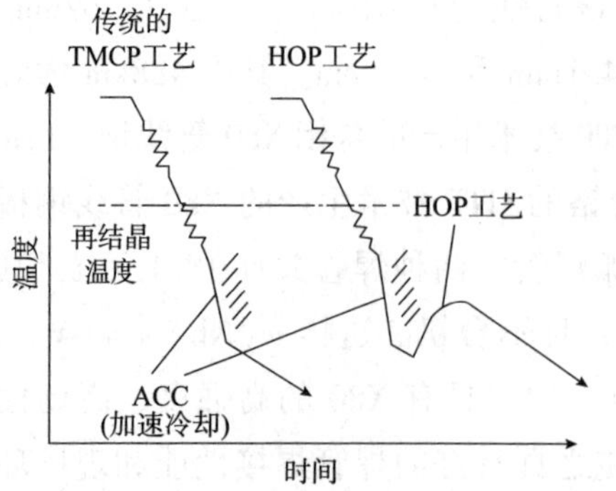

图4-2 应用HOP技术生产钢板的示意图

线上邻近热矫机，位于加速冷却装置之后。与Super-OLAC(超级在线加速冷却工艺)相结合，HOP可获得传统TMCP工艺达不到的独特效果。图4-2描述的是应用HOP技术生产钢板的示意图，同时还表示出传统TMCP工艺过程。可见采用传统TMCP工艺时，钢板经过控轧，加速冷却，然后空冷；而采用HOP技术时，钢板快速冷却后立即通过感应线圈进行快速热处理。结果，通过控制相变获得了多种性能，碳化物和第二相同时析出，这是传统工艺达不到的。通过HOP工艺可使钢板在厚度方向、纵向和横向等方向获得均匀的材料性能，使得大规模生产钢板的力学性能分散度更小，且具有很好的管体尺寸精度。而且，采用HOP工艺还提高了材料性能的热稳定性，改善了消应力热处理和抗应变时效等材料的耐热性能。

新开发的抗大应变管线钢的显微组织为铁素体+贝氏体双相显微组织，传统管线钢则是贝氏体单相组织。通过控制化学成分和生产工艺参数来控制新开发的抗大应变管线钢的显微组织，从而在钢管纵向上获得高强度、高n值和低屈强比间的平衡。

含马氏体这样较硬第二相的双相显微组织，即使硬相的量较少也表现出较高的n值。JFE通过加速冷却工艺后的加热处理形成新的显微组织控制工艺。在贝氏体完全转变温度以上停止加速冷却(ACC)，此时保留了未转变的奥氏体相。在该阶段，显微组织由贝氏体和未转变的奥氏体组成。ACC后立即利用在线加热设备进行热处理。在加热过程中，贝氏体中的碳扩散到奥氏体中。加热后，奥氏体有更高的碳含量，由于奥氏体含有高浓度的碳，可在空冷时形成MA(马氏体-奥氏体)组元。将MA体积分数控制在5%以上时屈强比可低于0.80。

表4-13为JFE试制的抗大应变X80管线钢的尺寸和力学性能。两种钢管都具有圆拱形的应力-应变曲线，纵向屈强比都低于0.80。通过单轴压缩试验和弯曲试验评价了所开发的具有两种不同显微组织类型管线钢的可变形性，与传统的管线钢相比，新开发的管线钢均表现出极好的抗弯折性。

采用FBE外涂层研究了所开发的管线钢应变时效硬化行为。结果表明，具有回火贝氏体+MA显微组织的X80管线钢在UOE制管后和232℃涂层后均表现出足够的抗弯折性能。

表 4 - 13 显微组织为贝氏体内含弥散 MA 的高强变形性管线钢的尺寸和力学性能

钢级	尺寸			拉伸性能				冲击性能	
	外径/mm	壁厚/mm	外径/壁厚	屈服强度/MPa	抗拉强度/MPa	屈强比	n 值	冲击功/J	转变温度/℃
X80	762.0	15.6	49	532	702	0.76	0.12	271	-98
	1016.0	17.3	58	581	734	0.79	0.14	264	-105

4.2.4 大壁厚海底管线用钢的发展

能源需求促进边际油气田和海上油气资源的开发，海底管线的重要性日益凸显。恶劣的海洋环境对海底管线用钢提出较陆地管线更加严格的质量要求。由 DNV - OS - F101 海底管线标准可知，海底管线不仅要求钢管的横向强度，还要求钢管的纵向强度。随着海洋石油开采从近海向深海发展，特别是水深大于 2100m 后，海底管线的抗压溃性越来越重要。为满足这样的要求，钢管的壁厚和钢管尺寸的圆度显得十分重要。表 4 - 14 是目前世界上不同区域几个主要的海底厚壁大口径管线的水深、管径和钢管壁厚，可见，随着水深的增加，钢管的壁厚增加，钢管口径与钢管壁厚的比值(D/t)增大。

表 4 - 14 深海海底管线应用的大口径钢管尺寸

地区	年份	深度/m	外径/mm	壁厚/mm	D/t
黑海	2001	2160	610	31.8	19.2
墨西哥湾	1999	1600	457	19.1 - 20.6	22.2
地中海	1981	610	508	19.1 - 20.6	24.7
	1994	613	660	22.2 - 25.4	26.0
北海	1995	365	1016	26.1 - 30.3	33.5
	1997	80	914	22.2 - 25.0	36.6

海底管线中常采用 X65 钢级厚壁管线钢，表 4 - 15 是住友应用于黑海海底管线厚壁焊管(外径 610mm，壁厚 31.8mm)的成分和性能，其钢管的 D/t 已达 19.2。由于采用低碳成分设计，具有低的 C_{eq}(ⅡW)值和 P_{cm} 值，钢管具有高强度、高韧性和良好的焊接性能，在 -30℃下母材冲击功达 386J、HAZ 的冲击功达 284J。

表 4－15　用于黑海海底管道的 X65 厚壁 UOE 钢管的成分和性能

化学成分/%(质量)			横向拉伸性能					A_{kv}(－30℃)/J		
C	Mn	C_{eq}(ⅡW)/%	P_{cm}/%	$R_{t0.5}$/MPa	R_m/MPa	屈强比	A/%	母材	HAZ	焊缝
0.061	1.44	0.367	0.165	492	599	0.82	52	386	284	199

海底管线不断向深海挑战。一条从阿曼到印度的水深达 350m、总长 1200km 海底管线的可行性研究在进行中。为防止管线在 35MPa 的外压下压溃，使用的钢管必须满足严格的技术要求。采用 X70 钢级、壁厚达 44mm 的钢管，要求－10℃下母材的冲击功大于 200J，焊缝冲击功大于 100J，落锤撕裂试验的断口剪切面积比例大于 85%，椭圆度要求小于 4。同时还有两个关键问题需要解决，一是这么厚的高钢级大壁厚钢管已超过目前大部分 UOE 机组能力，二是采用埋弧焊如何保证在这样大的壁厚下热影响区的冲击韧性。

目前 X70 钢级的厚壁海底管线已在深海管线中应用。2005 年建设完工的北海 Langeled 海底管线采用了 X70 管线钢。用两条外径为 762mm 的海底管线将未经处理的天然气从大约 1000m 水深的 OrmenLange 气田输送到挪威中部西海岸的 Nyhamna 天然气终端处理站。天然气经处理后从 Nyhamna 经过 Steipner 海上平台输送到英格兰的 Easington。在 Steipner 海上平台以北的海底管线采用外径 1016mm、壁厚 29.1～34.0mm 的钢管，工作压力 25.0MPa；在 Steipner 海上平台以南的海底管线采用外径 1066mm、壁厚 23.3～34mm 的钢管，工作压力 21.5MPa。欧洲钢管公司提供了该管线用的 835km 长的钢管，总质量为 63 万 t。

表 4－16 是欧洲钢管公司为北海 Langeled 海底管线提供的 X70 管线钢的化学成分，采用的是低 C、Mn、Nb、Ti 的经济型成分体系，低的 S、P 含量，不含 V，具有低的碳当量和 P_{cm} 值。焊管纵向和横向的屈服强度相近，而横向的抗拉强度比纵向的抗拉强度高 20MPa 左右。－7℃下焊管母材的夏比冲击功均大于 200J，甚至在－30℃仍具有大于 150J 的夏比冲击功。

表 4－16　应用于北海 Langeled 海底管线的 X70 管线钢的化学成分(质量分数)　%

C	Si	P(最大)	S(最大)	Mn	其他	C_{eq}(ⅡW)	P_{cm}
0.08	0.3	0.015	0.003	1.6	Nb、Ti	0.38	0.19

4.2.5　抗 H_2S 的管线钢

高强度低合金钢在饱和 H_2S 环境下，如输送被称作“酸性气体”的未经干燥的含 H_2S 天然气时会产生应力腐蚀开裂(SCC)、内部氢诱裂纹(HIC)或表面鼓包等破坏。NACE 标准中将酸性环境定义为含有水分及 H_2S 分压大于 0.35kPa。

在酸性环境下使用的管线钢是以高韧性和抗 HIC 性能为特征，这些特性来自钢的高纯净度和低的夹杂物含量。为了满足强度、焊接性和可制造性，抗 HIC 管线钢的成分设计和冶炼、连铸、轧制等工艺参数的控制是十分重要的，这样才能保证获得均匀的显微组织。通过厚板轧制后的加速冷却可形成铁素体 + 贝氏体组织或针状铁素体组织，以取代带状的铁素体 + 珠光体组织。

4.3 储运材料的腐蚀

4.3.1 输油管道特点

石油埋地长输管线是一个特定的腐蚀体系，其工作环境复杂，影响埋地长输管线腐蚀的因素很多，它既与金属材料本身的某些因素(如性质、组成、结构、表面状况等)有关，又与腐蚀环境及其管线的布局走向有关。

埋地长输管线有以下特点：

①长输管道跨越的地域性土壤差异比较大，所处不同区域的土壤腐蚀性也不相同。因此，土壤对管道的腐蚀程度及腐蚀分布是不均衡的，有的管段腐蚀较严重，而有的较轻微。

②长输管道以外腐蚀为主，内腐蚀较轻微。这是因为原油在通过长输管线外输前，一般先经过脱水、脱硫等处理工艺，极大地消除了内腐蚀因素。长距离管道施工中不可避免地造成防腐层缺陷和破损，以及不同区域土壤腐蚀性的影响等原因，造成长输管道外腐蚀较严重，而内腐蚀较轻微。

③长输管道防腐保护措施比较完善，一般采用了防腐涂层加阴极保护的双重防腐保护措施；但随管线服役年限的增加，防腐层老化与外管壁脱离以及阴极保护不善等，造成长输管线外腐蚀，特别是运营已久的长输管线腐蚀情况更严重。

④长输管道运行工况有波动，由于油田产量的不同，管线的输送量也不同，泵站的泵送压力也有差异和波动，长输管线输送介质的运行工况是不稳定的。因此，需要根据具体情况，考虑压力波动对管道强度及使用寿命的影响。

⑤长输管道的腐蚀管段所处沿线地理位置不同，实际承受的内压大小不同，不同区段腐蚀的严重程度也不同，所以不同区段的腐蚀缺陷影响管线运营的安全性的大小也是不同的。

4.3.2 输油管道失效原因

腐蚀是造成输油管道事故的主要原因之一。腐蚀既有可能大面积减薄管道的壁厚，从而导致过度变形或破裂，也有可能直接造成穿孔，或应力腐蚀开裂，引发漏油事故。研究分析表明，腐蚀原因可分为：①阴极保护不良或故障；②防腐层完整性损伤；③输送介质含杂质及腐蚀性；④输送介质颗粒磨损。

4.3.2.1 阴极保护不良或故障

阴极保护率达不到100%，石油沥青涂层剥离后进水，老化后绝缘电阻降低致使管道阴极保护效率下降；有的阴极保护没有做到与管道同步投产；沥青防腐层施工质量不高，使得管道在投产初期就遭到腐蚀；阴极保护设施的人为破坏及停电；采用“管中管”防腐技术的管道，夹克的屏蔽作用，使投用的阴极保护设施难以发挥作用。

4.3.2.2 防腐层完整性损伤

①防腐层施工质量差，在现场开挖检查几条管道腐蚀状况时发现，有些管段的沥青防腐层没有包敷工业膜，或沥青防腐层涂敷不均；

②管道穿过的地区土壤性质差别大，易形成氧浓差电池，使部分管段出现局部腐蚀；

③防腐层补口不合格，严重影响了防腐质量；

④防腐材料的耐老化性较差，我国的大部分输油管道使用石油沥青作为防腐材料。

4.3.2.3 输送介质含杂质及腐蚀性

在原油的输送过程中，杂质不断地沉积，特别是随着结蜡过程夹杂附着于内管壁上，形成管－杂质的腐蚀电位差，发生电化学反应，对于具有腐蚀性的杂质还将产生化学腐蚀。

4.3.2.4 输送介质颗粒磨损

这主要是在流速大的管段形成的冲蚀磨损，如弯头、小管径大流量和局部结构突变处。使用外部阴极保护测量法能够鉴别出所在地区的潜在的腐蚀位置。例如，用带辅助遥控电极和下垂天线的遥控运行车或电场梯度法测量，可检测出腐蚀部位，并且在某种程度上，使用磁力线泄漏法或超声波检测器可检测出腐蚀部位的大小。

一些其他因素也会造成管道事故，如工人操作失误，管道本身机械损伤，管道连接部位的焊接缺陷，以及第三方破坏因素等也会造成管道失效发生事故。

4.3.3 输油管道腐蚀类型

输油管道腐蚀通常属于电化学腐蚀，且绝大多数表现为局部腐蚀，即腐蚀主要集中在金属管道表面的一定区域，而表面的其他部位几乎未被破坏。长输管道常见的腐蚀类型有：孔蚀、缝隙腐蚀、电偶腐蚀、应力腐蚀等。

4.3.3.1 孔蚀

孔蚀是指腐蚀集中于金属表面的很小范围内，并深入金属内部的孔状腐蚀形态。一般是孔径小而深度深。蚀孔通常沿着重力方向或横向发展，蚀孔一旦形成，具有“深挖”的动力，即向深处自动加速进行。

孔蚀通常发生在表面有钝化膜或有保护膜的金属上，是一种最常见的局部腐蚀形态，它常常引起严重破坏事故，是一种破坏性大而又难以及时发现的腐蚀形态。

4.3.3.2 缝隙腐蚀

许多金属构件是由螺钉、铆、焊等连接的，在这些连接件活焊接接头缺陷处可能出现狭窄的缝隙，其缝宽(一般在0.025～0.1mm)足以使电解质溶液进入，使缝隙内金属与缝外金属构成短路原电池，并且在缝内发生强烈的腐蚀，这种局部腐蚀称为缝隙腐蚀。例如，在法兰连接面、螺母压紧面、管道锈层下金属表面均可能发生这类腐蚀。

几乎所有的金属和合金、所有的介质都会引起缝隙腐蚀。但其中又以充气的含活性阴离子的中性介质最易发生。因此，缝隙腐蚀是一种比孔蚀更为普遍的局部腐蚀。遭受缝隙腐蚀的金属，在缝隙内呈现深浅不一的蚀坑或深孔，其形态为沟缝状。

4.3.3.3 电偶腐蚀

当电极电位不同的金属或者合金在同一电解质溶液中接触时，由于腐蚀电位不相等有电流流动，使电位较低的金属溶解速度增加，而电位较高的金属，溶解速度反而减小，这就是电偶腐蚀，亦称接触腐蚀或双金属腐蚀。

电偶腐蚀实质上是由两种不同的电极构成宏观原电池的腐蚀，它是一种很普遍的局部腐蚀类型。当两种金属在介质中接触时，便构成一个宏观电偶腐蚀电池。腐蚀电位较低的金属因和腐蚀电位较高的金属接触而产生阳极极化，其结果是溶解速度增加；而电位较高的金属，因和电位较低的金属接触而产生阴极极化，结果是溶解速度下降，即受到阴极保护。电偶腐蚀与相互接触的金属在溶液中的实际电位有关，一般来说，两种金属的电极电位差越大，电偶腐蚀程度越严重。

4.3.3.4 应力腐蚀

由残余或外加力导致的应变和腐蚀及联合作用所产生的材料破坏过程称为应力腐蚀。应力腐蚀开裂是管道腐蚀事故的主要破坏形式之一，对生产的危害极大。

金属在应力与化学介质协同作用下引起的开裂(断裂)现象，叫作金属应力腐蚀开裂(断裂)。它随应力状态不同呈不同的腐蚀破坏形态。一般而论，金属组织结构总会有缺陷，材料表面也总会存在电化学不均匀性。金属表面的缺陷部位或薄弱点电位比其他部位低，是个活性点，为应力腐蚀提供了裂纹源。如果材料表面已经有划痕、小孔或缝隙存在，它们就是现存的裂纹源。在腐蚀介质和拉应力的联合作用下，裂纹源有可能使金属基体内部产生位错，形成滑移阶梯。当滑移阶梯足够大而表面膜又不能随滑移阶梯发生相应变形时，表面膜便会破裂露出基体金属。新露出的基体金属表面相对于钝化表面的电位偏低，形成了一个面积很小的阳极，以较大的腐蚀电流密度迅速溶解成为蚀坑。蚀坑沿着滑移线与拉应力呈垂直的方向发展为微观裂纹。微观裂纹形成后，裂纹尖端应力高度集中，使尖端及邻近区域迅速变形屈服，于是又使滑移阶梯出现，滑移阶梯的再现使裂纹尖端的表面膜又一次被拉破，裂纹尖端则又一次加速溶解。这种效应重复进行，裂纹便不断向深处扩展，最后便导致金属断面的破裂。

4.3.4 输油管道腐蚀因素

腐蚀一直是困扰人们的一门边缘学科。虽然与腐蚀相关的理论和方法都在不断地发展，但由于材料与环境的千差万别，在石油机械行业，特别是对于长输管线，因其输送距离比较长，所经历的自然地理条件差别巨大，其腐蚀问题一直未能得到很好的解决，影响金属腐蚀的因素很多。

4.3.4.1 土壤腐蚀因素

土壤腐蚀绝大多数情况下是埋在地下的金属管线(构件)与土壤这种十分特殊的电解质进行电化学过程所引起的。土壤是引起石油长输管线外(壁)腐蚀破坏的主要原因。

土壤由固、液、气三相组成。固相毛隙孔中充满着液体和空气。液体黏附在固体颗粒周围，有些可以在微孔中流动。土壤的含氧量与土壤湿度和结构有密切关系，湿度不同和结构不同的土壤，含氧量相差可达几万倍。这正是造成氧浓差电池腐蚀的原因。土壤中还溶解有许多盐分，如 K^+、Na^+、Ca^{2+}、Mg^{2+}、NO_3^-、Cl^-、SO_4^{2-}以及其他各种物质，使土壤成为电解质，其导电性与土壤的干湿程度及含盐量有关。土壤越干燥，含盐量越少，其电阻就越大；反之，其电阻就越小。与传统的电化学或腐蚀介质相比，土壤作为腐蚀介质有许多独特的性质。一是多相接触。土壤由固、液、气三相构成，真正具有电解性质的是其中的液体。但由于固相的多孔性和胶体性，以及与气相的有机混合，再加上液相中水分子与土壤粒子结合的多种形式，所以与其他大多单相腐蚀介质有着巨大的差别。二是不流动性。固相相对于埋在土壤中的金属管线来说，是不流动的，不存在机械的搅动和对流，而液相和气相只能通过毛细管间隙移动，流动性较差。所以固相间毛细管中的气、液相成了土壤中物质与能量传递的主要途径，在土壤腐蚀过程中占有相当重要的地位。三是不均匀性。由于土壤介质的不流动性，形成团粒结构状况的不同，以及含水量的变化等，土壤的理化性质(特别是电学性质)无论在小范围还是大范围内都有较大的不均匀性。四是时间季节性。土壤的性质在不同的时间内是不一样的。若以一年为一个周期，土壤的性质不仅在同一周期内不同的时间上有很大的不同，而且在同一时间但不同的周期时也不重复。土壤作为腐蚀性介质所具有的这些特殊性，必将影响其电化学腐蚀过程的特征。

4.3.4.2 金属材料因素

金属耐腐蚀性的好坏，首先与金属的化学稳定性有关。一般说来，金属的化学稳定性越高，抗腐蚀的能力就越强。可以近似地用金属的标准平衡电位来评定金属的热力学稳定性。电位越正标志着金属的热力学稳定性越高，金属离子化的倾向越小，越不易遭受腐蚀。

金属中的合金元素对其耐腐蚀性也有一定影响。一般而言，单相合金相比多相合金具有更好的耐腐蚀性。这是由于多相合金存在化学的和物理的不均匀性，在与电解液接触时，具有不同的电位，在表面上形成腐蚀微电池。就组成元素对钢腐蚀的影响而言，Al、Cr是有效元素，S是有害元素。

合金的化学成分及热处理决定了合金的组织，而后者的变化又影响合金的耐腐蚀性能。一般说来，正火组织比退火组织的耐腐蚀性要好。铁素体－珠光体组织比马氏体－贝氏体组织(淬火－回火)明显地不易遭受局部腐蚀。

4.3.4.3 金属表面状态因素

在大多数情况下，加工粗糙不光滑的表面比磨光的金属表面易受腐蚀。因为粗糙表面可使水及污垢聚积，且生成的钝化膜不致密均匀，易受破坏，致使金属腐蚀，所以金属擦伤、缝隙、穴窝等部位，通常都是腐蚀源，因为深洼部位，氧的进入要比表面部分少，结果深洼部分便成为阳极，表面部分成为阴极，产生浓差电池而引起腐蚀。

4.4 常见管道防腐方式

随着工业的快速发展，油气运输在工业发展中起到了重要作用，同时在人们的日常生活中也是必不可少的。管道作为油气运输设备的一个重要组件，受到外界因素和油气自身因素以及管道周围介质的影响，而油气在储运过程中存在着很多安全隐患，容易发生火灾，遇到油气挥发，使得管道腐蚀更为严重。为了提升油气在运输过程中的运输效率，解决管道腐蚀的问题，需要找出原因并采取合理的解决措施，进行油气储运时的管道防腐工作。

随着当前科技的快速发展，关于石油埋地管道在应用中出现的腐蚀问题改善，也积累了较多的应用技术。当前在实际发展中主要的技术有：涂刷防腐保护层、缓蚀剂应用、土壤改造技术、注重管材选择及管道焊接质量检查。

4.4.1 涂刷防腐保护层

当前在石油埋地管道防腐技术的应用中，涂刷防腐保护层为重要的应用技术之一。涂刷防腐保护层在应用的过程中，主要通过对管材表面涂刷防腐层的方式，进行其防腐能力的提升。通过防腐层的涂刷，使得管道与土壤之间产生了一定的隔离效果，最终达到提升管道应用寿命、提升石油传输稳定性的目的。

管道涂层的材料有着较多类型，各种材料的性能也各不相同，应当根据管道输送的环境及要求等来选用合理的防腐材料。通过对现阶段运用的防腐材料进行分析，应用最广泛的沥青原料具有较多的优势，如较低的价格、较广的应用范围、较简单的应用工艺等，在常温环境下具有耐二氧化硫、耐氯气等物质的腐蚀性，但无法抵抗醇类、油类等物质的腐蚀性；过氯乙烯材料具有较多的优势，如耐油性等，但是这类材料的金属表面不具备较强的附着力，不具有抗高温性，且不耐脂类、酚类等物质的腐蚀；无机富锌漆也具备较多的优势，如简单的施工工艺、较低的价格等，同时也具有较好的耐油性、耐水性等，在清水、海水等环境中有着较强的适用性；环氧树脂有着较强的抗腐蚀性，在碱性条件下的应用效果最好，漆膜也具有较好的硬度与弹性；近年来，三聚乙烯(3PE)防腐材料作为一种新型材料，具备较强的机械化水平、抗老化性能等，特别是防腐性能的适应年限较长。

油田管道的外防腐工程可以基于涂敷工艺的不同来划分其施工方法，主要有空气喷涂法、涂刷法等。涂刷法是应用最广泛的方法，该方法具有极其简单的施工工艺及施工设备，可以利用简单的器具进行施工，有着较高的漆膜渗透性，可以应用于各种型号的管道，但是在涂刷过程中，施工人员具有较大的作业强度，生产效率却十分低，漆膜的成型较困难。滚涂法可以应用于大直径、大长度的管道涂刷，这种方法具有较高的工作效率，在施工过程中，施工人员必须保障涂刷的均匀性，避免产生涂料流动等问题。空气喷涂法是通过运用专门的喷枪，利用压缩空气来吸入涂料，再由喷嘴处喷出。在喷涂过程中，施工人员应当重视喷涂的距离，严格按照喷涂的压力和喷嘴的大小来明确距离。高压无气喷涂法主要是利用加压泵来处理涂料，使其通过喷嘴的孔来喷出，具有较多优势，如高效、高质等，但是各个施工设备需要较大的成本，并且对施工人员提出了较高的要求，在利用该方法进行工作的时候应当重视管道与喷嘴之间的距离。

防腐层技术具有成本低、材料来源广、操作简便等优点，因此在国内外都有着大规模生产使用。国内采用的防腐层喷涂材料以溶结环氧粉末、煤焦油磁漆为主。近年来，随着相关技术的不断发展，国际上又出现了一种新型的防腐技术，即3PE防腐。这种防腐技术能够根据不同油气储运管道的需求，适应管道变化情况，在多种地质环境下都能够发挥很好的抗腐蚀效果。我国自主研发的3PE防腐技术是利用聚乙烯胶带缠绕的方式，施工工艺相对简便，但是防腐年限有待提高。

4.4.2 复合防腐材料

在防腐技术中，防腐材料的正确选择及其合理应用能够加强防腐效果，所以，在油气储运管道中防腐材料的选择应该根据油气的性质和周围介质的种类来进行，所选的材料在强度、韧性等各个方面都需要满足防腐要求，同时，还应该保证防腐材料的持久性、透水性、耐土壤腐蚀性等，这样一来，油气管道才能稳定运行，增大抗腐蚀性，提高油气储运管道的寿命。

复合防腐材料当前在应用的过程中，首先通过配制涂料之后加入各类黏合剂以及复合材料的方式进行混合制成，使得混合材料成品具备较好的防腐性能。由于复合防腐材料兼容性较好，在实际应用的过程中，也常见于各类埋地管道的防腐应用中。

4.4.3 无机非金属防腐材料

无机物本身具备较好的稳定性，例如，生产生活中常用的陶器类产品及玻璃类产品。该类物质在应用的过程中，化学稳定性良好，较难产生化学反应。因此应用该类物质为主要成分，制作的防腐涂层具备较好的防腐效果。在实际应用中通过对管道材料外层涂刷无机非金属防腐材料的方式，形成了良好的防腐作用。

实际应用中涂刷无机非金属的防腐材料，有效地延长了其管道的应用寿命。

无机缓蚀剂常见于各流体类物质传输管道的防腐应用中，在实际应用中通过对管道内部加入一定量缓蚀剂的方式，使得其管道的内壁面形成防护层。最终在持续应用的过程中，延缓了管道的内部腐蚀，提升了管道应用的稳定性，表4－17为常用的缓蚀剂及应用特点。

表4－17　常用缓蚀剂及应用特点

名称	品类	应用管道类型	特点
阳极型缓蚀剂	铬酸盐、钨酸盐无机缓蚀剂	金属管道、合金类管道	用量过大易导致环境污染，存在一定的有毒有害性
阴极型缓蚀剂	硫酸锌、酸式碳酸钙缓蚀剂	金属管道、合金类管道	持续应用性能良好，安全性较好
混合型缓蚀剂	胺类、硫醇、琼脂类缓蚀剂	金属管道、合金类管道及其他类型管道	成分不同，差异性较大，常见的有钝化膜型、沉淀膜型、吸附膜型缓蚀剂（应用前需落实管道作业面清洁工作）

在实际应用的过程中，缓蚀剂只针对管道内部形成了防腐作用，无法对表层起到防护作用。因此在实际发展的过程中，缓蚀剂的应用还应结合外层的防腐涂层等技术进行腐蚀防护，以保障管道在应用中具备良好的防腐蚀效果。

4.4.4　土壤改造技术

石油埋地管道在应用中因土壤腐蚀产生的腐蚀现象比较多，在实际发展的过程中，为有效地提升管道应用质量，针对其埋地管道周围的土壤进行改造的常见的一类措施。具体应用的过程中，通过释放一定量的微生物，针对其土壤内部的腐蚀性物质进行分解作业。此外通过结合管道防腐技术的方式，达到提升管道防腐防护质量，增强管道应用效果的目的。

应注重管材选择及管道焊接质量检查。石油埋地管道在应用中防腐技术的落实为一方面，另一方面则应从源头进行控制。加强选材的合理性，具体应用中应针对区域土壤成分、区域环境现状等综合因素进行勘测分析，以此进行管材的选择，通过管材的防御性结合土壤性质现状，增强管道的腐蚀防护能力。此外在管道的连接方面，应注重对其焊接质量的检查，避免焊接面出现凹陷或裂纹现象。通过准确的焊接检查，规避腐蚀现象产生的基础，最终达到保障管道应用质量，提升油气输送稳定性的目的。

4.5　几种新型的管道材料

4.5.1　玻璃钢复合管道

玻璃钢复合管道具有耐压性、耐热性以及耐腐蚀性，其内衬主要是由聚氯乙烯管组成，同时中间体为玻璃钢，提升了管道的强度、刚度和热固性。外管采用的是高密度聚乙烯，具有较强的耐老化性和抗冲击性，通过特殊的工艺将三层管材复合在一起。其具有重量轻、耐压性强、抗拉强度高以及安全便捷等特点。相对于单一的玻璃钢管道来说，其抗渗透性以及机械强度都更强。管道的连接方式有法兰、螺纹以及承插等多种形式。根据不同的需要可以选择不同的耐压强度管材，一般耐压力分布在2～16MPa，可以用于注聚合物、注水以及原油运输等方面。同时这种管材的主要缺点为如果管线出现损坏，需要对整条管线进行更换。

玻璃钢复合管道以其优异的耐化学腐蚀、轻质高强，不结垢，抗震性强，与普通钢管比较具有使用寿命长、综合造价低、安装快捷、安全可靠等优点，被广大用户所接受。

4.5.2　钢丝网增强塑料复合管道

钢丝网增强塑料复合管道是以网状钢丝焊接的骨架为增强体，利用高密度聚乙烯(HDPE)塑料为基材，通过生产线的特殊工艺处理形成的具有双面防腐耐压性质的管材。这种新型管道是用高强度过塑钢丝网骨架和热塑性塑料聚乙烯为原材料，钢丝缠绕网作为聚乙烯塑料管的骨架增强体，以高密度聚乙烯为基体，采用高性能的HDPE改性黏结树脂将钢丝骨架与内、外层高密度聚乙烯紧密地连接在一起，使之具有优良的复合效果。因为有了高强度钢丝增强体被包覆在连续热塑性塑料之中，这种复合管克服了钢管和塑料管各自的缺点，而又保持了钢管和塑料管各自的优点。钢丝网增强塑料复合管道的应用有效地解决了金属管道的物理性质以及化学性质造成的一些不足，同时这种管材又比塑料管材的强度和刚性大，耐冲击能力更强，而且具有钢管的抗蠕变性和较低的热膨胀性等。通过对钢丝网增强塑料复合管道的实际应用可知，其还具有内壁光洁、不易结垢以及导热系数低等优势。管线的连接方式主要有法兰及电热熔两种。管道的重量轻，施工便捷，管材的承压能力以及耐冷、耐热能力都比较高，使用寿命可以达到50年左右；但是该管材的抗外力能力弱，修复的成本高，必须由专业的人员和设备进行维护。

4.5.3 高密度聚乙烯穿插管道

高密度聚乙烯穿插管道是通过对普通钢管的内壁清理，然后通过在管内穿插高密度聚乙烯塑料管的方式形成的一种新型的管道形式。通过鼓风机使穿插管道与钢管的内壁紧密结合在一起，进而形成一种坚固的内防层，使管线内部的防腐效果更强，也提升了管线的修复能力。比较常见的连接方式为滑入穿插、短管穿插以及凹管穿插等，主要的优点为耐腐蚀性强，承压强度高，造价低廉以及施工便捷。同时该项工艺对管线内壁的光滑度要求也比较高，修复的难度大，必须由专业人员进行维修。

上述的新型防腐管道都具有良好的防腐性能，可以被广泛地应用到石油、化工以及市政建设中。从具体的应用情况来看，钢丝网增强塑料复合管道的保温性能比较好，同时内壁以及外壁都比较光滑，不容易出现结垢的现象。相对于普通钢管来说，流体在管内流动的阻力明显降低，流量远远高于钢管。比如在辽河油田通61－12站，刚投产时液量为每天1200m^3，钢管此时的压力为1.1MPa，在生产参数相同的情况下，应用钢丝网增强塑料复合管道后，压力明显下降为0.85MPa，而且完全没有结垢的情况。

同时，通过对当前新型防腐管道的应用分析可知，玻璃钢增强复合管以及钢塑复合管的防腐能力更强，但是由于管件的配套设施以及维护等方面都不够完善，所以还需要根据具体的情况选择最实用的管材。在管材的造价方面，同一管径和压力的情况下，低于*DN*250的管线，新型防腐管道的造价要高于普通的钢管管道，而施工的费用低于钢管管道。高于*DN*250的管线，经过防腐处理的钢管费用与新型防腐钢管的成本基本持平，施工费用却远远高于新型防腐钢管。所以新型防腐钢管的综合性能和成本都要优于传统的钢管，而且管径越大其优势也越大。

参考文献

[1]高瑾，米琪．防腐蚀涂料与涂装[M]．北京：中国石化出版社，2007.
[2]林玉珍，杨得均．腐蚀和腐蚀控制原理[M]．北京：中国石化出版社，2007.
[3]张振永．油气管道焊接材料设计用量计算[J]．油气储运，2004(7)：38－41，69.
[4]宋生奎，朱坤锋，朱鸣．输油管道腐蚀的修复技术[J]．安全、健康和环境，2006(1)：23－26.
[5]李栋，吴国忠，齐晗兵．海底输油管道热力影响范围的确定[J]．油气田地面工程，2006(11)：23.

第5章　化工设备用材

5.1　容积设备

5.1.1　反应釜

广义理解即有物理或化学反应的容器，通过对容器的结构设计与参数配置，实现工艺要求的加热、蒸发、冷却及低高速混配功能。反应釜(图5－1)主要由釜体、夹套(盘管)、搅拌轴、传动装置、轴封、支座等组成。按加热方式可分电加热、热水加热、导热油循环加热、远红外加热等。按材质可分为碳钢反应釜、不锈钢反应釜、搪玻璃反应釜、钢衬反应釜等。

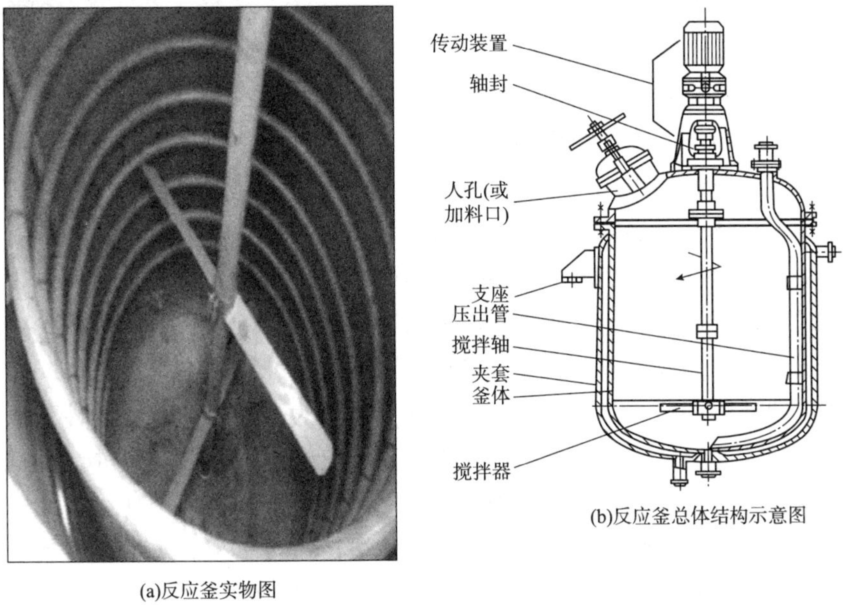

(a)反应釜实物图

(b)反应釜总体结构示意图

图5－1　反应釜

5.1.2 精馏塔

精馏塔(图5－2)供气液两相接触进行相际传质，位于塔顶的冷凝器使蒸气部分冷凝，部分凝液作为回流液返回塔底，其余馏出液作为塔顶产品。位于塔底的再沸器使液体部分汽化，蒸气沿塔上升，余下的液体作为塔底产品。进料加在塔的中部，进料中的液体和上塔段来的液体一起沿塔下降，进料中的蒸气和下塔段来的蒸气一起沿塔上升。在整个精馏塔中，气液两相逆流接触，进行相际传质。液相中的易挥发组分进入气相，气相中的难挥发组分转入液相。对不形成恒沸物的物系，只要设计和操作得当，馏出液将是高纯度的易挥发组分，塔底产物将是高纯度的难挥发组分。

图5－2 精馏塔

进料口以上的塔段，把上升蒸气中易挥发组分进一步提浓，称为精馏段；进料口以下的塔段，从下降液体中提取易挥发组分，称为提馏段。两段操作的结合，使液体混合物中的两个组分较完全地分离，生产出所需纯度的两种产品。

塔体，包括塔的主体结构和塔设备的外壳。常见的塔体由等直径、等高度的圆筒及上、下封头组成。对于大型设备，为了节省材料也有采用不等直径、不等厚度的塔体；再沸器，顾名思义是使液体再一次汽化的容器。再沸器是一种能够交换热量同时有汽化功能的特殊换热器，换热器类型主要分为热虹吸式、釜式和强制循环式；分布器是填料塔内极为重要的内件，为了减少液体的不良分布所引起的放大效应，充分发挥填料的效率，必须在填料塔中安装液体分布器，把液体均匀地分布于填料层顶部；填料为填料塔的重要内件，填料具有比表面积大的特点，在精馏过程中为气相与液相物质、能量交换提供场所。填料从结构上可分为散装填料和规整填料。为适应不同的使用环境，又分为金属材质、陶瓷材质和塑料材质。叔丁基精馏塔使用规整板波纹填料，其中尾气处理吸收塔和中和塔因为使用环境为酸和碱，因此所用填料为陶瓷板波纹填料。

5.1.3 列管式换热器

管程壳程，在进行换热时，一种流体由封头的连接管处进入，在管内流动，从封头另一端的出口管流出，这称为管程；另一种流体由壳体的连接管进入，从壳体上的另一连接管处流出，这称为壳程。主要由封头、壳体、管板、传热管、折流板等构成。按结构可分为固定管板式、列管式、浮头式、填料函式、U形管式等；按功能可划分为冷凝器、预热器、再沸器等。为防止换热流体在壳程中短路，增大换热流体流速，多数换热器在壳体内都嵌有数个与换热管垂直的折流板；换热器最重要的参数为换热面积，其直接影响换热器的换热能力。影响换热效果的因素包括：换热流体与被换热流体的温度差、换热介质流速、换热面积、换热管内外结垢情况等。列管式换热器如图5－3所示。

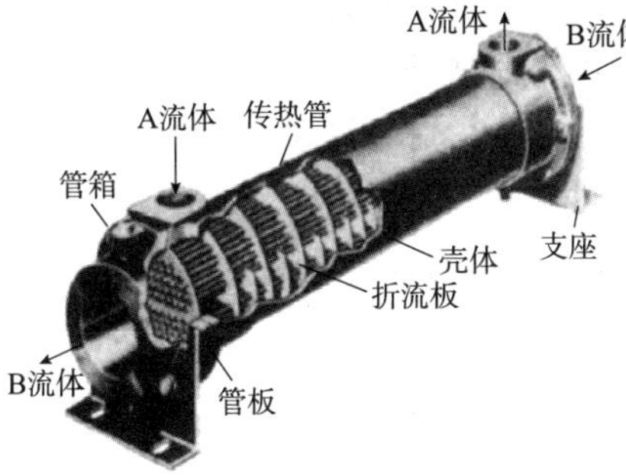

图5－3 列管式换热器

5.1.4 膜过滤器

膜过滤器(图5－4)的核心原件是滤膜，这是一种制备在微孔承托层(支撑体)上的布满微小孔隙的薄膜。正常使用时，物料从膜过滤器侧边上口进入，盐分被滤膜阻挡，物料从过滤器底部流出。在膜过滤器进口管或上封头装有压力变送器，当膜外侧盐分聚集较多时，压力也会变大，此时可切换另一膜过滤器使用。此过滤器关闭侧边上进料口和底阀，打开上封头反洗进料阀门，打开侧边底部反洗出料阀门将膜管外侧盐分冲出，即可恢复使用。

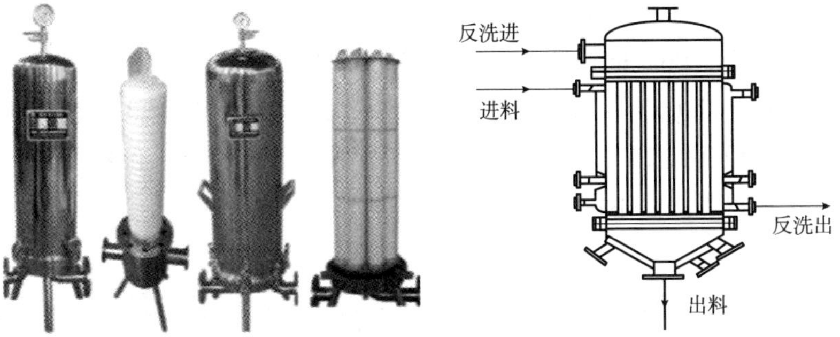

图5－4 膜过滤器

5.1.5 储罐

①拱顶式：拱顶储罐是指罐顶为球冠状、罐体为圆柱形的一种钢制容器。拱顶储罐制造简单、造价低廉，所以在国内外许多行业应用最为广泛，最常用的容积为 1000 ~ 10000m^3。

②内浮顶式：内浮顶储罐是在拱顶储罐内部增设浮顶而成。罐内增设浮顶可减少介质的挥发损耗，外部的拱顶又可以防止雨水、积雪及灰尘等进入罐内，保证罐内介质清洁。

③卧式：卧式储罐的容积一般都小于 100m^3，通常用于生产环节。

5.2 化工设备常用材料

化工生产具有高温、高压、有毒、有害、易燃、易爆、易腐蚀等特点。而化工设备设计又是化工设备的灵魂，是保障设备长期、安全、稳定运行的必要前提。而化工设备材料是设备的基础，只有在设计阶段选择适用的材料，才能确保设备经久耐用、科学经济、节能降耗、安全环保。所以说，在设计中做好化工设备材料的选择工作至关重要。用来制作石油化工设备的材料很多，不同材料具有不同的特性，石油化工设备的控制技术比较专业，了解设备用材具有的特性有助于更好地发挥石油化工设备的作用，提高工作效率。

5.2.1 黑色金属

5.2.1.1 碳钢

碳钢(low carbon steel，或 mild steel)，一般不耐腐蚀。但在特定场合下，比如在浓硫酸和碱液(caustic alkalies，常温)中，能够耐一定腐蚀。碳钢不适合含氯离子场合，对应力腐蚀敏感。

含碳量小于2.06%的铁碳合金，含有少量的硫、磷、硅、氧、氮等元素。优质碳素结构钢，如 Q235 - B、Q235 - C 钢板，10、20 钢管，20、35 钢锻件。压力容器专用钢板，如 20R。20R 强度低，塑性和可焊性较好，价格低廉；碳钢中加入不同元素可以提高不同性能强度。

1)锰(Mn)

冶炼过程中加入锰铁，当钢材中锰含量高于 0.8% 时，可以提高碳钢强度。锰属于有益元素。

2)硫(S)

硫元素主要来源于矿石和焦炭，以 FeS 形式存在，FeS 的熔点低于钢材热加工开始的温度，它过早熔化，导致工件开裂，表现“热脆性”。硫元素属于有害元素。

3)磷(P)

磷元素来源于矿石，溶于铁素体，使钢材常温下脆性增加，塑性、韧性下降，即所谓的“冷脆性”。磷元素属于有害元素。

4)氢(H)

氢元素由高温奥氏体冷却至常温时，氢溶解度降低，来不及到钢的表面逸出而积聚，产生高压力，在钢材内部产生裂纹生成“白点”。氢元素属于有害元素。

常用碳钢可分为普通碳钢、优质碳钢和高级优质钢。普通碳钢，含 P、S 等有害杂质多($S \leqslant 0.055\%$、$P \leqslant 0.045\%$)；优质碳钢，含硫、磷等杂质较少，均$\leqslant 0.04\%$，杂质组织均匀，表面质量好；高级优质钢，磷、硫杂质极少，均$\leqslant 0.03\%$。

5.2.1.2 铸铁

铸铁是指含碳量大于 2% 的铸造铁基合金，含硅及少量锰、磷、硫等元素。分为灰铸铁、球墨铸铁和高硅铸铁等。熔点低、流动性好、熔炼简单、成本低、耐磨，但塑性和韧性差，强度低。一般用来铸造各种铸件。

1)灰铸铁

灰铸铁可看作碳钢的基体加片状石墨。灰铸铁的力学性能与基体的组织和石墨的形态有关。灰铸铁中的片状石墨对基体的割裂严重，在石墨尖角处易造成应力集中，使灰铸铁的抗拉强度、塑性和韧性远低于钢，但抗压强度与钢相当，也是常用铸铁件中力学性能最差的铸铁。

灰铸铁是指具有片状石墨的铸铁，主要成分是铁、碳、硅、锰、硫、磷，是应用最广的铸铁，其产量占铸铁总产量 80% 以上。质脆，耐磨；抗压不抗拉，可铸性好，易切削；吸音减振；耐腐蚀。如 HT150－330、HT200－400，可以用来制作机床的床身和压缩机机身。

2)球墨铸铁

球墨铸铁是通过球化和孕育处理得到的球状石墨，有效地提高了铸铁的机械性能，特别是提高了塑性和韧性，从而得到比碳钢还高的强度。球墨铸铁是 20 世纪 50 年代发展起来的一种高强度铸铁材料，其综合性能接近于钢，正是基于其优异的性能，成功地用于铸造一些受力复杂，强度、韧性、耐磨性要求较高的零件。所谓的“以铁代钢”，主要就是指球墨铸铁。球墨铸铁的主要成分除铁外，还有碳、硅、锰、硫、磷和镁等。

球墨铸铁中碳以球状石墨存在，可铸性好，易切削；强度高，有较好的塑性和韧性。如 QT450－10，可用于制作重要轴类。

3）高硅铸铁

在铸铁中加入一定量的某些合金元素，可以得到在一些介质中有较高耐蚀性的合金铸铁。高硅铸铁就是其中应用最广泛的一种。含硅 10%～16% 的一系列合金铸铁称为高硅铸铁。

高硅铸铁性质硬而脆，力学性能差，较难加工，导热性能差，膨胀系数大，受热易裂，应避免承受冲击力，但是耐腐蚀性能好，不能用于制造压力容器。可以用来制造耐腐蚀泵、阀门、旋塞、冷却排管、辅助阳极、管道配件等。

5.2.2 合金钢

随着现代工业和科学技术的不断发展，对设备零件的强度、硬度、韧性、塑性、耐磨性及物理、化学性能的要求也越来越高，碳钢已经不能完全满足需要，合金钢是为得到和改善某些性能，在碳钢中添加适量的一种或多种合金元素所制成的钢。

合金钢种类较多，按合金元素总含量分类见表 5－1。

表 5－1 合金钢分类

低合金钢	合金元素含量 <5%
中合金钢	合金元素含量 5%～10%
高合金钢	合金元素含量 >10%

目前在合金钢中常用的合金元素有：铬（Cr）、锰（Mn）、镍（Ni）、硅（Si）、硼（B）、钨（W）、钼（Mo）、钒（V）、钛（Ti）和稀土元素（Re）等。

①铬是合金结构钢主加元素之一，在化学性能方面它不仅能提高金属耐腐蚀性能，也能提高抗氧化性能。当其含量达到 13% 时，能使钢的耐腐蚀能力显著提高，并增加钢的热强性。铬能提高钢的淬透性，显著提高钢的强度、硬度和耐磨性，但它使钢的塑性和韧性降低。

②锰可提高钢的强度，增加锰含量对提高低温冲击韧性有一定的好处。

③镍对钢铁性能有良好的作用。它能提高淬透性，使钢具有很高的强度，而又保持良好的塑性和韧性。镍能提高耐腐蚀性和低温冲击韧性。镍基合金具有更高的热强性能。镍被广泛应用于不锈耐酸钢和耐热钢中。

④硅可提高强度、高温疲劳强度、耐热性及耐 H_2S 等介质的腐蚀性。硅含量

增高会降低钢的塑性和冲击韧性。

⑤铝为强脱氧剂，能够显著细化晶粒，可提高冲击韧性，降低冷脆性。铝还能提高钢的抗氧化性和耐热性，对抵抗 H_2S 介质腐蚀有良好作用。铝的价格比较便宜，所以在耐热合金钢中常以它来代替铬。

⑥钼能提高钢的高温强度、硬度、细化晶粒、防止回火脆性。钼能抗氢的腐蚀。

⑦钒用于固溶体中可提高钢的高温强度，细化晶粒，提高淬透性。铬钢中加少量钒，在保持钢的强度的情况下，能改善钢的塑性。

⑧钛为强脱氧剂，可提高钢的高温强度、细化晶粒，提高韧性，减小铸锭缩孔和焊缝裂纹等倾向。在不锈钢中起到稳定碳的作用，减少铬与碳化合的机会，防止晶间腐蚀，还可提高耐热性。

⑨加入稀土元素可提高钢的高温强度，改善塑性、低温脆性、耐腐蚀性及焊接性能。

5.2.2.1　不锈钢

不锈钢通常是不锈钢和耐酸钢的统称，也称不锈耐酸钢。一般称耐空气、蒸汽和水等弱腐蚀介质的钢为不锈钢，称耐酸、碱、盐等强烈腐蚀性介质的钢为耐酸钢。不锈钢不一定耐酸，而耐酸钢一般均有良好的不锈性能。对不锈钢最重要的性能要求是良好的耐蚀性，合适的力学性能，优良的冷热加工成型性及焊接性。不锈钢种类繁多，性能各异，通常按钢的金相组织分为铁素体不锈钢、奥氏体不锈钢、奥氏体 - 铁素体双相不锈钢和马氏体不锈钢等。

1) 铁素体不锈钢

以铬为主要合金元素，一般含碳量≤0.15%，铬含量在12% ~30%。有些钢中还含有钼、钛等元素。在铬不锈钢中，起耐腐蚀作用的主要元素是铬。当钢中铬的质量分数达到12%左右时，能使钢的表面形成一层极薄且致密的铬氧化膜，阻止了钢基体被继续侵蚀，使钢在氧化性介质中的耐腐蚀性发生突变性上升。铬不锈钢耐蚀性的强弱取决于钢中的含碳量和含铬量，而且含铬量越多耐腐蚀性越好，但是钢中碳元素的存在，使其与铬形成铬的碳化物(如 $Cr_{23}C_6$ 等)而消耗了铬，致使钢中的有效铬含量减少，降低了钢的耐腐蚀性，故不锈钢中的含碳量都是较低的。为了确保不锈钢具有耐腐蚀性能，使其含铬量大于12%，实际应用的不锈钢中的平均含铬量都在13%以上。此类钢的不足之处是，对晶间腐蚀比较敏感；当铬含量高时，脆性转变温度高，可焊性较差。铁素体不锈钢的应用广泛性仅次于奥氏体不锈钢，常用的钢种有1Cr13、2Cr13、0Cr13、0Cr17Ti 等。

1Cr13(含碳量<0.15%)、2Cr13(含碳量平均为0.2%)等钢铸造性能良好，经调质处理后有较高的强度与韧性，焊接性能尚好。耐蒸汽、潮湿大气、淡水和海水的腐蚀，对弱腐蚀性介质(如盐水溶液、硝酸、低浓度有机酸等)在温度较低(<30℃)时也有较好的耐腐蚀性。在硫酸、盐酸、热硝酸、熔融碱中耐腐蚀性较低。主要用在化工机器中制造受冲击载荷较大的零件，如阀、阀件、塔盘中的浮阀、石油裂解设备、高温螺栓、导管、轴及活塞杆等。0Cr13、0Cr17Ti等钢种含碳量少(含碳量<0.08%时，标注0；含碳量<0.03%时，标注00)，含铬量较多。它们具有较好的塑性，但韧性较差。它们能耐氧化性酸(如稀硝酸)和硫化氢气体的腐蚀，所以可部分代替高铬镍型不锈钢。如可制造硝酸厂和维尼纶厂耐冷醋酸和防铁锈污染产品的耐蚀设备。

2)奥氏体不锈钢

以铬、镍为主要合金元素的奥氏体不锈钢是应用最为广泛的一类不锈钢，此类钢包含Cr18Ni8系不锈钢以及在此基础上发展起来的含铬、镍更高并含钼、硅、铜等合金元素的奥氏体类不锈钢。这类钢的特点是，具有优异的综合性能，包括优良的力学性能，冷、热加工和成型性，可焊性和在许多介质中的良好耐蚀性，是目前用来制造各种储槽、塔器、反应釜、阀件等化工设备最广泛的一类不锈钢材。

铬镍不锈钢除像铬不锈钢一样具有氧化铬薄膜的保护作用外，还因镍能使钢形成单一奥氏体组织而得到强化，使得在很多介质中比铬不锈钢更具耐蚀性。如对浓度65%以下、温度低于70℃或浓度60%以下、温度低于100℃的硝酸以及苛性碱(熔融碱除外)、硫酸盐、硝酸盐、硫化氢、醋酸等都很耐蚀，但对还原性介质如盐酸、稀硫酸则是不耐蚀的。在含氯离子的溶液中，有发生晶间腐蚀的倾向，严重时往往引起钢板穿孔腐蚀。

所谓晶间腐蚀是在400~800℃的温度，碳从奥氏体中以碳化铬($Cr_{23}C_6$)形式沿晶界析出，使晶界附近的合金元素(铬与镍)含铬量降低到耐腐蚀所需的最低含量(12%)以下，腐蚀就在此贫铬区产生。这种沿晶界的腐蚀称为晶间腐蚀。发生晶间腐蚀后，钢材会变脆、强度很低，破坏无法挽回。

奥氏体类不锈钢的品种很多，以0Cr18Ni9为代表的普通型奥氏体不锈钢用量最大。我国原以1Cr18Ni9Ti为主，近年正逐步被低碳或超低碳的0Cr18Ni9或00Cr18Ni10所取代。奥氏体不锈钢产品以板材、带材为主。它在石油、化工、食品、制糖、酿酒、医药、油脂及印染工业中得到广泛应用，使用范围在-196~600℃。由于钢含镍量高，因而价格较高。为节约镍并使钢中仍具有奥氏体组织，用容易得到的锰和氮代替不锈钢中的镍，发展出了铬锰镍氮系和铬锰氮系不锈钢。例如Cr18Mn8Ni5、Cr18Mn10Ni5Mo3N。而用于制造尿素生产设备的0Cr17Mn13Mo2N

比从国外进口的1Cr18Nil2Mo2Ti及1Cr18Nil2Mo3Ti在耐蚀性能上更强。

5.2.2.2 耐热钢和高温合金

在石油、化工生产中有许多高温、高压生产工艺。在这种高温、高压的生产工艺中，必须使用耐热钢及高温合金。例如，石油化工的乙烯裂解、氨的合成等，都是在高温下使用的设备，其温度往往在1000℃以上。设备使用温度超过300～350℃即需选用耐热钢，一般耐热钢工作温度都在700℃以下，如果工作温度在700～1000℃，耐热钢就不能胜任，要采用高温合金。

耐热钢是指高温下具有较高的强度和良好的化学稳定性的合金钢。耐热钢的主要合金元素有铬(Cr)、铝(Al)、硅(Si)、镍(Ni)、锰(Mn)、钒(V)、钛(Ti)、铌(Nb)、碳(C)、氮(N)、硼(B)和稀土元素(Re)等。Cr、Al、Si是铁素体形成元素，可以被高温气体(对耐热钢而言，主要是氧气)氧化后生成一种致密的氧化膜，保护钢的表面，防止氧的继续侵蚀，从而得到较好的化学稳定性。Ni、Mn是奥氏体形成元素，能提高高温强度和改善抗渗碳性。V、Nb、Ti是强碳化物形成元素，可以提高钢的高温强度。C和N可以扩大和稳定奥氏体，提高钢的高温强度。B和Re均为耐热钢中添加的微量元素，可以显著提高钢材的抗氧化性，并改善其热塑性。耐热钢按特性和用途可分为抗氧化钢(又称高温不起皮钢)和热强钢。抗氧化钢是指高温下具有较好的抗氧化性，并有适当强度的钢种，多数用来制造炉用零件和热交换器。热强钢高温下有较好的抗氧化性和耐腐蚀能力，且有较高的强度，常用来制造高温工作下的汽缸、螺栓及锅炉的过热器等。常用耐热钢的牌号、性能、用途列于表5-2。

表5-2 几种耐热钢性能与用途

牌号	性能	用途举例
1Cr25Ni20Si2	奥氏体钢，有良好的抗氧化性能、加工性能和焊接性能。由于含镍高，组织较稳定，一般经固溶处理	高温炉管、加热炉辊，最高可用到1200℃
3Cr18Mn12Si2N	节镍奥氏体钢，按其抗氧化性能可用于900℃左右的耐热零件，其加工性能不如铬镍奥氏体钢。目前使用不多	锅炉吊架及其他炉用零件
2Cr20Mn9Ni2Si2N	性能同3Cr18Mn12Si2N，由于含铬高、含碳低和含少量的镍，使用温度可稍高，工艺性能亦较3Cr18Mn12Si2N稍好	锅炉吊架及炉用零件，长期可用于950℃，短期可用于1000～1050℃
1Cr5Mo	600℃以下有一定强度，650℃以下有较好的抗氧化性和抗石油裂化过程中的腐蚀	锅炉管架、高压加氢设备零件、紧固件等

高温合金有三个主要类型：铁基耐热合金、镍基耐热合金、钴基耐热合金。铁基耐热合金的工作温度在700℃以下，含有相当高的铬、镍成分和其他强化元素。镍基耐热合金是目前在700～900℃使用得最广泛的一种高温合金。这类合金的镍含量通常在50%以上。钴基耐热合金的高温强度主要靠固溶强化获得。钴价格昂贵，应用受到很大的限制，一般在1000℃以上才用。

5.2.2.3 低温用钢

在化工生产中，许多设备是处在低温工作条件下运行的，如深冷分离、空气分离等。制造低温设备(设计温度≤－20℃)的材料，要求最低工作温度下具有较好的韧性，以防止设备在运行时发生脆性破裂。而普通碳钢在低温下(－20℃以下)冲击韧性下降，材料变脆无法应用。目前国外低温设备用的钢材是以高铬镍钢为主，也有使用镍钢、铜和铝等。我国根据资源情况，自行研制了无铬镍的低温钢材系列，并在生产中得到应用。表5－3是几种常用的低温用钢。

表5－3 几种常用的低温用钢

牌号	钢板状态	厚度/mm	屈服强度/MPa	最低冲击试验温度/℃
16MnDR	正火	6～100	255～315	－30
07MnNiCrMoVDR	调质	16～50	490	－40
15MnNiDR	正火，正火加回火	6～60	290～325	－45
09Mn_2VDR	正火，正火加回火	6～36	270～290	－70
09MnNiDR	正火，正火加回火	6～60	260～300	－70

注：表中D代表低温用钢；R代表容器用钢。

5.2.3 有色金属材料

铁以外的金属称非铁金属，也称有色金属。有色金属及其合金的种类很多，常用的有铝、铜、铅、钛等。在石油、化工生产中，由于腐蚀、低温、高温、高压等特殊工艺条件，许多化工设备及其零部件经常采用有色金属及其合金。

有色金属有很多优越的特殊性能，如良好的导电性和导热性，密度小，熔点高，有低温韧性，在空气、海水以及一些酸、碱介质中耐腐蚀等，但有色金属价格比较昂贵。常用有色金属及合金的代号见表5－4。

表5－4 常用的有色金属及合金的代号

名称	铜	黄铜	青铜	铝	铅	铸造合金	轴承合金
代号	T	H	Q	L	Pb	Z	Ch

5.2.3.1　铝及其合金

铝是一种银白色金属，密度小($2.7g/cm^3$)，约为铁的三分之一，属于轻金属。铝的导电性、导热性能好，仅次于金、银和铜；塑性好、强度低，可承受各种压力加工，并可进行焊接和切削。铝在氧化性介质中易形成 Al_2O_3保护膜，因此在干燥或潮湿的大气中，在氧化剂的盐溶液中和在浓硝酸以及干氯化氢、氨气中，都是耐腐蚀的，但含有卤素离子的盐类、氢氟酸以及碱溶液都会破坏铝表面的氧化膜，所以铝不宜在这些介质中使用。铝无低温脆性、无磁性，对光和热的反射能力强和耐辐射，冲击不产生火花。铝在化工生产中有许多特殊的用途。如铝不会产生火花，故常用于制作含易挥发性介质的容器；铝不会使食物中毒，不沾污物品，不改变物品颜色，因此，在食品工业中可代替不锈钢制造有关设备。铝的导热性能好，适合用作换热设备。

5.2.3.2　铜和铜合金

铜属于半贵重金属，密度是 $8.94g/cm^3$，铜及其合金具有高的导电性和导热性，较好的塑性、韧性及低温力学性能，在许多介质中有高耐蚀性。因此在化工生产中得到广泛应用。

1)纯铜

纯铜呈紫红色，又称紫铜。纯铜有良好的导电、导热和耐蚀性，也有良好的塑性，在低温时可保持较高的塑性和冲击韧性，用于制作深冷设备和高压设备的垫片。铜耐稀硫酸、亚硫酸、稀浓度和中等浓度的盐酸、醋酸、氢氟酸及其他非氧化性酸等介质的腐蚀，对淡水、大气、碱类溶液的耐蚀能力很好。铜不耐各种浓度的硝酸、氨和铵盐溶液。在氨和铵盐溶液中，会形成可溶性的铜氨离子$[Cu(NH_3)_4]^{2+}$，故不耐腐蚀。变形纯铜的牌号有 T1、T2、T3、TU1、TU2、TP1、TP2 等。T1、T2 是高纯度铜，用于制造电线，配制高纯度合金。T3 杂质含量和含氧量比 T1、T2 高，主要用于一般材料，如垫片、铆钉等。TU1、TU2 为无氧铜，纯度高，主要用作真空器件。TP1、TP2 为磷脱氧铜，多以管材供应，主要用于冷凝器、蒸发器、换热器、热交换器的零件等。

2)铜合金

铜合金是指以铜为基体加入其他元素所组成的合金。传统上将铜合金分为黄铜、白铜、青铜三大类。

5.2.3.3　钛及其合金

钛的密度小($4.507g/cm^3$)、强度高、耐腐蚀性好、熔点高。这些特点使钛在军工、航空、化工领域中日益得到广泛应用。

典型的工业纯钛牌号有 TA0、TA2、TA3(编号越大杂质含量越多)。纯钛塑性好，易于加工成型，冲压、焊接、切削加工性能良好；在大气、海水和大多数酸、碱、盐中有良好的耐腐蚀性。钛也是很好的耐热材料。它常用于飞机骨架、耐海水腐蚀的管道、阀门、泵体、热交换器、蒸馏塔及海水淡化系统装置与零部件。在钛中添加锰、铝或铬、钼等元素，可获得性能优良的钛合金。供应的品种主要有带材、管材和钛丝等。

5.2.3.4 镍及其合金

镍是稀有贵重金属，密度是 8.93g/cm^3，具有很高的强度和塑性，有良好的延伸性和可锻性。镍具有很好的耐腐蚀性，在高温碱溶液或熔融碱中都很稳定，故镍主要应用在制碱工业，用于制造处理碱介质的化工设备。在镍合金中，以牌号为 NCu28－2.5－1.5 的蒙乃尔耐蚀合金应用最广。蒙乃尔耐蚀合金能在 500℃时保持高的力学性能，能在 750℃以下抗氧化，在非氧化性酸、盐和有机溶液中比纯镍、纯铜更具耐腐蚀性。

5.2.3.5 铅及其合金

铅是重金属，密度是 11.34g/cm^3，硬度低、强度小，不宜单独作为设备材料，只适于做设备的衬里。铅的热导率小，不适合做换热设备的用材；纯铅不耐磨，非常软。但在许多介质中，特别是在硫酸(80% 的热硫酸及 92% 的冷硫酸)中铅具有很高的耐蚀性。铅与锑合金称为硬铅，它的硬度、强度都比纯铅高，在硫酸中的稳定性也比纯铅好。硬铅的主要牌号为 PbSb4、PbSb6、PbSb8 和 PbSb10。铅和硬铅在硫酸、化肥、化纤、农药、电器设备中可用来做加料管、鼓泡器、耐酸泵和阀门等零件。由于铅具有耐辐射的特点，在工业上用作 X 射线的防护材料。铅合金的自润性、磨合性和减振性好，噪声小，是良好的轴承合金。铅合金还用于铅蓄电池极板、铸铁管口、电缆封头的铅封等。

5.2.4 非金属材料

非金属材料具有优良的耐腐蚀性，原料来源丰富，品种多样，适合于因地制宜，就地取材，是一种有着广阔发展前途的化工材料。非金属材料既可以用作单独的结构材料，又能作金属设备的保护衬里、涂层，还可作设备的密封材料、保温材料和耐火材料。应用非金属材料制作化工设备，除要求有良好的耐腐蚀性外，还应有足够的强度，渗透性、孔隙及吸水性要小，热稳定性好，加工制造容易，成本低以及来源丰富。

非金属材料分为无机非金属材料(包括陶瓷、搪瓷、玻璃等)、有机非金属材料(主要包括塑料、涂料、橡胶等)及最近二三十年来发展的复合材料(玻璃钢、不透性石墨等)。

5.2.4.1 无机非金属材料

1)化工陶瓷

化工陶瓷具有良好的耐腐蚀性，足够的不透性、耐热性和一定的机械强度。它的主要原料是黏土、瘠性材料和助熔剂。用水混合后经过干燥和高温焙烧，形成表面光滑、断面像细密石质的材料。陶瓷导热性差，热膨胀系数较大，受碰击或温差急变而易破裂。

目前化工生产中，化工陶瓷设备和管道的应用越来越多。化工陶瓷产品有：塔、储槽、容器、泵、阀门、旋塞、反应器、搅拌器和管道、管件等。

2)化工搪瓷

化工搪瓷由含硅量高的瓷釉通过900℃左右的高温煅烧，使瓷釉密着在金属表面。化工搪瓷具有优良的耐腐蚀性能、力学性能和电绝缘性能，但易碎裂。搪瓷的热导率不到钢的1/4，热膨胀系数大。故搪瓷设备不能直接用火焰加热，以免损坏搪瓷表面，可以用蒸汽或油浴缓慢加热。使用温度为-30~270℃。

目前我国生产的搪瓷设备有反应釜、储罐、换热器、蒸发器、塔和阀门等。

3)辉绿岩铸石

辉绿岩铸石是用辉绿岩熔融后制成，可制成板、砖等材料作为设备衬里，也可做管材。铸石除对氢氟酸和熔融碱不耐腐蚀外，对各种酸、碱、盐都具有良好的耐腐蚀性能。

4)玻璃

化工用的玻璃不是一般的钠钙玻璃，而是硼玻璃(耐热玻璃)或高铝玻璃，它们有好的热稳定性和耐腐蚀性。玻璃在化工生产上用来做管道或管件，也可以做容器、反应器、泵、热交换器、隔膜阀等。玻璃虽然有耐腐蚀性、清洁、透明、阻力小、价格低等特点，但质脆、耐温度急变性差，不耐冲击和振动。目前已成功通过在金属管内衬玻璃或用玻璃钢加强玻璃管道，来弥补其不足。

5.2.4.2 有机非金属材料

1)工程塑料

塑料是以高分子合成树脂为主要原料，在一定温度、压力条件下塑造成的型材或产品(泵、阀等)的总称。在工业生产中广泛应用的塑料为“工程塑料”。塑料的主要成分是树脂，它是决定塑料性质的主要因素。除树脂外，为了满足各种应用领域的要求，往往加入添加剂以改善产品性能。一般添加剂有：增塑剂(降低材料的脆性和硬度，提高树脂的可塑性与柔软性）、润滑剂（防止塑料在成型过程中粘在模具或其他设备上）、稳定剂（延缓材料的老化，延长塑料的使用寿命）、固化剂（加快固化速度，使固化后的树脂具有良好的机械强度）。

塑料的品种很多，根据受热后的变化和性能的不同，可分为热塑性和热固性两大类。热塑性塑料是由可以经受反复受热软化（或熔化）和冷却凝固的树脂为基本成分制成的塑料，它的特点是遇热软化或熔融，冷却后又变硬，这一过程可反复多次。典型产品有聚氯乙烯、聚乙烯等。热固性塑料是由经加热转化（或熔化）和冷却凝固后变成不熔状态的树脂为基本成分制成的，它的特点是在一定温度下，经过一定时间的加热或加入固化剂即可固化，质地坚硬，既不溶于溶剂，也不能用加热的方法使之再软化，典型的产品有酚醛树脂、氨基树脂等。由于工程塑料一般具有良好的耐腐蚀性能、一定的机械强度、良好的加工性能和电绝缘性能，价格较低，因此广泛应用在化工生产中。工程塑料的种类如下：

①硬聚氯乙烯塑料（PVC）：硬聚氯乙烯塑料具有良好的耐腐蚀性能，除强氧化性酸(浓硫酸、发烟硫酸)、芳香族及含氟的碳氢化合物和有机溶剂外，对一般的酸、碱介质都是稳定的。它有一定的机械强度，加工成型方便，焊接性能较好；但它的热导率小，耐热性能差。硬聚氯乙烯广泛地用于制造各种化工设备，如塔、储罐、容器、尾气烟囱、离心泵、通风机、管道、管件、阀门等。

最常用硬 PVC，耐绝大多数无机酸、无机盐溶液，不耐强硫酸、强硝酸，不适用绝大多数有机溶剂。

目前许多工厂成功地用硬聚氯乙烯来代替不锈钢、铜、铝、铅等金属材料制作耐腐蚀设备与零件，所以它是一种很有发展前途的耐腐蚀材料。

②聚乙烯塑料（PE）：聚乙烯是由乙烯聚合制得的热塑性树脂，有优良的电绝缘性、防水性和化学稳定性。在室温下，除硝酸外，对各种酸、碱盐溶液均稳定，对氢氟酸特别稳定。高密度聚乙烯又称低压聚乙烯，可做管道、管件、阀门、泵等，也可以做设备衬里。

③耐酸酚醛塑料（PF）：耐酸酚醛塑料是以酚醛树脂为基本成分，以耐酸材料（石棉、石墨、玻璃纤维等）做填料的一种热固性塑料，它有良好的耐腐蚀性和耐热性。能耐多种酸、盐和有机溶剂的腐蚀。

耐酸酚醛塑料可做成管道、阀门、泵、塔节、容器、储罐、搅拌器等，也可用作设备衬里。目前在氯碱、染料、农药等工业中应用较多。

④聚四氟乙烯塑料（PTFE）：聚四氟乙烯塑料具有优异的耐腐蚀性，能耐强腐蚀性介质（如硝酸、浓硫酸、王水、盐酸、苛性碱等）腐蚀。耐腐蚀性甚至超过贵重金属金和银，有塑料王之称。

聚四氟乙烯在工业上常用来作耐腐蚀、耐高温的密封元件及高温管道。由于聚四氟乙烯有良好的自润滑性，还可以用作无油润滑压缩机的活塞环。

⑤玻璃钢：玻璃钢又称玻璃纤维增强塑料。它用合成树脂为黏结剂，以玻璃纤维为增强材料，按一定成型方法制成。玻璃钢具有优良的耐腐蚀性能，强度高和工艺性能良好，是一种新型的非金属材料。在化工中可做容器、储罐、塔、鼓风机、槽车、搅拌器、泵、管道、阀门等，应用越来越广泛。

玻璃钢因所用的树脂不同而差异很大。目前应用在化工防腐方面的有：环氧玻璃钢(常用)、酚醛玻璃钢(耐酸性好)、呋喃玻璃钢(耐腐蚀性好)、聚酯玻璃钢(施工方便)等。

2)涂料

涂料是一种高分子胶体的混合物溶液，涂在物体表面能形成一层附着牢固的涂膜，用来保护物体免遭大气腐蚀及酸、碱等介质的腐蚀。大多数情况下用于涂刷设备、管道的外表面，也常用于设备内壁的防腐涂层。

采用防腐涂层的特点：品种多、选择范围广、适应性强、使用方便、价格低、适于现场施工等，但是，由于涂层较薄，在有冲击、腐蚀作用以及强腐蚀介质的情况下，涂层容易脱落，使得涂料在设备内壁面的应用受到了限制。

常用的防腐涂料有：防锈漆、底漆、大漆、酚醛树脂漆、环氧树脂漆以及某些塑料涂料，如聚乙烯涂料、聚氯乙烯涂料等。

涂料常采用静电喷涂方法喷涂在工件表面上。这种方法是借助于高压电场的作用，使喷枪喷出的漆雾化并带电，通过静电引力而沉积在带异电的工件表面上。该方法涂料利用率高，容易进行机械化、自动化的大型生产，减少溶剂和涂料的挥发和飞溅，涂膜质量稳定。缺点是因工件形状不同、电场强弱不同造成涂层不够均匀，流平性差。

3)不透性石墨

不透性石墨是由各种树脂浸渍石墨消除孔隙后得到的。它的优点：具有较高的化学稳定性和良好的导热性，热膨胀系数小，耐温度急变性好；不污染介质，能保证产品纯度；加工性能良好。它的缺点：机械强度较低、性脆。

不透性石墨的耐腐蚀性主要取决浸渍树脂的耐腐蚀性。由于其耐腐蚀性强和导热性好，常被用作腐蚀性强介质的换热器，如氯碱生产中应用的换热器和盐酸合成炉，也可以制作泵、管道和用作机械密封中的密封环及压力容器用的安全爆破片等。

5.3 化工设备中的腐蚀

5.3.1 腐蚀类型

金属材料表面由于受到周围介质的作用而发生状态变化，从而使金属材料遭受破坏的现象称为腐蚀。如铁生锈、铜发绿锈、铝生白斑点等。按照腐蚀反应进行的方式，金属的腐蚀可分为化学腐蚀与电化学腐蚀两类。

5.3.1.1 化学腐蚀

化学腐蚀(金属的高温氧化，钢的脱碳，氢脆，氢腐蚀)是金属表面与环境介质发生化学作用而产生的损坏，它的特点是腐蚀发生在金属的表面上，腐蚀过程中没有电流的产生。在化工生产中，有很多机器和设备是在高温下操作的，如氨合成塔、硫酸氧化炉、石油气制氢转化炉等。金属在高温下受蒸汽和气体作用，发生金属高温氧化及脱碳就是一种高温下的气体腐蚀，是化工设备中常见的化学腐蚀之一。

1)金属的高温氧化

金属的高温氧化指金属和环境中的氧(含氧化性气体，如 H_2O、SO_2、CO_2 等)化合生成金属氧化物。金属氧化初始，氧被吸附于金属表面并可能发生反应形成氧化物膜，且迅速覆盖金属表面。固态氧化膜在一定程度上阻滞了金属与介质间的物质传递，因而起到了一定的保护作用。此后，金属的氧化将通过氧向内扩散或金属离子向外扩散而进行。如果金属氧化物的熔点较低，或金属氧化物易挥发，则当金属处在较高温度下，由于氧化物流失或逸散，使金属表面不断暴露在氧化介质中，氧化便可迅速进行。因此，氧化膜的性质在某种程度上决定了金属的氧化过程。一般加热温度越高，金属氧化的速度越快。

2)钢的脱碳

钢是铁碳合金，碳以渗碳体的形式存在。所谓钢的高温脱碳是指在高温气体作用下，钢的表面在生产氧化皮的同时，与氧化膜相连的金属表面层发生渗碳体减少的现象。之所以发生脱碳，是因为在高温气体中含有 O_2、H_2O、CO_2、H_2 等成分时，钢中的渗碳体 Fe_3C 与这些气体发生如下反应：

$$Fe_3C + O_2 = 3Fe + CO_2 \uparrow$$

$$Fe_3C + CO_2 = 3Fe + 2CO \uparrow$$

$$Fe_3C + H_2O = 3Fe + CO \uparrow + H_2 \uparrow$$

脱碳使碳的含量减少，金属的表面硬度和抗疲劳强度降低。同时由于气体的析出，破坏了钢表面膜的完整性，使耐蚀性进一步降低。改变气体的成分以减少气体的侵蚀作用是防止钢脱碳的有效方法。

3）氢脆

氢脆泛指金属中溶入氢后所引起的一系列损伤而使金属力学性能劣化的现象。如静载下的滞后断裂（应力腐蚀）、钢中的发裂、白点、氢鼓泡等。金属在冶炼、加工过程中或在含氢的环境中，氢与钢材直接接触时被钢材物理吸附，氢分子分解为氢原子并被钢表面化学吸附。氢原子穿过金属表面层的晶界向钢材内部扩散，溶解在铁素体中形成固溶体。在此阶段中，溶在钢中的氢并未与钢材发生化学作用，也未改变钢材的组织，在显微镜下观察不到裂纹，钢材的抗拉强度和屈服点也无大改变，但是它使钢材塑性指标显著下降，钢材变脆，导致滞后断裂，降低疲劳抗力，甚至产生内应力。

4）氢腐蚀

氢腐蚀是金属在氢气环境和一定压力下，低碳钢或低合金钢在200～600℃时发生表面脱碳和皮下鼓泡或微裂纹的现象。氢腐蚀与环境中氢分压、温度、材料化学成分和组织状态、持久时间均有关系。

铁碳合金的氢腐蚀随着压力和温度的升高而加剧，这是因为高压有利于氢气在钢中的溶解，高温则加快氢气在钢中的扩散速度及脱碳反应的速度。例如，合成氨、石油加氢及合成苯的设备，由于反应介质是氢占很大比例的混合气体，而且这些过程又多是在高温高压下进行的，由此发生氢腐蚀。通常铁碳合金产生氢腐蚀有一起始温度和起始压力，它是衡量钢材抵抗氢腐蚀能力的一个指标。在奥氏体至铁素体相变时氢的溶解度降低，过饱和的氢和应力集中使钢产生内裂纹。在高温高压下的氢气中，钢件会发生表面脱碳，溶入的氢会使钢中的碳化物分解，生成甲烷气，由于甲烷的生成与聚集形成局部高压。

为了防止氢腐蚀的发生，可以降低钢中的含碳量，使其没有碳化物（Fe_3C）析出。也可在钢中加入合金元素如铬、钛、钼、钨、钒等，形成稳定的碳化物，不易与氢作用，也可以避免氢腐蚀。

5.3.1.2 电化学腐蚀

金属与电解质溶液间产生电化学作用所发生的腐蚀称电化学腐蚀。它的特点是在腐蚀过程中有电流产生。金属在电解质溶液中，在水分子作用下，使金属本身呈离子化，当金属离子与水分子的结合能力大于金属离子与其电子的结合能力时，一部分金属离子就从金属表面转移到电解液中，形成了电化学腐蚀。金属在各种酸、碱、盐溶液、工业用水等中的腐蚀，都属于电化学腐蚀。

1)腐蚀原电池

把锌片和铜片分别放入盛有稀 H_2SO_4溶液的同一容器中，并用导线通过电流表将两者相连，发现有电流通过。由于锌的电位较铜的电位低，电流是从高电位流向低电位，即是从铜板流向锌板。按照电化学中的规定，铜极应为正极，锌极应为负极。由于电子流动的方向刚好同电流方向相反，电子是从锌极流向铜极。在化学中规定：失去电子的反应为氧化反应，凡是进行氧化反应的电极叫作阳极；而得到电子的反应为还原反应，凡进行还原反应的电极就叫阴极。因此，在原电池中，低电位极为阳极，高电位为阴极。

阳极：锌失去电子而被氧化，发生如下反应：$Zn \longrightarrow Zn^{2+} + 2e$

阴极：酸中的氢离子接受电子而还原，成为氢气逸出：$2H^{+} + 2e \longrightarrow H_2 \uparrow$

由此可见，在上述反应中，锌不断地溶解而遭到破坏，即被腐蚀。金属发生电化学腐蚀的实质就是原电池作用。金属腐蚀过程中的原电池就是腐蚀原电池。锌铜电池示意图见图 5－5。

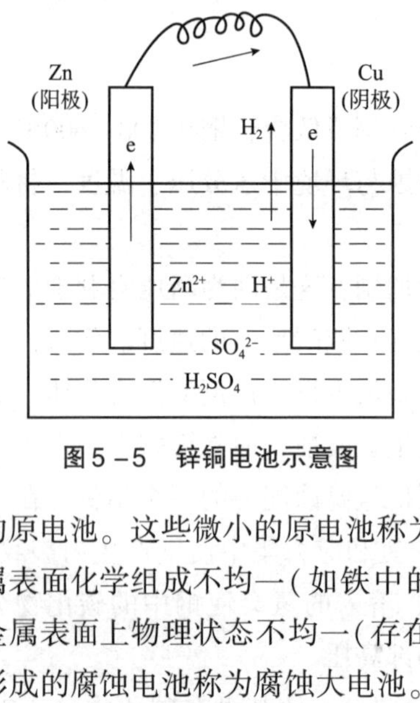

图 5－5　锌铜电池示意图

2)微电池与宏电池

当金属与电解质溶液接触时，在金属表面由于各种原因，造成不同部位的电位不同，使在整个金属表面有很多微小的阴极和阳极同时存在，因而在金属表面就形成许多微小的原电池。这些微小的原电池称为微电池。形成微电池的原因很多，常见的有金属表面化学组成不均一(如铁中的铁素体和碳化物)；金属表面上组织不均一；金属表面上物理状态不均一(存在内应力)等。不同金属在同一种电解质溶液中形成的腐蚀电池称为腐蚀大电池。例如，碳钢制造的轮船与青铜制造的推进器在海水中构成的腐蚀电池，造成船体钢板的腐蚀。同样，在碳钢法兰与不锈钢螺栓之间也会形成腐蚀。

3)浓差电池

一种金属制成的容器中盛有同一电解质溶液，由于在金属的不同区域、介质的浓度、温度、流动状态和 pH 值等的不同，也会产生不同区域的电极电位不同而形成腐蚀电池，导致腐蚀的发生，此种腐蚀电池称为浓差电池。在这种电池中，与浓度较小的溶液相接触的部分电位较负成为阳极，而与浓度较大的溶液相接触的部分电位较正成为阴极。

金属在电解质溶液中，无论是哪一种腐蚀，其电化学腐蚀过程都是由三个环节组成：在阳极区发生氧化反应，使得金属离子从金属本体进入溶液；在两极电位差作用下电子从阳极流向阴极；在阴极区，流动来的电子被吸收，发生还原反应。这三个环节互相联系、缺一不可，否则，腐蚀过程将会停止。

5.3.2 金属腐蚀损伤与破坏的形式

金属在各种环境条件下，因腐蚀而受到的损伤或破坏的形态是多种多样的。按照金属腐蚀破坏的形态可分为均匀腐蚀和局部腐蚀(非均匀腐蚀)。而局部腐蚀又可分为区域腐蚀、点腐蚀、晶间腐蚀等。各种腐蚀形式如图 5－6 所示。

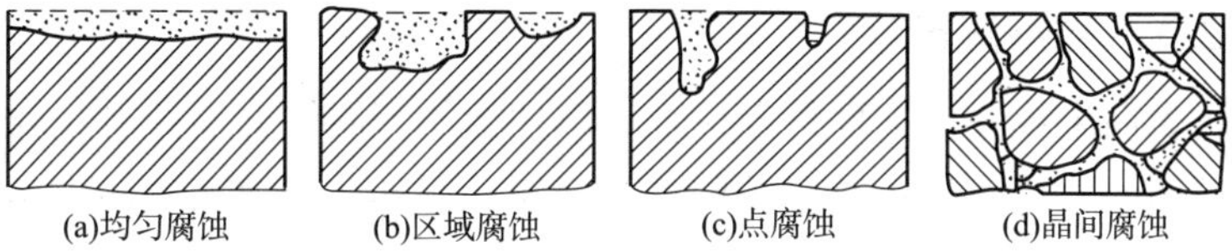

图 5－6 局部腐蚀形式

均匀腐蚀是腐蚀作用均匀地发生在整个金属表面，这是危险性较小的一种腐蚀，因为只要设备或零件具有一定厚度，其力学性能由腐蚀引起的改变并不大。

局部腐蚀只发生在金属表面上局部地方，因为整个设备或零件是依照最弱的断面强度而定的，而局部腐蚀能使强度大大降低，又常常无先兆、难预测，因此这种腐蚀是很危险的。

点腐蚀是钝性金属在含有活性离子的介质中发生的一种局部腐蚀。点腐蚀会导致设备或管线穿孔，物料泄漏，污染环境，容易引起火灾；在有应力时，蚀孔往往是裂纹的发源处。

晶间腐蚀是指金属或合金的晶粒边界受到腐蚀破坏的现象。金属是由许多晶粒组成，晶粒与晶粒之间称为晶间或晶界。当晶界或其临界区域产生局部腐蚀，而晶粒的腐蚀相对很小时，这种局部腐蚀形态就是晶间腐蚀。晶间腐蚀是沿晶粒边界发展，破坏了晶粒间的连续性，因而材料的机械强度和塑性急剧降低，而且这种腐蚀不易检查，易造成突发性事故，危害性极大。大多数金属或合金在特定的腐蚀介质中都可能发生晶间腐蚀，其中奥氏体不锈钢、铁素体不锈钢等均属于晶间腐蚀敏感性高的材料，如前面讲到的铬镍不锈钢与含氯介质接触，在 500 ~ 800℃时，有可能产生晶间腐蚀。

应力腐蚀是材料在腐蚀和一定拉应力的共同作用下发生的破裂。材料应力腐蚀对环境有高度选择性。例如，奥氏体不锈钢在含 Cl^- 的水中产生应力腐蚀，而在只含 NO_3^- 的水中不产生应力腐蚀；反之，普通碳钢在含 NO_3^- 的水中产生应力腐蚀，在含 Cl^- 的水中不产生应力腐蚀。另外在发生应力腐蚀的体系中必须存在拉应力。拉应力源于焊接、冷加工、热处理以及装配、使用过程中，多数破裂发生在焊接残余应力区。

5.3.3 金属设备的防腐蚀措施

为了防止化工生产设备被腐蚀，除选择合适的耐腐蚀材料制造设备外，还可以采用多种防腐蚀措施对设备进行防腐。

5.3.3.1 衬覆保护层

在金属表面生成一保护性覆盖层，可以使金属与腐蚀介质隔开，是防止金属腐蚀普遍采用的方法。保护性覆盖层分为金属涂层和非金属涂层两大类。

1)金属涂层

多数金属涂层采用电镀(镀铬、镀镍等)或热镀(镀铝、镀锌等)的方法制备，常见的其他方法还有喷镀法、渗镀法、化学镀等。由上述各方法制备的金属涂层一般都是有空隙的。

2)非金属涂层

非金属涂层大多数是隔离性涂层，它的作用是把被保护金属与腐蚀介质隔开。非金属涂层可分为无机涂层和有机涂层。

无机涂层指搪瓷或玻璃涂层、硅酸盐水泥涂层和化学转化涂层。搪瓷涂层用于制作化学工业的各种容器衬里，玻璃涂层在制药工业、酒厂、食品厂中应用广泛。采用硅酸盐水泥涂层的铸铁管和钢管在水溶液和土壤中使用寿命可达数十年。化学转化涂层又称化学膜，主要应用于铬酸盐处理膜、磷酸盐处理膜等。有机涂层包括涂料涂层、塑料涂层和硬橡皮涂层。涂料是一种流动性物质，能够在金属表面展开连续的薄膜，固化后即能将金属与介质隔开。塑料涂层是用层压法将塑料薄膜直接黏结在钢材表面加工而成。常用的塑料薄膜有丙烯酸树脂薄膜、聚氯乙烯薄膜等。硬橡皮涂层是将硬橡皮覆盖于钢材及其他金属表面，使其具有耐酸、耐腐蚀的特性，在许多化工设备中得到应用。硬橡皮涂层的缺点是受热后易变脆，因此只能在50℃以下使用。

5.3.3.2 电化学保护

根据金属腐蚀的电化学原理，如果把处于电解质溶液中的某些金属的电位提高，使金属钝化，人为地使金属表面生成难溶而致密的氧化膜，可降低金属的腐蚀速率。同样，如果使某些金属的电位降低，使金属难于失去电子，也可大大降低金属的腐蚀速率，甚至使金属的腐蚀完全停止。这种通过改变金属－电解质的电极电位来控制金属腐蚀的方法称为电化学保护法。电化学保护法包括阴极保护与阳极保护。

1) 阴极保护

阴极保护法是通过外加电流使被保护的金属阴极极化以控制金属腐蚀的方法。阴极保护法对防止在海水或河水中的金属设备的腐蚀非常有效，并已应用到石油、化工生产中海水腐蚀的冷却设备和各种输送管道等领域，如碳钢制海水箱式冷却槽、卤化物结晶槽、真空制盐蒸发器等。

阴极保护法可分为外加电流法和牺牲阳极法。

外加电流法是把被保护的金属设备与直流电源的负极相连，电源的正极和一个辅助阳极相连。当电源接通后，电源便给金属设备以阴极电流，使金属设备的电极电位沿负的方向移动，当电位降至腐蚀电池的阳极起始电位时，金属设备的腐蚀即可停止。在外加电流法中，辅助阳极的材料必须导电性好，在阳极极化状态下耐腐蚀，有较好的机械强度，容易加工，成本低来源广。常用的有石墨、硅铸铁、镀铂钛、镍、铅银合金和钢铁等。

牺牲阳极法是在被保护的金属上连接一块电位更负的金属作为牺牲阳极。由于外接的牺牲阳极的电位比被保护的金属更负，更容易失去电子，它输出阴极的电流使被保护的金属阴极极化。图 5－7 为阴极保护示意图。

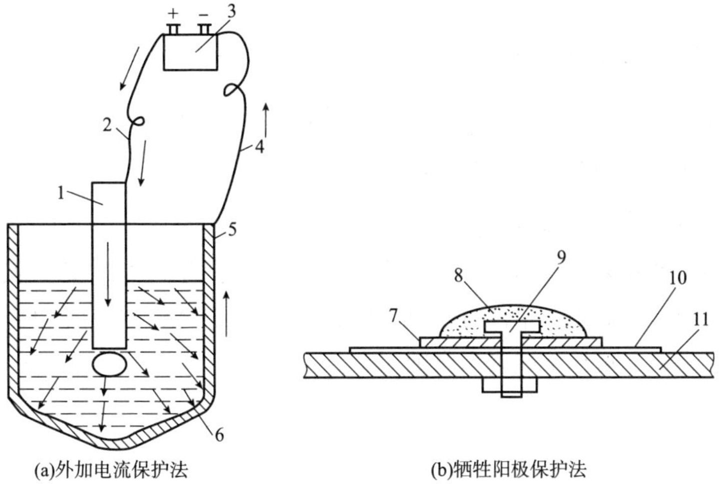

(a)外加电流保护法　　(b)牺牲阳极保护法

图 5－7　阴极保护示意图

1—辅助阳极；2，4—导线；3—直流电源；5—被保护金属；6—溶液；7—垫片；8—牺牲阳极；9—螺栓；10—涂层；11—设备

2)阳极保护

阳极保护是把被保护设备与外加的直流电源阳极相连，在一定的电解质溶液中，把金属的阳极极化到一定电位，使金属表面生成钝化膜，从而降低金属的腐蚀作用，使设备受到保护。阳极保护只有当金属在介质中能钝化时才能应用，否则，阳极极化会加速金属的阳极溶解。阳极保护应用时受条件限制较多，且技术复杂，使用得不多。

5.3.3.3　腐蚀介质处理

在对金属进行防腐处理时，还可以通过改变介质的性质，降低或消除对金属的腐蚀作用。例如，加入能降低腐蚀速率的物质——缓冲剂。所谓缓冲剂就是能够阻止或减缓金属在环境介质中腐蚀的物质。加入的缓蚀剂不应该影响化工工艺过程的进行，也不应该影响产品质量。一种缓冲剂对各种介质的效果是不一样的。对某种介质能起缓蚀作用，对其他介质则可能无效，甚至是有害的。因此，需严格选择合适的缓蚀剂。选择缓蚀剂的种类和用量，须根据设备所处的具体操作条件通过试验来确定。

缓蚀剂有重铬酸盐、过氧化氢、磷酸盐、亚硫酸钠、硫酸锌、硫酸氢钙等无机缓蚀剂，也有有机胶体、氨基酸、酮类、醛类等有机缓蚀剂。

按使用情况分三种：在酸性介质中常用硫脲、若丁(二邻甲苯硫脲)、乌洛托平(六亚甲基四胺)；在碱性介质中常用硝酸钠；在中性介质用重铬酸钠、亚硝酸钠等。

5.3.4　金属腐蚀的评定方法

金属腐蚀的评定方法多种多样。均匀腐蚀速率常用单位时间内单位面积的腐蚀质量或单位时间的腐蚀深度来评定。

5.3.4.1　根据质量变化评定金属腐蚀

根据质量变化表示金属腐蚀速率的方法应用极为广泛。它是通过实验的方法测出试件在单位表面积、单位时间腐蚀而引起的质量变化。当测定试件在腐蚀前后质量减少之后，可用下式表示腐蚀速率：

$$K = \frac{p_0 - p_1}{A \times t} \tag{5-1}$$

式中　K——腐蚀速率，$g/(m^2 \cdot h)$；

p_0——腐蚀前试件的质量，g；

p_1——腐蚀后试件的质量，g；

A——试件与腐蚀介质接触的面积，m^2；

t——腐蚀作用的时间，h。

由质量变化来表示金属腐蚀速率的方法只能用于均匀腐蚀，并且只有当能很好地除去腐蚀产物而不致损害试件主体金属时，结果才能准确。

5.3.4.2　根据腐蚀深度评定金属的腐蚀

根据质量变化表示腐蚀速率时，没有考虑金属的密度，因此当质量损失相同时，密度不同的金属其截面尺寸的减少则不同。为了表示腐蚀前后尺寸的变化，常用金属厚度的减少量，即腐蚀深度来表示腐蚀速率。按腐蚀深度评定金属的耐腐蚀性能有三级标准，见表5-5。

表5-5　耐腐蚀性能评定标准

耐腐蚀性能	腐蚀级别	耐腐蚀速率/(mm/a)
耐蚀	1	<0.10
耐蚀、可用	2	1~1.0
不耐蚀、不可用	3	>1.0

5.4　化工设备材料的选择

导致金属材料腐蚀的原因和影响金属材料腐蚀的因素复杂多变，因此，金属材料的防腐技术应根据各种情况进行具体分析。每一种防腐技术方法，都有一定的适用范围和应用条件。在一些特殊的环境中，采用一种防腐蚀方法其防腐效果不佳，我们可以采用两种甚至三种防腐措施。因此，针对一个具体的装置或者构件，究竟采用哪种防腐措施，主要应该从其腐蚀原因、环境条件、施工难易程度以及经济成本等各方面综合考虑，不能简单地一概而论。

在设计和制造化工设备时，合理选择和正确使用材料是十分重要的。这不仅要从设备结构、制造工艺、使用条件和寿命等方面考虑，而且还要从设备工作条件下材料的物理性能、力学性能、耐腐蚀性能及材料的经济性等方面综合考虑。

5.4.1　材料的物理、力学性能

在化工设备设计中，材料的选择应首先从强度、塑性、韧性及冷弯性能等多方面综合考虑。屈服极限、抗拉强度是决定钢板许用应力的依据。材料的强度越高，容器的强度尺寸(如壁厚)就越小，从而可以节省金属用量；但强度较高的材料，塑性、韧性一般较低，制造困难。因此，要根据设备具体工作条件和技术

经济指标来选择适宜的材料。可以参考以下原则：一般中、低压设备可采用屈服强度为 235MPa 到 345MPa 级的钢种。直径较大、压力较高的设备，最好采用普低钢，强度级别宜用 400MPa 级或以上。如果容器的操作温度超过 400℃，还需考虑材料的蠕变强度和持久强度。

制造设备使用板材的延伸率是塑性的一个主要指标，直接关系到容器制造时的冷加工及焊接等。过低的延伸率将使容器的塑性储备的安全性降低，为此，压力低于14% ~18%时，加工时应特别注意。钢管所用钢材不宜采用强度级别过高的钢种，因为钢管的强度不是使用中的主要问题，弯管率却很关键，故要求钢材塑性好。

5.4.2 材料的耐腐蚀性

腐蚀是金属材料受外界环境的作用而发生的破坏。不同的金属材料，其耐腐蚀性也不同。金属材料的耐腐蚀性与金属元素的化学性质、合金的组分以及金属材料受到的应力与形变的情况都有关系。针对设备的工艺用途和工况条件所决定的腐蚀性介质，选用适宜的耐腐蚀材料是防止或减轻腐蚀最简便有效的措施。因此，首先应了解设备使用的环境和工况条件，了解腐蚀介质的成分、浓度，杂质种类及其含量，生产设定的流速、温度及温度差异，腐蚀介质的导电性，腐蚀介质的 pH 值以及环境的应力状态。近年来有学者研究了 316L、2520、304、321 等金属材料在不同介质中的耐腐蚀性能。例如，梁斌等研究了 2520 双向不锈钢和 316L 奥氏体不锈钢在醋酸介质中的耐腐蚀性能；刘佐嘉发现在相同条件下 2205 不锈钢的耐腐蚀性能要比 316L 好得多；谭集艳等发现氧化法精制对苯二甲酸装置系统介质中 316L 和 2520 不锈钢的耐腐蚀性能要比 304 好；樊玉光等采用电化学方法研究了 22Cr 双相不锈钢和 316L 普通奥氏体不锈钢在 H_2SO_4 和 HCl 溶液、含甲酸的 50% HAC、含 HF 和氯离子的磷酸溶液中的耐腐蚀性，结果表明 22Cr 双相不锈钢的耐均匀腐蚀性能优于 316L 普通奥氏体不锈钢；冯勇等采用电化学法、腐蚀失重法和慢应变速率拉伸应力腐蚀研究了国产 825 合金在 HCl、NaOH 和 NaCl 溶液中的耐腐蚀性能；熊惠等采用化学浸泡法和电化学方法研究了 22Cr 双相不锈钢在油田地面环境下的缝隙腐蚀状况；李强等用电化学方法研究了水质中的 Cl^-、NH_4^+、化学需氧量（COD）和 pH 值对 316L 不锈钢耐腐蚀性的影响。任何材料都不是完美的，在选材时要综合考虑材料的耐腐蚀性能、力学性能和机械加工性能，同时也要考虑材料的可靠性与经济性。

对于腐蚀性介质，应当尽可能采用各种节镍无镍不锈钢。设计任何设备，在选材时都应进行认真调查与分析研究。关于材料耐腐蚀性，可参考表 5 –6。

表 5-6 各种腐蚀介质中不同材料的耐腐蚀性

材料	硝酸		硫酸		盐酸		氢氧化钠		硫酸铵		硫化氢		尿素		氨	
	%	℃	%	℃	%	℃	%	℃	%	℃	%	℃	%	℃	%	℃
灰铸铁	—	—	70~100 (80~100)	20 70	—	—	(任)	(480)	—	—	/	/	—	—	/	/
高硅铁 S1-15	≥40 <40	≤沸 <70	50~100	<120	(<35)	(30)	(34)	(100)	耐	耐	潮湿	100	耐	耐	(25)	沸
碳钢	—	—	70~100 (80~100)	20 70	—	—	≤35 ≥70 100	120 260 480	—	—	80	200	—	—	/	(70)
18-8 型不锈钢	<50 (60~80) 95	沸 (沸) 40	80~100 (<10)	<40 (<40)	—	—	≤70 (熔体)	100 (320)	(饱)	250	/	100	/	/	溶液与气体	100
铝	(80~95) >95	(30) 60	—	—	—	—	—	—	10	20	/	100	/	/	气	300
铜	—	—	<50 (80~100)	60 (20)	(<27))	(55)	50	35	(10)	(40)	—	—	/	/	—	—
铅	—	—	<60 (<90)	<80 (90)	—	—	—	—	(浓)	(110)	干燥气	20	/	/	气	300
钛	任	沸	5	35	<10	<40	10	沸	/	/	/	/	耐	耐	/	/

注:表中数据及文字为材料腐蚀的一般条件,其中,带“/”为尚耐蚀:“—”为不耐蚀;“任”为任意浓度,“沸”为沸温度;“饱”为饱和温度;熔体为熔融体。

例如，某磷肥厂需设计一个浓硫酸储罐，容积为 $40m^3$。材料可选灰铸铁、高硅铸铁、碳钢、铬镍不锈钢和碳钢用瓷砖衬里等。考虑设备可能连续使用或间歇使用，使用情况不同，腐蚀情况也不同。间歇使用，罐内硫酸时有时无，遇到潮湿天气，罐壁上的酸可能吸收空气中的水分而变稀。这样腐蚀情况又严重得多。从耐硫酸角度考虑，灰铸铁、高硅铸铁、碳钢和不锈钢都能使用，但灰铸铁、高硅铸铁抗拉强度低、质脆，不能铸造大型设备，故不宜采用。碳钢的机械强度高、质韧，焊接性能好，但稀硫酸对碳钢腐蚀严重，故也不能采用。不锈钢虽然各种性能都比较好，但价格比较贵，焊接加工要求较高。综合以上分析，碳钢做罐壳以满足机械强度、内衬非金属以解决耐腐蚀问题是较合适的材料选择方案。

5.4.3 材料的经济性

在确保设备使用性能的前提下，选材时应充分考虑其经济性。不同材料的成本差异可能会对整体项目的预算产生重要影响，因此，合理选择材料不仅能满足性能需求，还能有效控制成本。在此过程中，碳钢与普通低碳钢因其较为低廉的价格，成为常见的经济型材料选择。在满足设备的耐腐蚀性能和力学性能的要求下，优先考虑选用这些材料，可以在保证设备功能和安全性的同时，降低生产和采购成本。

此外，选材时还应考虑材料的生产与供应情况，确保所选材料在生产过程中能够顺利供应，避免因供应链问题导致生产延期或成本上升。在具体实施时，建议因地制宜，根据当地的生产能力、市场供应以及运输成本等因素，选择最合适的材料。同时，品种的选择应尽量精简并集中，以提高采购的效率，降低库存管理的难度，从而进一步优化生产管理和供应链运作，最终实现成本控制与资源的合理配置。

5.4.4 其他方面

一般设备包括储罐、冷凝器、分离器等设备，这类设备的共同点在于运行过程中，设备中的压力较低，所以在这类设备的设计和建造过程中，压力容器的材料选择应考虑容器的操作条件、腐蚀情况及制造加工要求，材料的承压性能要求不高，但是在具体的设计过程中，也需要满足相关条件。通常情况下，当钢板厚度不高于 8mm 时，可采用碳素钢进行设备建造。对于承力构件，选择的材料为普通碳素钢；对于需要拥有很高强度的设备，在材料的选择过程中需要按照压力、温度以及介质条件进行钢材选择，从而让这些钢材能够发挥应有的承力性能。

依照 GB/T 150.1—2024《压力容器　第 1 部分：通用要求》的规定，并按 GB/T 713.1—2023《承压设备用钢板和钢带　第 1 部分：一般要求》与 NB/T 47008—2017《承压设备用碳素钢和低合金钢锻件》的规定选用压力容器材料。由于强度级别低的普低钢的价格与碳素钢相近，但强度比碳素钢高很多，为了节省材料，中、高压容器应优先选用普通低合金钢(16MnR、15MnVR)。另外，以刚度为主的常、低压容器或承受疲劳载荷作用的场合，采用强度级别高的材料是不经济的。

参考文献

[1]刘立涛，王优强．抽油杆和油管偏磨腐蚀的研究进展[J]．河南石油，2006(2)：70－72.

[2]耿香月．工程材料学[M]．天津：天津大学出版社，2002.

[3]安阁英．铸件形成理论[M]．北京：机械工业出版社，1990.

[4]张振永．油气管道焊接材料设计用量计算[J]．油气储运，2004(7)：38－41，69.

[5]宋生奎，朱坤锋，朱鸣．输油管道腐蚀的修复方法[J]．安全、健康和环境，2006(1)：23－26.

[6]黄建中，左禹．材料的耐蚀性和腐蚀数据[M]．北京：化学工业出版社，2003.

[7]李颖川．采油工程[M]．北京：石油工业出版社，2001.

[8]叶仲斌．提高采收率原理[M]．北京：石油工业出版社，2007.

[9]高瑾，米琪．防腐蚀涂料与涂装[M]．北京：中国石化出版社，2018.

[10]毛信孚，傅莉．地质钻杆摩擦焊接组织和力学性能[J]．理化检验：物理分册，2005(5)：230－232.

[11]王仲茂，王怀彬，胡之力．高新采油技术[M]．北京：石油工业出版社，1998.

[12]陈军海，金衍，陈勉，等．套管钻井技术进展与应用前景分析[J]．石油天然气学报，2007(3)：444－446，521.

[13]于占军，刘国辉，蓝宗军．柔性抽油杆断损故障的处理方法[J]．设备管理与维修，2005(2)：24－25.

第6章　热能设备用材

6.1　热能设备简介

6.1.1　常见热能设备

6.1.1.1　锅炉

锅炉是一种能量转换设备，向锅炉输入的能量有燃料中的化学能、电能，锅炉输出具有一定热能的蒸汽、高温水或有机热载体。锅的原意指在火上加热的盛水容器，炉指燃烧燃料的场所，锅炉包括锅和炉两大部分。锅炉中产生的热水或蒸汽可直接为工业生产和人民生活提供所需热能，也可通过蒸汽动力装置转换为机械能，或再通过发电机将机械能转换为电能。提供热水的锅炉称为热水锅炉，主要用于生活，工业生产中也有少量应用。产生蒸汽的锅炉称为蒸汽锅炉，常简称为锅炉，多用于火电站、船舶、机车和工矿企业。

锅炉的分类方法很多，可以按锅炉的用途分，也可以按锅炉的结构、使用燃料种类、容量分，还可以按锅炉的压力、水循环形式及装置形式分。

1)按锅炉用途分类

按锅炉用途可分为热能动力锅炉和供热锅炉。热能动力锅炉包括电站锅炉、船舶锅炉和机车锅炉等，用于发电、船舶动力和机车动力。供热锅炉包括蒸汽锅炉、热水锅炉、热管锅炉、热风炉和载热体加热炉等，相应地得到蒸汽、热水、热风和载热体等。

2)按锅炉结构分类

按锅炉结构分，主要分为火管锅炉和水管锅炉。火管锅炉包括立式锅炉和卧式锅炉，水管锅炉包括横水管锅炉和竖水管锅炉。

3)按锅炉用燃料种类分类

按锅炉用燃料种类分为燃煤锅炉、燃油锅炉和燃气锅炉，以及燃煤锅炉的升级技术、油气炉的替代产品——煤粉锅炉、煤气双用锅炉等。燃煤锅炉按燃烧方式可以分为层燃锅炉、室燃锅炉和沸腾锅炉。

4）按锅炉容量分类

蒸发量小于20t/h的称为小型锅炉，蒸发量大于75t/h的称为大型锅炉，蒸发量介于两者之间的称为中型锅炉。

5）按锅炉压力分类

2.5MPa以下的锅炉称为低压锅炉，6.0MPa以上的称为高压锅炉，压力介于两者之间的称为中压锅炉。此外，还有超高压锅炉、亚临界锅炉和超临界锅炉。

6）按锅炉水循环形式分类

按锅炉水循环形式可以分为自然循环锅炉和强制循环锅炉（包括直流锅炉）。

7）按锅炉装置形式分类

按锅炉装置形式可以分为快装锅炉、组装锅炉和散装锅炉。此外，还有壁挂锅炉、真空锅炉和模块锅炉等形式。

6.1.1.2 换热器

换热器，是将热流体的部分热量传递给冷流体的设备，又称热交换器。换热器在化工、石油、动力、食品及其他许多工业生产中占有重要地位，在化工生产中换热器可作为加热器、冷却器、冷凝器、蒸发器和再沸器等使用，应用广泛。

换热器在石油、化工、轻工、制药、能源等工业生产中，常常用于把低温流体加热或者把高温流体冷却，把液体汽化成蒸气或者把蒸气冷凝成液体。换热器既可是一种单元设备，如加热器、冷却器和凝汽器等，也可是某一工艺设备的组成部分，如氨合成塔内的换热器。换热器是化工生产中重要的单元设备，根据统计，热交换器的吨位约占整个工艺设备的20%，有的甚至高达30%，其重要性可想而知。

一般换热器都用金属材料制成，其中碳素钢和低合金钢大多用于制造中、低压换热器；不锈钢除主要用于不同的耐腐蚀条件外，奥氏体不锈钢还可作为耐高、低温换热器的材料；铜、铝及其合金多用于制造低温换热器；镍合金则用于高温条件下；非金属材料除制作垫片零件外，有些已开始用于制作非金属材料的耐蚀换热器，如石墨换热器、氟塑料换热器和玻璃换热器等。

6.1.1.3 冷却塔

冷却塔是用水作为循环冷却剂，从一个系统中吸收热量排放至大气中，以降低水温的装置，利用水与空气流动接触后进行冷热交换产生蒸汽，蒸汽挥发带走热量达到蒸发散热、对流传热和辐射传热等目的，以散去工业上或制冷空调中产生的余热来降低水温，以保证系统的正常运行，装置一般为塔状，故名为冷却塔。

冷却塔是集空气动力学，热力学，流体学，化学，生物化学，材料学，静、动态结构力学和加工技术等多种学科于一体的综合产物。水质为多变量的函数，冷却更是多因素、多变量与多效应综合的过程。

外置式水轮机冷却塔顾名思义，其主要设备是安装在冷却塔风筒外面的水轮机。外置式水轮机主要部件是304#不锈钢叶轮、316L不锈钢主轴、蜗壳主机采用碳钢。导叶轮是能量转换的重要部件，循环水进入叶轮前，通过导叶轮时产生旋流，进一步提高了叶轮的能量转换效率。水轮机基础为900mm×900mm上、下两块钢板，采用双头螺栓可调节位置(便于维护维修)。水轮机的重量设计与传统型电机重量相似，确保了两者的匹配性。它与风筒内减速箱以及传动软连接等部件共同构成了一个协调的系统。

冷却塔外置式水轮机，由于安装在冷却塔风筒外面电机位置，无任何空间局限，外置式水轮机叶轮直径、片数及形状、角度可根据客户的实际情况放大设计，增加扭力提高转换效率。通过对不同的流量、压力的系统设计，以达到最完美的传动转换比例，实现冷却塔风机转速大于或等于原电机驱动的风机转速。外置式水轮机呈蜗牛形状，采用仿生学蜗牛状效应减少循环水的冲击力和振动率。

6.1.1.4 太阳能设备

太阳能的利用涉及的技术问题很多，但根据太阳能的特点，具有共性的技术主要有四项，即太阳能采集、太阳能转换、太阳能储存和太阳能传输，将这些技术与其他相关技术结合在一起，便能进行太阳能的实际利用——光热利用、光电利用和光化学利用。

太阳能的热利用主要有以下方面。

1)太阳能空调降温

太阳能空调降温研究工作重点是寻找高效吸收和蒸发的材料，优化系统热特性，建立数学模型和计算机程序，研究新型制冷循环等。

2)太阳能热发电

太阳能热发电是利用集热器将太阳辐射能转换成热能并通过热力循环过程进行发电，是太阳能热利用的重要方面。

3)太阳房

太阳房是直接利用太阳辐射能的重要方面。通过建筑设计把高效隔热材料、透光材料、储能材料等有机地集成在一起，使房屋尽可能多地吸收并保存太阳能，达到房屋采暖的目的。太阳房可以节约75%～90%的能耗，并具有良好的环境效益和经济效益，成为各国太阳能利用技术的重要方面。被动式太阳房平均每平方米建筑面积每年可节约20～40kg标准煤，用于蔬菜和花卉种植的太阳能温室在中国北方地区被较多采用。全国太阳能温室面积总计约700万亩，发挥着较好的经济效益。我国在相关的透光隔热材料、带涂层的控光玻璃、节能窗等领域没有商业化，使太阳房的应用受到限制。

4）太阳灶

我国目前大约有15万台太阳灶在使用中。太阳灶表面可以加涂一层光谱选择性材料，如二氧化硅之类的透明涂料，以改变阳光的吸收与发射。最普通的反光镜为镀银或镀铝玻璃镜，也有铝抛光镜面和涤纶薄膜镀铝材料等，提高太阳灶的效率。每个太阳灶每年可节约300kg标准煤。

6.1.2　热能设备常用材料

6.1.2.1　绝热材料

绝热材料是指能阻滞热流传递的材料，又称热绝缘材料。传统绝热材料，如玻璃纤维、石棉、岩棉、硅酸盐等；新型绝热材料，如气凝胶毡、真空板等。它们用于建筑围护或者热工设备、阻抗热流传递的材料或者材料复合体，既包括保温材料，也包括保冷材料。绝热材料一方面满足了建筑空间或热工设备的热环境，另一方面也节约了能源。因此，有些国家将绝热材料看作继煤炭、石油、天然气、核能之后的“第五大能”。

绝热材料分为多孔材料、热反射材料和真空绝热材料三类。多孔材料利用材料本身所含的孔隙隔热，因为空隙内的空气或惰性气体的导热系数很低，如泡沫材料、纤维材料等；热反射材料具有很高的反射系数，能将热量反射出去，如金、银、镍、铝箔或镀金属的聚酯、聚酰亚胺薄膜等；真空绝热材料是利用材料的内部真空达到阻隔对流来隔热。航空航天工业对所用隔热材料的重量和体积要求较为苛刻，往往还要求它兼有隔音、减振、防腐蚀等性能。各种飞行器对隔热材料的要求不尽相同。飞机座舱和驾驶舱内常用泡沫塑料、超细玻璃棉、高硅氧棉、真空隔热板来隔热。导弹头部用的隔热材料早期是酚醛泡沫塑料，随着耐温性好的聚氨酯泡沫塑料的应用，又将单一的隔热材料发展为夹层结构。导弹仪器舱的隔热方式是在舱体外蒙皮上涂一层数毫米厚的发泡涂料，在常温下作为防腐蚀涂层，当气动加热达到200℃以上时，便均匀发泡而起到隔热作用。人造地球卫星是在高温、低温交变的环境中运动，须使用高反射性能的多层隔热材料，一般是由几十层镀铝薄膜、镀铝聚酯薄膜、镀铝聚酰亚胺薄膜组成。另外，表面隔热瓦的研制成功解决了航天飞机的隔热问题，同时也标志着隔热材料发展到更高水平。

6.1.2.2　导热材料

1）热设计

热设计作为一个专门的学科成功地解决了设备中热量的损耗或保持问题。在热设计中往往需要考虑功率器件与散热器之间的热传导问题。合理选择热传递介质，不仅要考虑其热传递能力，还要考虑生产中的工艺、维护操作性、优良的性价比。

导热材料是近年来针对设备的热传导要求而设计的，性能优异、可靠。它们适合各种环境和要求，对可能出现的导热问题都有妥善的对策，对设备的高度集成，以及超小超薄提供了有力的帮助，石墨烯等导热产品已经越来越多地应用到各种产品中，提高了产品的可靠性。

(1)相变导热绝缘材料

利用基材的特性，在工作温度中发生相变，从而使材料更加贴合接触表面，同时也获得了超低的热阻，更加彻底地进行热量传递，是 CPU、模块电源等重要器件的可靠选择。

(2)导热导电衬垫

导热导电衬垫是特殊工艺和先进技术的结晶，其超乎寻常的导热能力和较低的电阻使其成为特殊场合使用的材料，其热传导能力和材料本身具备的柔韧性，很好地贴合了功率器件的散热和安装要求。

(3)热传导胶带

广泛应用在功率器件与散热器之间的粘接，能同时实现导热、绝缘和固定的功能，能有效减小设备的体积，是降低设备成本的有利选择。

(4)导热绝缘弹性橡胶

具有良好的导热能力和高等级的耐压性，符合目前电子行业对导热材料的需求，是替代硅脂导热膏加云母片的二元散热系统的最佳产品。该类产品安装便捷，利于自动化生产和产品维护，是极具工艺性和实用性的新型材料。

(5)柔性导热垫

一种较厚的导热衬垫，专门为利用缝隙传递热量的设计方案而生产，能够填充缝隙，完成发热部位与散热部位的热传递，同时还能起到减振、绝缘、密封等作用，能够满足设备小型化、超薄化的设计要求。

(6)导热填充剂

也可以作为导热胶使用，不仅具有导热的功效，也是粘接、密封、灌封的上佳材料。通过对接触面或罐状体的填充，传导发热部件的热量。

(7)导热绝缘灌封胶

导热绝缘灌封胶适用于对散热性要求高的电子元器件的灌封。该胶固化后导热性能好，绝缘性优，电气性能优异，粘接性好，表面光泽性好。

2)导热绝缘弹性橡胶

导热绝缘弹性橡胶采用硅橡胶基材，氮化硼、氧化铝等陶瓷颗粒作为填充剂，导热效果非常好。同等条件下，热阻抗要小于其他导热材料。具有柔软、干净、无污染和放射性、高绝缘性的特点，玻璃纤维加固提供了良好的机械性能，能够防刺穿、抗剪切、抗撕裂，可带导热压敏背胶。导热橡胶的导热性能不仅和导热材料的厚度有关，还和导热材料的使用面积有关。由于导热材料的结构关系，一般情况下，导热材料还会和受到的压力大小有关系。压力大，导热能力就会强。一般导热材料受到的压力在5～100psi，大多数散热器的安装压力不会超过250psi。

氧化铝导热橡胶：导热性好，外形美观，广泛用于通信等产品的散热。

氮化硼导热橡胶：导热性能优异，适用大功率器件散热，相同条件下与普通导热材料相比，可使器件温度低20℃以上。

6.1.2.3 耐火材料

耐火材料为耐火度不低于1580℃的一类无机非金属材料。耐火度是指耐火材料锥形体试样在没有荷重情况下，抵抗高温作用而不软化熔倒的摄氏温度。但仅以耐火度来定义已不能全面描述耐火材料了，1580℃并不是绝对的。现定义为凡物理化学性质允许其在高温环境下使用的材料均称为耐火材料。耐火材料广泛用于冶金、化工、石油、机械制造、硅酸盐、动力等工业领域，在冶金工业中用量最大，占总产量的50%～60%。

经常使用的特殊材料有AZS砖、刚玉砖、直接结合镁铬砖、碳化硅砖、氮化硅结合碳化硅砖、氮化物、硅化物、硫化物、硼化物、碳化物等非氧化物耐火材料；氧化钙、氧化铬、氧化铝、氧化镁、氧化铍等氧化物耐火材料。经常使用的隔热耐火材料有硅藻土制品、石棉制品、绝热板等。经常使用的不定形耐火材料有补炉料、捣打料、浇注料、炉料可塑料、耐火泥、喷补料、投射料、涂料、轻质耐火浇注料、炮泥等。

散状耐火材料(不定形耐火材料)：由合理级配的粒状和粉状料与结合剂共同组成的不经成型和烧成而直接供使用的耐火材料。通常，对构成此种材料的粒状料称骨料，对粉状料称掺和料，对结合剂称胶结剂。这类材料无固定的外形，可制成浆状、泥膏状和松散状，因而也称为散状耐火材料。用此种耐火材料可构成无接缝的整体构筑物，故还称为整体耐火材料。

不定形耐火材料的基本组成是粒状和粉状的耐火物料。依其使用要求，可由各种材质制成。为了使这些耐火物料结合为整体，除极少数特殊情况外，一般皆加入适当品种和数量的结合剂。为改进其可塑性或减少用水量，可加入少量增塑减水剂，为满足其他特殊要求，还可分别加入少量其他外加剂。

6.1.2.4 吸热材料

1)电镀涂层

①黑铬涂层：黑铬涂层的吸收比 α 和发射比 ε 分别为0.93～0.97和0.07～

0.15，α/ε 为6～13，具有优良的光谱选择性。黑铬涂层的热稳定性和抗高温性能也很好，适用于高温条件，在300℃能长期稳定工作。此外，黑铬涂层还具有较好的耐候性和耐腐蚀性。但是，现在采用的电镀黑铬工艺，电流密度大(15～200A/dm^2)，溶液导电性差，电镀时会产生大量的焦耳热，须冷却和通风排气才能维持正常生产。另外，黑铬镀在非铜件上，需要先预镀铜，再镀光亮镍，最后镀黑铬，生产成本较高。

②黑镍涂层：黑镍涂层组成随电镀液沉积条件变化，黑镍的电镀液分为两类，即硫酸锌电镀液和含钼酸盐类电镀液。由第一类镀液获得的黑镍涂层含镍40%～60%，含锌约20%～30%。黑镍涂层吸收比 α 达0.93～0.96，发射比 ε 为0.08～0.15，α/ε 接近6～12。其吸收性能较黑铬涂层薄，为提高涂层与基体结合力、耐蚀性，采用间涂层(NiCuCd)或双层镍涂层。由于黑镍涂层热稳定性、耐蚀性较差，通常适用于低温太阳能热利用。

③黑钴涂层：黑钴涂层主要为CoS，呈蜂窝形网状结构。其吸收比 α 达0.94～0.96，发射比 ε 达0.12～0.14，α/ε 为6.7～8。

2)电化表面转化涂层

①铝阳极氧化涂层：铝及铝合金的阳极氧化可在硫酸介质中进行，但在太阳能热利用中，主要用磷酸介质。铝氧化涂层着色有多种工艺，其中电解着色工艺获得的涂层，具有牢固、稳定、耐晒等优良特性，并且可进行大规模生产。铝阳极氧化涂层是一种多孔膜，孔隙率达22%，电解着色时金属易沉积在微孔中。用于电解着色的金属盐类有镍盐、锡盐、钴盐和铜盐等。北京市太阳能研究所研制的铝阳极氧化涂层，先在 H_3PO_4 溶液中获得氧化膜，再在 $NiSO_4$ 溶液中进行电解着色，其吸收比 α 为0.92～0.96，发射比 ε 为0.1～0.2，具有良好的选择吸收特性。铝阳极氧化涂层，耐蚀、耐磨和耐光照等性能也相当好，在太阳能热水器中已得到广泛应用。

②CuO转化涂层：以阳极氧化法制取的CuO转化涂层，NaOH电解液的浓度为1mol/L，电流密度为2mA/cm^2，温度为50～57℃。涂层的吸收比 α 可达0.88～0.95，发射 ε 比为0.15～0.30。这种CuO涂层有一层黑色绒面，一旦保护不好，就会导致吸收比降低。

③钢阳极氧化涂层：阳极氧化工艺，在钢的表面可形成阳极氧化涂层，其吸收比 α 达0.92～0.94，发射比 ε 为0.31～0.32，抗紫外线和耐潮湿性能良好。

3)真空镀涂层

可以采用真空蒸发和磁控溅射技术制备选择吸收性能优良的涂层，后者的设备比较简单，工艺控制方便，容易在大面积上获得均匀一致的涂层。目前，国内生产的全玻璃真空集热管和热管真空集热管都采用磁控溅射技术制备吸收涂层。

磁控溅射技术制备的涂层，其性能与涂层的材料结构及工艺有密切关系。清华大学生产的全玻璃真空集热管，在管壁上沉积得到的是多层 AL－N/AL 选择性吸收涂层，其吸收比 α 为 0.92，发射比 ε 为 0.06（100℃），性能良好。

4）涂料型涂层

①涂料型太阳能吸收涂层：一种漫射光学表面，表面由颜料和黏结剂两部分组成。

PbS 涂层以 0.1μm 枝蔓状晶体 PbS 为颜料，用乙丙橡胶或氟树脂作黏结剂，配制成涂料，喷涂于抛光的镀锌铁皮上，厚度约 0.6mg/cm^2，这种 PbS 涂层的吸收比 α 约为 0.85～0.91，发射比 ε 约为 0.23～0.40，耐热温度在 280℃以上。该涂层制备简单，光学性能较好，但枝蔓状 PbS 会逐渐氧化变成白色 $PbSO_4$，从而失去光热转换功能。同时 PbS 的防锈能力也较差，主要是因为涂层太薄（1mg/cm^2 以下）。如果采用钢板作基体，喷涂前需先在金属上电镀一层防锈金属保护层。

②过渡金属复合氧化物涂层：用带羟基的丙烯酸树脂改性硅氧烷低聚物作黏结剂，以 $FeMnCuO_x$ 作颜料的涂层，吸收比 α 可达 0.96，发射比 ε 约为 0.4。采用酞菁绿和自制的铁铜复合氧化物——Fe_3CuO_5 为颜料，以丙烯酸树脂为黏结剂，以乙酸乙酯、乙酸丁酯和二甲苯混合物为溶剂，采用多次喷涂法，在钢板底材上涂层厚度不超过 3μm。该涂层的吸收比 α 为 0.94～0.96，发射比 ε 为 0.37～0.39。该涂层成本低，性能较好，装饰性强，适合在太阳房和热水器上应用。

6.1.2.5 储热材料

太阳能热发电储热子系统是太阳能热发电系统的一个重要的组成部分，目前仍处于实验阶段。太阳能热发电存在槽式、塔式、碟式三种聚热方式，各种聚热方式工作温度不同，储热方式多样，所以现阶段研究的储热材料的种类很多，如浇注料、混凝土储热材料、矿物油、液态硝酸盐储热材料、叠层硝酸盐相变储热材料、金属相变储热材料、氨热反应储热材料等。

现阶段实验用的太阳能储热主要有三种形式，即显热储热、相变储热和化学反应储热。根据储热材料的使用特点，无论它属于哪一类，一般都要满足以下几点要求：①储热密度大。对显热储热材料要求其热容大；对相变储热材料要求相变潜热大；对于化学反应储热材料要求其反应的热效应大。②稳定性好。对单组分材料要求不易挥发和分解；对多组分材料，要求各组分间结合牢固，不能发生离析现象。③无毒、无腐蚀、不易燃易爆，且价格低廉。④导热系数大，能量可以被及时地储存或取出。⑤不同状态间转化时，材料体积变化要小。⑥合适的使用温度。

1）相变储热材料

材料在发生相变同时伴随着热效应，采用热效应强、相变温度适当、成本低的材料作为相变储热材料，相变材料储热密度高。现阶段研究主要集中在固液相变材料，因为固液相变在很窄的温度范围内可吸收或放出大量的热，而且体积变化小。现阶段主要研究的材料有石蜡、硝酸盐、金属等。

(1)叠层硝酸盐相变储热

各种盐混合后熔点会降低，调整盐的种类、混合比例可形成一系列熔点不同的材料。Horst Michels 等人设计了一种分层相变储热系统，用 $NaNO_3$、KNO_3/KCl 混合盐、KNO_3、KOH、$MgCl_2/KCl/NaCl$ 混合盐分别组成 5 种熔点不同的材料，按熔点从低到高依次堆叠，如图 6－1 所示。在相变材料中插入金属片，以提高材料的热导率。储热过程中，热交换介质从顶部流向底部，从热端流向冷端，放热过程方向相反。此系统在储热和放热过程中，出口和进口温度可长时间保持稳定，在传热介质流过储热系统时，由于各储热段温度不同，传热温差小，热能的利用率高。

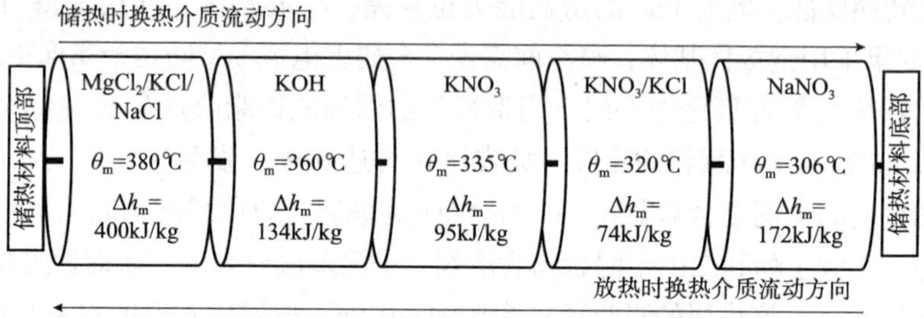

图 6－1　叠层相变储热系统

(2)金属相变储热

金属相变材料具有储能密度大、储热温度高、热稳定性好，导热系数是无机和有机相变材料的几百倍，相变时过冷度小、相偏析小、性价比良好等特点，在中高温相变储能的应用中具有极大的优势。

广东工业大学张仁元教授开发了 Al－34% Mg－6% Zn 合金，相变温度为 450℃。这种材料热稳定性好，经过 1000 次储热循环，相变温度降低了 30℃，相变熔降低了 10%，用不锈钢作容器，对容器的腐蚀也比较轻。经过 1000 次循环，质量损失为 7.2158mg/cm^2，腐蚀速率为 0.0829mg/d，能达到耐久性的要求。

2)显热储热

显热储热是利用材料本身的比热容进行储热。显热储热材料比热容大，成本低，热导率高，化学性能稳定，但其在放热过程中温度不稳定，随着放热的进行，储热材料温度降低，放热变缓。

(1)无机材料储热

Rainer Tamme 分别制备了高温混凝土和耐火浇注料，骨料均为铁的氧化物。在所有的储热材料中，混凝土储热材料单位储热量成本是最低的，是太阳能热发电用储热材料的候选材料之一。其主要问题是热导率低，需要添加高热导率的组分，如石墨粉，或者通过结构设计来优化储热系统的传热性能。浇注料的储热性能、耐久性在工业生产中得到了证实，而混凝土的耐高温、耐久性还需进行长期实验来研究。

(2)液态储热

液态储热材料主要有水、油、硝酸盐。水的比热容大，成本低，主要用于低温储热。油、硝酸盐的沸点比较高，可用于太阳能中温储热。

在高温下材料的比热容与材料的元素组成有关，每个原子的比热容贡献为 $3R/m$(R 为热力学常数，m 为原子量)，元素越轻，材料的质量比热容越大。油的主要成分为 H、C，硝酸盐含 N、O，相对于其他储热材料元素轻、比热容大。显热储热要首先选用含轻元素较多的材料。液态显热材料在传热过程中存在对流，传热性能好，但盐类腐蚀性强，要注意对容器的保护。

6.2　换热器及其材料

6.2.1　换热器概述

6.2.1.1　换热器的发展

20 世纪 20 年代出现板式换热器，并应用于食品工业。以板代管制成的换热器，结构紧凑，传热效果好，因此陆续发展为多种形式。30 年代初，瑞典首次制成螺旋板换热器。接着英国用钎焊法制造出一种由铜及其合金材料制成的板翅式换热器，用于飞机发动机的散热。30 年代末，瑞典又制造出第一台板壳式换热器，用于纸浆工厂。在此期间，为了解决强腐蚀性介质的换热问题，人们开始关注新型材料制成的换热器。

20 世纪 60 年代前后，由于空间技术和尖端科学的迅速发展，迫切需要各种高效能紧凑型的换热器，再加上冲压、钎焊和密封等技术的发展，换热器制造工艺得到进一步完善，从而推动了紧凑型板面式换热器的蓬勃发展和广泛应用。此外，自 60 年代开始，为了适应高温和高压条件下的换热和节能的需要，典型的管壳式换热器也得到了进一步的发展。70 年代中期，为了强化传热，在研究和发展热管的基础上又创制出热管式换热器。

一般换热器都用金属材料制成，其中碳素钢和低合金钢大多用于制造中、低压换热器；不锈钢除主要用于不同的耐腐蚀条件外，奥氏体不锈钢还可作为耐高、低温的材料；铜、铝及其合金多用于制造低温换热器；镍合金则用于高温条件下；非金属材料除制作垫片零件外，有些已开始用于制造非金属材料的耐蚀换热器，如石墨换热器、氟塑料换热器和玻璃换热器等。

6.2.1.2 换热器的概念

换热器是一种在不同温度的两种或两种以上流体间实现物料之间热量传递的节能设备，使热量由温度较高的流体传递给温度较低的流体，使流体温度达到流程规定的指标，以满足工艺条件的需要，同时也是提高能源利用率的主要设备之一。换热器在化工、石油、动力、食品及其他许多工业生产中占有重要地位，在化工生产中换热器可作为加热器、冷却器、冷凝器、蒸发器和再沸器等使用，应用广泛。据统计，在现代化学工业中换热器的投资大约占设备总投资的30%，在炼油厂中占全部工艺设备的40%左右，海水淡化工艺装置则几乎全部是由换热器组成的。

6.2.1.3 换热器的分类

换热器的种类有很多，并且可以按照不同的属性进行分类，如按照换热器的传热原理进行分类，可分为以下五类。

1)间壁式换热器

间壁式换热器是温度不同的两种流体在被壁面分开的空间里流动，通过壁面的导热和流体在壁表面对流，两种流体之间进行换热。间壁式换热器有管壳式换热器、套管式换热器、双管板换热器、夹套式换热器、沉浸式蛇管换热器和喷淋式换热器等。间壁式换热器是目前应用最为广泛的换热器。

2)蓄热式换热器

蓄热式换热器通过由固体物质构成的蓄热体，把热量从高温流体传递给低温流体，热介质先通过加热固体物质达到一定温度后，冷介质再通过固体物质被加热，达到热量传递的目的。蓄热式换热器有旋转式、阀门切换式等。

3)流体连接间接式换热器

流体连接间接式换热器，是把两个表面式换热器由在其中循环的热载体连接起来的换热器，热载体在高温流体换热器和低温流体之间循环，高温流体接收热量，低温流体换热器把热量释放给低温流体。

4)直接接触式换热器

直接接触式换热器又被称为混合式换热器，这种换热器是两种流体直接接触，彼此混合进行换热的设备，例如，冷水塔、气体冷凝器等。

5)复式换热器

复式换热器，是兼有汽水面式间接换热及水水直接混流换热两种换热方式的设备。同汽水面式间接换热相比，具有更高的换热效率；同汽水直接混合换热相比具有较高的稳定性及较低的机组噪声。

此外，按照换热器的用途进行分类，可分为加热器、预热器、过热器、蒸发器等。按照换热器结构进行分类，可分为浮头式换热器、固定管板式换热器、U形管式换热器、填料函式换热器等。

6.2.2　管壳式换热器

管壳式换热器又称列管式换热器，是以封闭在壳体中管束的壁面作为传热面的间壁式换热器。这种换热器结构较简单，操作可靠，可用各种结构材料(主要是金属材料)制造，能在高温、高压下使用，是目前应用最广的类型。图6－2为管壳式换热器的模型图。以下对管壳式换热器进行详细介绍。

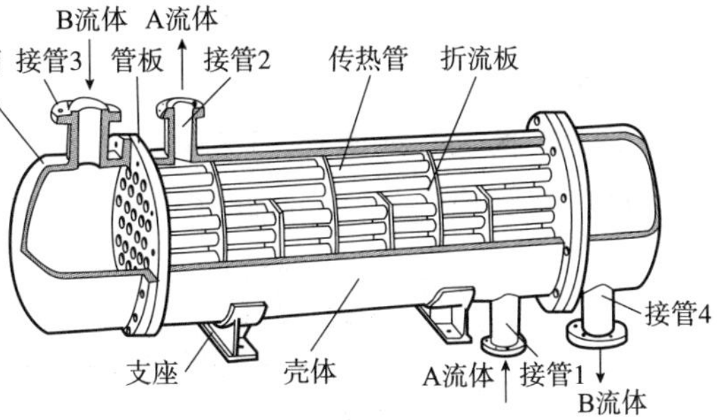

图6－2　管壳式换热器

6.2.2.1　管壳式换热器的分类

按照GB/T 151—2014《热交换器》的适用范围，管壳式换热器按其结构的不同分为固定管板式、浮头式、U形管式和填料函式四种类型。

1)固定管板式换热器

在如图6－3所示的换热器中，管子两端固定在位于壳体两端的固定管板上，由于管板与壳体固定在一起，所以称为固定管板式换热器。这种换热器的结构比较简单，重量轻，在壳程程数相同的条件下可排的管数较多。

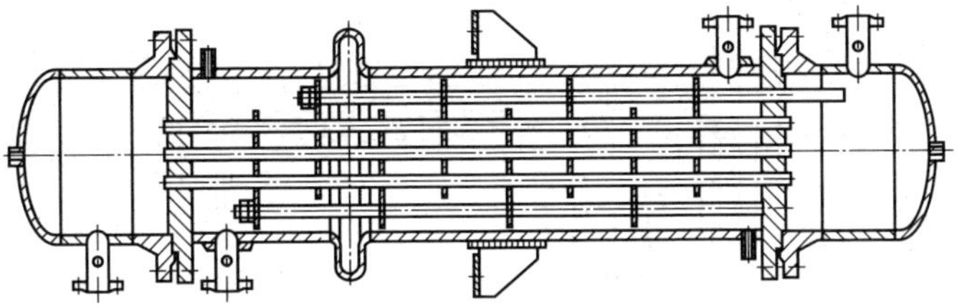

图6－3　固定管板式换热器

2)浮头式换热器

浮头式换热器如图6－4所示。它只有一端管板固定连接，被夹持在封头管箱法兰与壳体法兰之间，这一端称为固定端。另一端的管板外径较壳体内径小，可以在右管箱内沿轴向浮动，这一端称为浮头端。在这种换热器中，管束的热膨胀不受壳体的约束，壳体和管束之间不会产生温差应力。

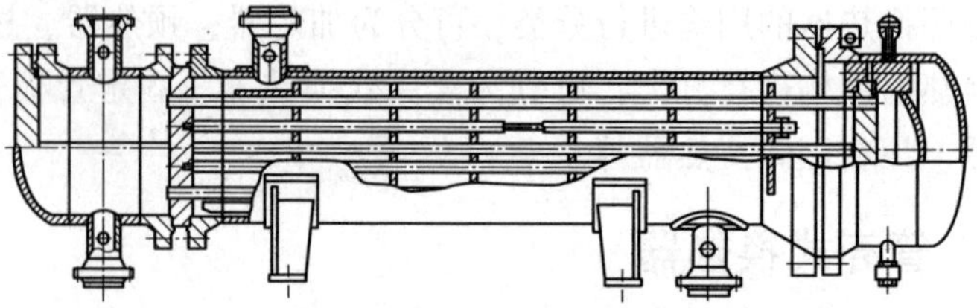

图 6 -4　浮头式换热器

3) U 形管式换热器

U 形管式换热器如图 6 -5 所示。管束是由一束 U 形管组成的，管子的两端固定在同一块管板上，U 形弯曲端可沿轴向自由伸缩。

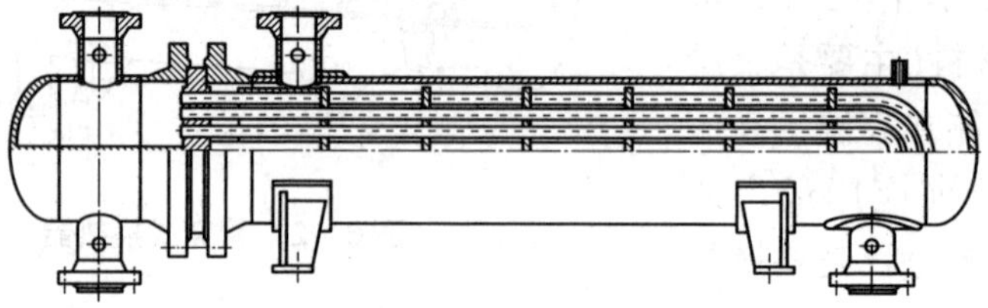

图 6 -5　U 形管式换热器

4) 填料函式换热器

填料函式换热器(图 6 -6)是指管束一端与管板固定、一端与壳体间采用外置填料函密封的管壳式换热器。由于管束可以自由伸缩，管束与壳体之间不会产生温差应力。优点是结构简单，制造方便，易于检修、清洗。缺点是壳程流体有外漏的可能，故使用压力及温度受到限制。壳程不宜走易挥发、易燃、易爆及有毒的介质。

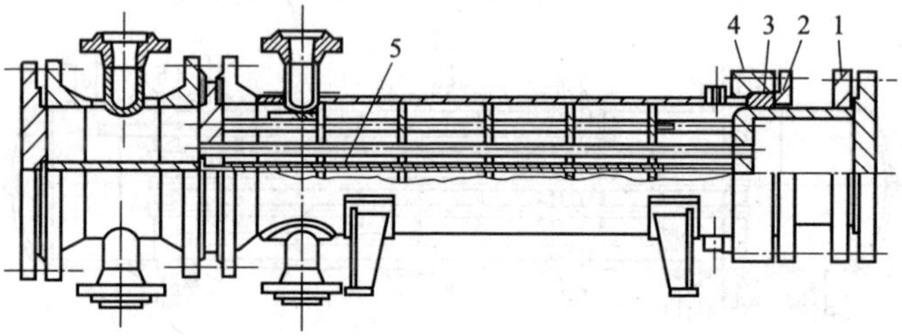

图 6 -6　填料函式换热器

1—活动管板；2—填料压盖；3—填料；4—填料函；5—纵向隔板

6.2.2.2　管壳式换热器的结构

管壳式热交换器的主要部件可分为前端管箱、壳体(包括管束)和后端管箱三部分，详细分类及代号见表 6 -1。三部分的不同组合方式，就形成结构不同的换热器。现以浮头式换热器来说明，如图 6 -4 所示，这台换热器的前端管箱选用表6－1中的A型(平盖管箱)，或B型(椭圆形封头管箱)。其壳体部分是一个单程壳体，属于表6－1中的E型。其后端管箱是一个钩圈式浮头结构，属于表6－1中的S型。因此，这个浮头式换热器的代号为AES或BES，称为AES浮头式换热器或BES浮头式换热器。

表6－1　管壳式换热器主要部件的分类及代号

前端管箱形式		壳体形式		后端结构形式	
A	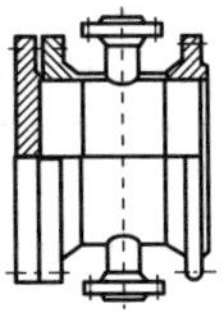 平盖管箱	E	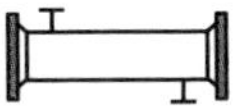 单程壳体	L	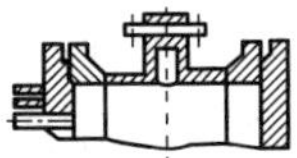 与A相似的固定管板结构
B	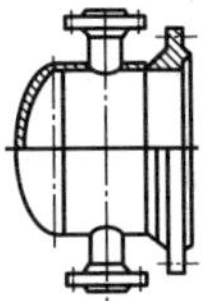 椭圆形封头管箱	Q	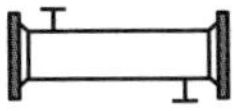 单进单出冷凝器壳体	M	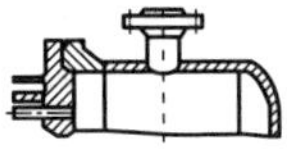 与B相似的固定管板结构
C	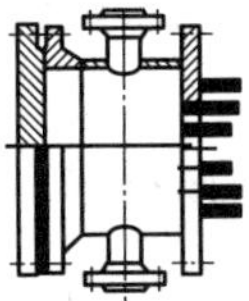 可拆管束与管板制成一体的平盖管箱	F	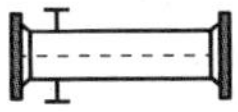 具有纵向隔板的双程壳体	N	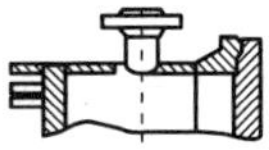 与N相似的固定管板结构
N	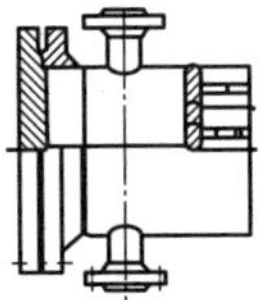 与固定管板制成一体的平盖管箱	G	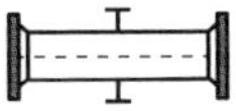 分流壳体	P	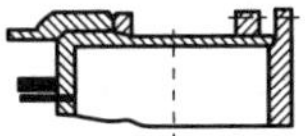 填料函式浮头
D	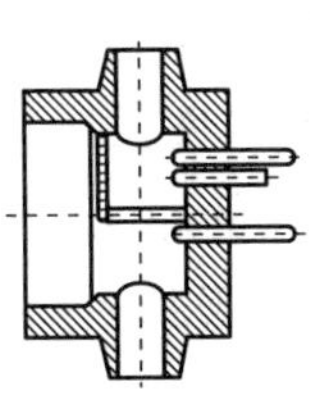 特殊高压管箱	H	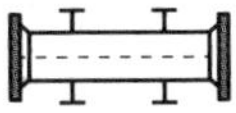 双分流壳体	S	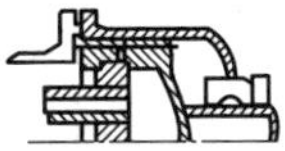 钩圈式浮头
		I	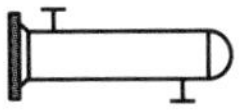 U形管式换热器壳体	T	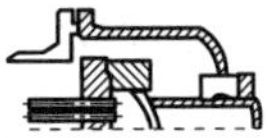 可拍式浮头
		J	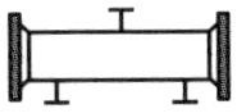 无隔板分流壳体(或冷凝器壳体)	U	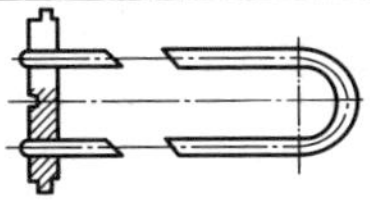 U形管束
		K	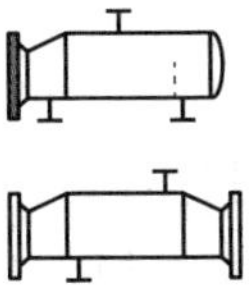 釜式重沸器壳体	W	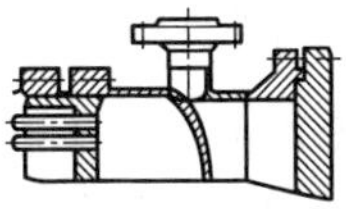 套环填料函式浮头
		O	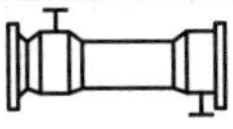 外导流壳体		
		X	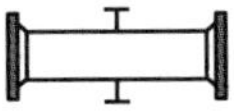 穿流壳体		

6.2.3 换热器常用材料分类及应用

6.2.3.1 金属材料在换热器中的应用

换热器是一个量大而品种繁多的产品，且使用大量的耐磨损、耐腐蚀、高强度材料。我国在发展不锈钢、铜合金复合材料、铝镁合金及碳化硅等非金属材料等方面都有不同程度的进展，其中钛材料发展较快。钛对海水、氯碱、醋酸等有较好的抗腐蚀能力，特别是在含氯的介质中，所以虽然钛很贵，钛板热交换器仍然广泛地应用于腐蚀性较强的场合，如再强化传热，则效果将会更好，一些制造单位已较好地掌握了钛材的加工制造技术。铝镁合金具有较高的抗腐蚀性和导热性，价格比钛材便宜，应予关注。此外，换热器材料中还应用到镍及蒙乃尔合金等金属材料。我国在节能增效等方面改进换热器性能，提高传热效率，减少传热面积降低压降，提高装置热强度等方面的研究取得了显著成绩。换热器的大量使用有效地提高了能源的利用率，使企业成本降低，效益提高。

1)不锈钢换热器

不锈钢换热器是应用材质为不锈钢材料的换热器，具有非常好的抗氧化特性，安全卫生，广泛应用于各个领域。不锈钢换热器相比传统碳钢换热器传热效果更好，且使用寿命较长。

涡流热膜换热器是采用最新涡流热膜传热技术的不锈钢换热器，这种不锈钢结构实现了耐腐蚀、耐高温、耐高压、防结垢功能。其采用全不锈钢制作，使用寿命长，可达20年以上。此外，该换热器应用条件广泛，适用较大的压力、温度范围和多种介质热交换，应用领域广阔，可广泛用于热电、厂矿、石油化工、城市集中供热、食品医药、能源电子、机械轻工等领域。接下来介绍一些应用于换热器的优质不锈钢。

(1)高合金奥氏体不锈钢

该类材料合金元素较高，Cr含量一般大于20%。但高Cr含量降低了不锈钢的热加工性能，促使形成金属间化合物(如M23C6型碳化物)、σ相、ε相等，在某些情况下造成晶间腐蚀。为了稳定奥氏体组织，在一些不锈钢中加入N(0.10%～0.20%)以减少金属间化合物的形成和运动，同时使奥氏体组织中的Cr含量保持在较高水平，从而显著提高了材料的耐蚀性，N的加入还大幅度提高了不锈钢的强度。这类钢含C量一般在0.03%以下，故不需要加入稳定性元素。

(2)奥氏体-铁素体双相不锈钢

几乎所有双相不锈钢都含有N。σ相的电位比γ相低，对γ相起着阴极保护的作用，延长了γ相中SCC裂纹的孕育期，减缓了裂纹的扩展速度，提高了合金抗应力腐蚀的性能。该钢还具有优良的耐缝隙腐蚀、点蚀的性能。温度低于27℃时不会出现任何局部腐蚀。除耐蚀性外，该型材料还具有高强度，焊接性能也好，目前已经应用于海水设备中。

(3)超纯铁素体不锈钢

铁素体不锈钢是一组超纯、高纯不锈钢。由于AOD(AOD炉是氩氧精炼法的精炼设备)/VOD(VOD炉是一种在真空条件下吹氧脱碳并吹氩搅拌生产高铬不锈钢的炉外精炼技术)等先进冶金工艺的应用，目前已能经济地大量生产这类材料。这类材料对焊接热影响敏感，因此，钢中还含有Ti、Nb等稳定性元素。该型不锈钢的特征如下：金相组织为纯铁素体；成分范围：Cr 25%～29%、Mo 3%～5%、Ni 2%～4%、C＋N≤0.025%以及少量的Nb、Ti。国外在用于海水冷凝器的管材、锻件等方面，已取得了较好的经济效果。

2)钛材换热器

钛材换热器是一种由优质钛制成的，将热流体的部分热量传递给冷流体的换热设备。钛材换热器凭借钛的优点，多用于石油化工、海水淡化、核电工业等领域中。目前我国换热器所用的换热管多为碳钢管，部分核电领域采用不锈钢管。碳钢管抗腐蚀能力较差，一般运行8年左右，前期投入较小。而不锈钢管的抗腐蚀能力较强，可运行约20年，但由于不锈钢抗氯腐蚀能力差，也不能满足相关领域的使用要求。钛是一种耐腐蚀性能较好的材质。钛管目前在冷凝器上应用较广泛，效果也较理想。

(1)钛材的主要优点

钛材的纯度在99%以上，其许用温度下限可达－269℃，钛材容易钝化，可形成一层致密的氧化膜，因此其抗腐蚀能力很好，适用于酸性液体的介质中。钛材的密度一般为4.51g/cm^3，熔点大约为1650℃，具有熔点高、强度高的优点，机械性能良好，综合性能钛材比不锈钢强。由于钛材具有优异的耐蚀性，对大多数氧化性酸都耐蚀，而不锈钢极易被氯离子腐蚀，钛与氯离子会生成四氯化钛氧化膜，阻止氯离子与钛继续反应，所以在含有氯离子的环境中，完全可用钛材代替不锈钢。

(2)钛材的性能

钛与其他类钢材的焊接必须采取必要的措施，因为钛和碳钢存在着电化学腐蚀，可根据电化学腐蚀的原理，牺牲阳极保护，减缓电化学腐蚀效应的发生，或者采用堆焊的方法避免电化学腐蚀的产生。要确保钛与碳钢连接处的电位，电位过正、过负均会对焊接质量产生影响。

钛的热膨胀系数为不锈钢的50%、碳钢的70%，由于钛与不锈钢、碳钢膨胀系数有较大的差异，钛与其他材料焊接很容易产生脆性极强的化合物，产生焊接缺陷，引起裂纹。设计钛管换热器时应尽量避免产生异种钢的焊接，可以通过螺栓连接或设置膨胀节来解决异种钢焊接引起的膨胀问题，避免产生过大的热应力。

钛暴露在含氧的环境中，钛表面会生成致密的氧化膜，增强了钛的耐腐蚀性。由于钛材换热器的钛管内壁存在一层氧化膜，钛管管内流速可以适当提高，较高的管内流速也会清除管内的污垢，减小了污垢对换热的影响，有利于提高钛管的换热效率。

钛材活跃性很强，易与氢、氧发生化学反应，焊接时必须注意氢、氧等防护问题，焊接中应使用惰性气体进行保护，避免发生化学反应。为了解决钛的析氢问题，不能单纯地用其他材料来代替钛材。

(3)钛材换热器的应用

用钛制外冷器替代钢制外冷器。外冷器用于冷却氯化铵母液，其管材用量占设备总质量的30%左右。用铸铁管制的外冷器虽经防腐处理，但因氯化铵母液腐蚀性强，使用寿命仅为4年，且检修频繁，还必须配备备用设备，用以保证清洗和检修；如果保护层处理不当，使用寿命仅为1年左右。在用纯钛管替代铸铁管后，运行14年未发生异常现象，预计使用寿命可达30年。

3)铜合金换热器

铜及其合金是一种耐海水腐蚀的优良材料。铜合金虽然在海水中的腐蚀电位较高，表面易生成一层致密的保护膜，但对冲蚀很敏感，当海水流速超过1.8～2.1m/s时即发生冲蚀。在静止或缓慢流动的海水中铜合金则会发生缝隙腐蚀或点蚀。

铜合金应用于换热器必须采取一定的防护措施，铜合金的腐蚀防护措施主要有外加电流联合保护法和牺牲阳极法。金山热电厂冷凝器的保护措施就是采用外加电流联合保护法，在使用了7年后，设备情况良好。其化工厂所采用的防护措施是牺牲阳极法，也得到了很好的防护效果；但是采用牺牲阳极法，尚存在一个问题，即由于管子内径较小，对电流有屏蔽作用，电流只能达到管内300mm处，故管子中部得不到有效的保护电位。海水换热器主要是管端腐蚀严重，因此，采用牺牲阳极法保护管端效果还是不错的。

6.2.3.2 无机非金属材料在换热器中的应用

鉴于能源紧张局势，当前国内出现了许多无机非金属陶瓷换热器的专业生产厂家，然而限于生产技术，与国外的产品相比依旧存在着不小的差距。我国相关领域的学者就本国产品的配方、工艺、添加剂等进行了科学的分析，发现不同的配方与添加剂对所生产出来的无机非金属陶瓷换热器材料的性能与组织结构有着很大的影响。无机非金属陶瓷换热器材料具有高度的环保性，是新一代换热器的理想选择，有望全面替换当前国内所使用的金属换热器。

1）无机非金属陶瓷换热器材料的种类

整体而言，我国在无机非金属陶瓷换热器材料的研究方面起步较晚，总体水平较为落后。当前，国内外用于制备陶瓷换热器的材料主要有：莫来石、锆英石、黏土、碳化硅、刚玉、堇青石等。

（1）莫来石

莫来石属于斜方晶系，排列顺序呈双链状，六配位铝离子，具有化学稳定性强、抗热震性优、耐火性好等特点，在化学、国防、玻璃等领域得到了广泛的应用。在陶瓷行业，莫来石则主要是用于制作窑炉顶柱或垫板，这是因为莫来石具有很好的耐火性与抗热震性，在高温之下其衰减度不明显，即便经历剧烈的氧化，其化学性能依旧稳定，因此莫来石是一种非常理想的应用于制备无机非金属陶瓷换热器的重要无机材料。莫来石又分为纯莫来石与杂莫来石两种，前者性能优于后者，膨胀系数更低，约为$(5.3\sim5.5)\times10^{-5}$/℃，发展前景良好。

（2）堇青石

堇青石的耐火性较莫来石略差，化学稳定性与抗热震性则同样优异，同时堇青石更为经济实惠。堇青石的合成范围具有明显的局限性，耐腐蚀性并不理想，尤其是对SO_2等腐蚀性强的气体，堇青石材料容易发生挥发或熔融的问题，导致气流阻塞。常规状态下的堇青石多呈无色透明状，小部分为浅蓝色或浅黄色半透明状，属于六方晶系，氧离子堆积的密度不高，同时连接镁氧八面体以及铝氧四面体，化学稳定性强。整体而言，堇青石无机材料的合成范围有限，抗折性能不理想，且呈多孔结构，不建议应用在抗热震性要求高的陶瓷换热器产品当中。

（3）碳化硅

碳化硅陶瓷热交换器一般使用于高温腐蚀性环境，所以要求其具有良好的耐高温性和抗氧化能力，如金刚石一样，碳化硅材料属于共价键化合物，其键强度高，具有低的热膨胀系数，在高温下其热稳定性也较高。在大气压力下其分解温度为2873K，分解成气相和石墨；当压力较高（35个工程大气压）时，其分解温度为3103K。在还原性和中性介质中，直到约2473K，其性能还很稳定。只有在氧化性介质中，其氧化温度为1773K。因此，碳化硅材料是一种良好的耐高温材料。

碳化硅陶瓷材料在近年才被用于高温换热器的研制，由于在进行换热器结构设计及分析时，对材料热物理研究不多，使碳化硅陶瓷换热器设计参数与具体热过程工作参数存在一定偏差，在一定程度上影响了结构设计的正确性。

2)陶瓷换热器对无机非金属材料的要求

伴随经济的发展，我国社会整体对于能源的需求越来越大。据统计，窑炉能耗占全国工业总能耗的20%左右，其原因主要是排烟损失，我国全年的排烟损失折合约4500万t标准煤，能源损耗问题非常严重。鉴于此，要想达到理想的节能减排以及环境保护的效果，就必须从提高工业炉燃料利用率方面着手，通过热交换装置回收工业炉余热是非常有效的途径之一，而换热器是热交换装置的重要部件，与回收工业炉余热的效果息息相关，也是热交换装置原理的重要体现。换热器的常规材料是金属材料，其本身的化学稳定性并不强，且在高温下容易出现氧化问题，耐化学腐蚀性能差，在余热的回收效果方面不理想，难以真正达到节能减排的目的。

鉴于此，无机非金属陶瓷换热器材料应运而生，一般而言，无机非金属陶瓷换热器对材料的要求可总结为以下六点：①抗热震性能要好；②使用寿命要长，符合经济原则；③耐高温性能要强，使用温度必须>1280℃；④蓄热率以及导热系数要高；⑤机械强度要高，即便是在高温环境之中，依旧能够保持常态；⑥耐化学腐蚀性要强，工业炉废烟当中含有大量的SO_2、CO_2等腐蚀性强的化学物质，用于制作陶瓷换热器的无机非金属材料要求不能与其发生粉尘固溶反应。

3)无机非金属陶瓷换热器材料应用实例分析

无机非金属材料的抗热震性、导热性、抗折强度都比较理想，在陶瓷换热器的制作方面具有高度的现实意义。以我国某厂为例进行深入的分析。该厂的换热器采用无机非金属材料制成，整体形式为换热管+箱体，两者的材质完全一致，换热管共计安装10根，外径为200mm，内径为180mm，厚为10mm。试验时间为3个月，经统计，煤炭消耗<220137kJ/kg，各项性能均满足使用要求，导热系数≥2.50W/(m·K)，压溃强度≥7.50MPa，抗热震性测试可循环35~40次。经分析对比，陶瓷换热器较之金属换热器，生产率约降低9%，能耗量更低，经济效益与环境效益更为理想。

总而言之，在经济快速发展的今天，能源消耗的问题不容忽视，能源消耗量过大，生产成本过高，对环境所造成的污染问题也更加严重，传统的金属换热器由于导热性能与抗热震性能较差，在降低能源损耗、节能减排方面的效果非常不理想，而陶瓷换热器以无机非金属材料制成，经多次的实际应用与科学分析，其导热性能与抗热震性能较好，且抗折强度大，在高温环境当中依然保持着稳定的化学形态，具有高度的实际应用价值。

6.2.3.3 高分子材料在换热器中的应用

为了防止流体的外漏和两流体之间的内漏，必须有密封垫圈。它安装于密封槽中，运行中承受压力和温度，而且受工作流体的侵蚀，此外在多次拆装后还要求具有良好的弹性。因此，密封垫圈一般选用橡胶等高分子材料，对橡胶质量的要求除了耐腐蚀、耐高温外，邵氏硬度一般为65～90，压缩永久变形量不大于10%，抗拉强度≥8MPa，延伸率≥200%。板式热交换器运行中出现的故障，很少是板片或其他机件的损坏，大部分是垫圈发生问题，如脱垫伸长、老化、断裂等。目前被广泛应用的有天然橡胶、丁腈橡胶、丁苯橡胶、氯丁橡胶、三元乙丙橡胶、硅橡胶等。近年来研制出的压缩石棉垫和石棉橡胶垫，操作温度提高到260～300℃。

1)垫圈的腐蚀问题

(1)物理渗透与吸收

这是指垫圈的溶胀，当某流体组分，特别是溶剂渗入橡胶，有时可萃取其中的可溶解物质，即发生溶胀，此过程使橡胶的体积增大，如果将吸收的流体排出，如经过干燥，则橡胶可恢复原状。

(2)化学侵蚀

水解作用是水溶液与橡胶聚合物之间的化学反应，对橡胶会产生物理和机械作用。也可以发生橡胶的溶胀；氧化作用降低了橡胶的性能，此时橡胶的硬度会增加或减小，而抗张强度、延伸率都会降低；卤素的存在和臭氧的作用会使橡胶垫圈变软，或使其发生应力腐蚀开裂。

2)垫圈材料的性能评价

在评价板式换热器垫圈性能过程中，工作流体对垫圈性能的影响主要看以下四个参数：①溶胀；②硬度；③压缩永久变形；④化学侵蚀对龟裂和软化的敏感性。

选择垫圈尚需考虑其他一些因素。例如，在操作期间板式换热器垫圈材料对板片材料的影响。在某些条件下，特别是在高温下，弹性材料会分解并释放出化学物质，而这些物质本身会腐蚀板片材料，比如FPM橡胶会释放氟化物。增效作用又是一个问题。溶剂的混合使用要比任何一种溶剂单独使用对垫圈影响更严重。如甲烷与烃的混合会比两组分中任何一种所能导致的溶胀更严重。

3)材料的选用实例

(1)北海布雷油田原油的加热与冷却

首先要对原油的成分进行分析，根据介质成分对垫圈的四个基本参数：溶胀、硬度、压缩永久变形以及化学侵蚀对龟裂和软化的敏感性做出评估。确定用不同等级的丁腈橡胶与碳氟化合物橡胶，但是丁腈橡胶在105℃恒温下会产生龟裂和迅速老化现象，故不推荐。只有碳氟化合物橡胶一切性能良好，因此选用这种橡胶作为垫圈材料。

(2)酸的场合

硫酸是在各种化工过程中不同浓度和不同温度情况下使用的一种极普通的无机液体。垫圈选择常有三种配合方式。①硫酸浓度为10%～15%，温度20℃，常选用FPM材料做垫圈。②浓度为96%～98.5%的硫酸，温度90℃。这种情况下大多数弹性材料会遭到强烈的酸侵蚀；而FPM橡胶很适应这一环境，得到广泛应用，但还应正确地选择恰当等级的FPM材料。③浓度为77%～90%的硫酸也选用FPM橡胶材料做垫圈。

聚四氟乙烯具有优异的耐腐蚀性能，且适用于浓硝酸场合，但高温下经过一段时间后会“流动”或“蠕变”，从而产生不可接受的缝隙。特殊等级的FPM橡胶，通过试验，在蒸汽加热浓硝酸中的应用已获得成功。

6.3 加热炉及其材料

6.3.1 加热炉概述

加热炉(Heating Furnace)是将燃料燃烧产生的热量传给被加热介质使其温度升高的一种加热设备。在石油化工领域，主要应用的是管式加热炉。

6.3.1.1 管式加热炉概述

管式加热炉是石油炼制、石油化工、煤化工、焦油加工、原油输送等工业中使用的工艺加热炉，被加热物质在管内流动介质为气体或液体，并且都是易燃易爆的物质，操作条件苛刻，同时长周期运转不间断操作，加热方式是直接受火。管式加热炉的排烟温度可降低到100℃左右，实现烟气中含酸水蒸气的部分冷凝，且在回收烟气低温显热的同时，能回收部分含酸水蒸气的汽化潜热，进一步提高加热炉热效率，节约能源。

与其他工业部门使用的加热炉相比，炼油工业所用管式加热炉具有以下特点：

①被加热物质在管内流动，通常都是易燃易爆烃类物质，压力高、危险性大，操作条件苛刻；

②一般都采用明火加热，直接受火式，一旦介质泄漏将引起严重事故；

③长周期连续运转，不间断操作。

管式加热炉最初是作为取代炼油“釜式蒸锅”的工艺设备而发明的，所以管式加热炉也被称为“管式釜”。炼油工业采用管式加热炉始于1910年前后。最初的管式加热炉是图6－7所示的“堆形炉”。它参考釜式蒸锅的原理，吸热面为一管束，管子间的连接弯头也置于炉中。由于燃烧器直接装在管束下方，各排管子的受热强度极不均匀。底排管常常烧穿，管间连接弯头也易松漏引起火灾。当时认为这是辐射热太强了，于是改用纯对流炉(图6－8)。

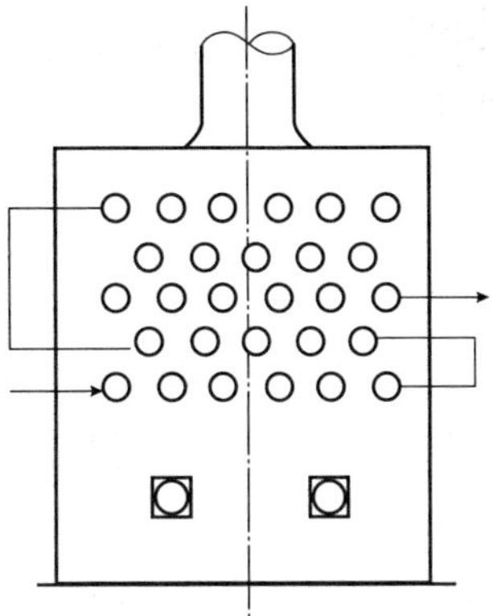

图6－7　堆形炉

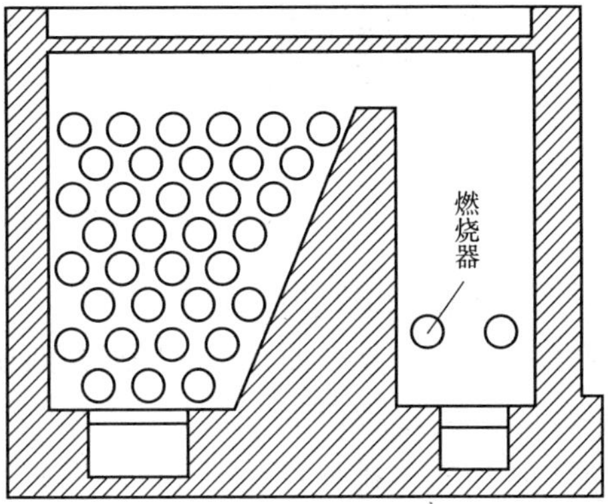

图6－8　纯对流炉

纯对流炉全部炉管都装在对流室内，用隔墙把对流室与燃烧室分开，避免炉管受到火焰的直接冲刷。然而，操作中发现对流室顶排炉管经常被烧坏，而且炉管受热仍然很不均匀。这是因为高温燃烧烟气在进入对流室之前未能和一个吸热面换热，在对流室入口处温度高达1000℃。后来人们发现，在燃烧室内安装一些炉管，一方面可取走部分热量降低烟气温度，解决对流室顶管的过热烧坏问题，另一方面可利用高温辐射传热强度大的特点，节省炉管，缩小炉子体积。这样，具有辐射室和对流室的现代管式加热炉就出现了。

6.3.1.2　管式加热炉的结构

典型管式加热炉的结构如图6－9所示，通常由辐射室、对流室、燃烧器、余热回收段以及烟囱通风系统五部分构成。

①辐射室是通过火焰或高温烟气进行辐射传热的部分。这部分直接受火焰冲刷，温度很高(600～1600℃)，必须充分考虑所用材料的强度、耐热性等。这个部分是热交换的主要场所，全炉热负荷的70%～80%是由辐射室担负的，它是全炉最重要的部分。烃蒸气转化炉、乙烯裂解炉等，其反应和裂解过程都是在辐射

室完成的，可以说，一个炉子是优是劣主要是看它的辐射室性能如何。

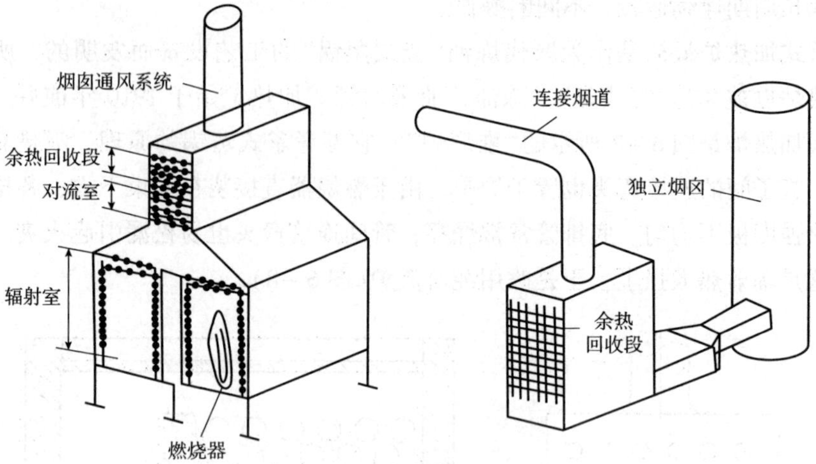

图6－9　管式加热炉结构

②对流室是靠辐射室出来的烟气进行以对流传热为主的热交换，但实际上它也有一部分辐射热交换，而且有时辐射换热还占有颇大的比例。所谓对流室不过是指“对流传热起支配作用”的部位。

对流室内密布多排炉管，烟气以较大速度冲刷这些管子，以进行有效的对流换热。对流室一般担负全炉热负荷的20%～30%。对流室吸热量的比例越大，全炉的热效率越高，但究竟占多少比例合适，应根据管内流体同烟气的温度差和烟气通过对流管排的压力损失等因素来决定，选择最经济合理的比值。对流室一般都布置在辐射室之上，与辐射室分开，单独放在地面上也可以。为了尽量提高传热效果，多数炉子在对流室采用了钉头管和翅片管。

③余热回收段是从离开对流室的烟气中进一步回收余热的部分。回收方法分两类：一类是靠预热燃烧用空气来回收热量，这些热量再次返回炉中；另一类是采用同炉子完全无关的其他流体回收热量。前者称为“空气预热方式”，后者因为常常使用水回收，故被称为“废热锅炉”方式。空气预热方式又有直接安在对流室上面的固定管式空气预热器和单独放在地上的回转式空气预热器等种类。固定管式预热器由于低温腐蚀和积灰，不能长期保持太高的热效率，它的优点是同炉体结合成一体，设计和制造比较简便，适合于热回收量不大时选用。

废热锅炉一般多采用强制循环方式，尽量放到对流室顶部。

目前，炉子的余热回收段以采用空气预热方式为多，通常只有高温管式炉(如烃蒸气转化炉、乙烯裂解炉)和纯辐射炉才使用废热锅炉，因为这些炉子的排烟温度太高。安设余热回收段以后，整个炉子的总热效率能达到88%～90%。

④燃烧器产生热量，是炉子的重要组成部分。如前所述，管式加热炉只燃烧燃料气和燃料油，所以不需要烧煤那样复杂的辅助系统，火嘴结构也比较简单。

由于燃烧火焰猛烈，必须特别重视火焰与炉管的间距以及燃烧时间的间隔，尽可能使炉膛受热均匀，使火焰不冲刷炉管并实现低氧完全燃烧。为此，要合理选择燃烧器的型号，仔细布置燃烧器。

⑤烟囱通风系统的任务是将燃烧用的空气导入燃烧器，并将废烟气引出炉子，它分为自然风方式和强制通风方式两种。前者依靠烟囱本身的抽力，不消耗机械功。后者要使用风机，消耗机械功。

过去，绝大多数炉子因为炉内烟气侧阻力不大，都采用自然通风方式，烟囱通常安在炉顶，烟囱高度只要足以克服炉内烟气侧阻力就可以了；但是，近年来由于公害问题，石油化工厂已开始安设独立于炉群的超高型集合烟囱，这一烟囱通过烟道把若干炉子的烟气收集起来，从100m左右的高处排放，以降低地面上污染气体的浓度。

强制通风方式只在炉子结构复杂、炉内烟气侧阻力很大，或者设有前述余热回收系统时才采用，必须使用风机。

6.3.2 加热炉常用材料分类

6.3.2.1 炉管材质的选择

管式加热炉炉管一般都是在高温、高压和腐蚀性介质中长期工作。炉管材质如果选择不当，就可能在使用过程中发生严重事故。从性能角度出发，要求其具有良好的抗渗碳性能、耐腐蚀性能、高温蠕变断裂性能、抗热疲劳性能、抗氧化性能、导热性能以及铸造和焊接性能。由于各种材质性能指标各有差异，选择炉管时必须按其优缺点及适用范围进行，以便炉管能高效、高质量地长期运转。

常用高温炉管材料化学成分见表6-2。

表6-2 高温炉管用各种材料的化学成分 %(质量分数)

材料名称	C	Si	Mn	Cr	Ni	Ti	S	P	其他成分
Manaurite XT	0.40	≤2.0		32/37	42/46		0.02	0.03	W+Nb+Cu
Manaurite XM*	0.45	≤2.0	≤2.0	23/27	32/35		0.03	0.03	Nb≤1.0
HiSi-HK40	0.50	1.8		25	20		0.02	0.03	<Mo 0.5
HK-4M*	0.2/0.3	≤0.75	≤1.5	24/26	24/26	0.2/0.6	0.02	0.03	0.2/0.6Al0.007B
HP-Nb	0.35/0.45	≤2.0		23/27	33/37				0.7~1.5Nb

续表

材料名称	C	Si	Mn	Cr	Ni	Ti	S	P	其他成分
HPM *	0.1 ~ 0.2	1.4 ~ 2	≤1.5	23 ~ 26	37 ~ 40	0.2 ~ 0.6	0.02	0.03	1 ~ 3.0Mo0.01B
KHR - 35CW	0.45	1.0		25	35				W + Mo + Nb≤3
KHR35CT - HiSi *	0.45	1.5	2	24	33		0.03	0.03	Nb、Ti≤1.0

注：“ * ”表示新研制材料。

这里主要介绍最新开发和研制的炉管材料的化学成分，它们大都是从 HK 系列、HP 系列发展出来的。从化学成分比较来看，新型炉管材料加入多种合金，使高温炉管材料成为高耐热合金钢。各种元素的作用都是以不同方式来提高材料的高温性能。钢中 Cr 元素能与 C 元素形成铬的碳化物，提高了高温蠕变断裂强度，还能在表面形成致密的氧化膜，使其抗氧化和抗渗碳的性能提高。增加 Ni 用以稳定奥氏体，提高高温强度和韧性以及抗渗碳能力。HP 系列耐热钢其 Ni 含量提高了 15%，目的是满足裂解炉管在高温区的需要。Ni 含量增加提高了抗氧化和抗渗碳能力，降低了碳在奥氏体中的溶解度。在含碳量相同的情况下，HP 型比 HK 型钢的共晶碳化物多，故使蠕变断裂抗力提高。新材料使用温度都可达到 1100℃。只要铸造质量好和操作得当，使用寿命可达 105h。1.8% 左右的 Si 含量在 1050℃时就有明显防渗碳效果。但在 1200℃时 Si 含量必须达到 2.2%，一般使用量为 1.8% ~2.2%。Si 含量不能过高，否则钢将脆化。为了提高其焊接性，需把含碳量提高到 0.5% 左右。为了进一步提高炉管高温性能，后来又发展了 HK - 4M、HPM、KHR35CT - HiSi、Manaurite XM 等耐热钢，主要是通过添加 W、Mo、Mn、Nb、Ti 等元素，而 Nb 除了提高抗渗碳性能外，还提高了高温蠕变断裂强度、高温塑性和热疲劳强度。复合加入几种元素效果尤为明显。如 KHR35CT - HiSi 合金加入微量元素 Nb 和 Ti，改善了材料的综合性能。在 1100℃和 1200℃温度下，其损失量比较起来很小，热稳定性好，同时又有较好的焊接性能。新材料加入复合元素后又使寿命提高了 1 ~2 年。

常用高温炉管材料的线性热膨胀率见表 6 - 3。从表 6 - 3 中可以看出，新开发材料的热膨胀率都有不同程度的提高，说明新材料的高温性能都有所改善和提高。虽然 HK 型和 HP 型的新材料热膨胀率变化不明显，但其抗氧化能力，尤其是抗渗碳能力有很大提高。

常用高温炉管材料机械性能见表 6 - 4。从表 6 - 4 中可以看出，HK - 4M 材料明显优于 HiSi - HK40 系列材料的机械性能。KHR35CT - HiSi 材料优于 KHR - 35CW 系列材料，Manaurite XM 材料优于 Manaurite XT 系列材料，HPM 材料优于

HP－Nb系列材料。它们依次为KHR35CT－HiSi＞Manaurite XM＞HPM＞HK－4M＞HiSi－HK40。

表6－3 常用高温炉管材料的线性热膨胀率 10^{-6}/℃

温度范围	HiSi－HK40	HK－4M	HP－Nb	HPM	KHR－35CW	KHR35CT－HiSi	Manaurite XM	Manaurite XT
室温～600℃		17.1		16.1				
室温～700℃		17.4		16.5				
室温～800℃	17.0	17.7		16.6	16.8	17.9		
室温～900℃		17.8	18.6	17.0		18.5	18.5	17.6
室温～950℃		17.9		17.3			18.5	
室温～1000℃	18.5	18.0	19.0	17.5	17.6	19.1	18.9	18.05
室温～1100℃	18.7	18.5	19.0	18.0			19.5	18.5

表6－4 常用高温炉管材料的机械性能

材料	屈服强度/MPa			抗拉强度/MPa			δ/%(常温)
	常温	900℃	1000℃	常温	900℃	1000℃	
HiSi－HK40	260	90	60	580	150	90	20
HK－4M	240	110	70	530	170	95	≥25
HP－Nb	290	130	90	560	220	140	21
HPM	≥210	140	100	560	210	105	≥25
Manaurite XT	310	130	90	550	170	110	22
Manaurite XM	≥250	140	95	≥450	175	110	≥24
KHR－35CW	≥240	150	110	550	270	150	21
KHR35CT－HiSi	≥260	195	160	610	265	160	≥24

6.3.2.2 炉管配件

炉管配件包括下列几种：连接炉管使之组成盘管的急弯弯管、集合管和铸造回弯头；对流管与辐射管或炉管与管外工艺配管之间连接的法兰；扩大传热表面的钉头管和翅片管；支撑炉管的管板和管架等。

1)炉管连接件

炉管连接件包括急弯弯管、集合管、铸造回弯头和法兰等。

(1)急弯弯管

急弯弯管(图6－10)是使用无缝钢管推制而成的。一般采用羊角芯棒在中频电感应加热或火焰加热后进行热推，小口径的也可以进行冷加工成型。除碳钢外，铬钼钢和奥氏体不锈钢在加工和整形后均应进行热处理：铬钼钢一般进行正火加回火处理；奥氏体不锈钢热加工后进行固溶处理，冷加工后进行稳定化处理。

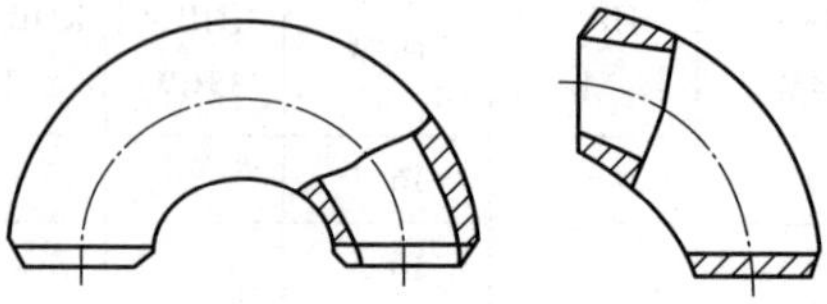

图 6－10　急弯弯管

(2)集合管

在重整炉、制氢炉和过热蒸汽盘管上，广泛采用集合管来连接炉管。集合管上的支臂接口少则几个、多则几十个。支管接口有焊接加强接头和拔制管口两种，如图 6－11 所示。近年来，国内拔制集合管制造技术已臻完善，焊接加强接头的集合管就较少采用了。

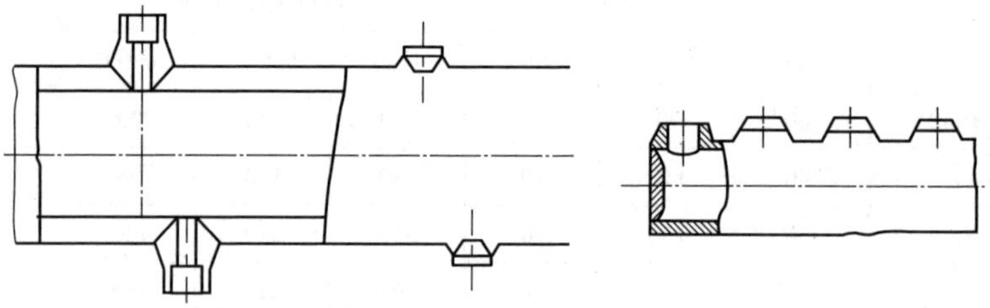

(a)焊加强接头的集合管　(b)拔制集合管

图 6－11　集合管

当集合管置于炉内时，其材质应与炉管相同。当集合管置于炉外时，一般可选用合金含量比炉管低而强度与之相当或更高的材质，如连续重整炉炉管材质为 P5 或 P9，而集合管材质常为 P11 或 P22。

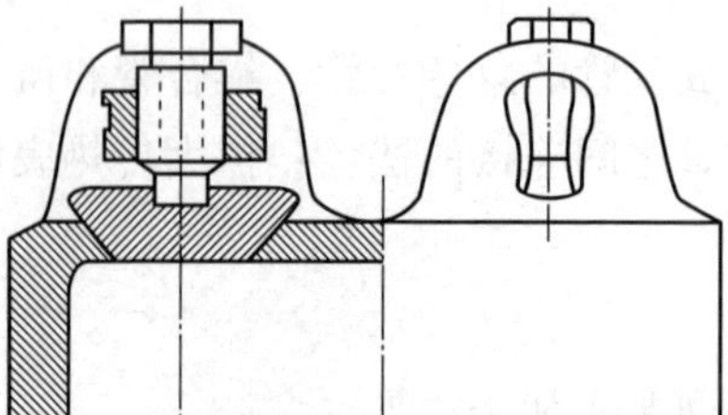

图 6－12　铸造回弯头

(3)铸造回弯头

铸造回弯头带有可拆卸堵头(图 6－12)，适用于管内需要机械清焦的管式炉，如焦化炉、沥青炉等。铸造回弯头与炉管的连接有胀接和焊接两种。胀接要求有足够的强度和硬度，其材质的碳含量较高。焊接则相反，要求碳含量≤0.2%，焊口附近的硬度≤200HB。随着空气－蒸汽烧焦技术水平的提高，以及在线清焦技术的推广，几乎不再使用机械清焦。因此，铸造回弯头逐渐被急弯弯管替代。

(4)法兰

根据操作条件从通用标准中选用。

2)钉头管和翅片管

管式炉对流室炉管内介质的传热系数一般都远大于管外烟气的传热系数。钉头管和翅片管(图6－13)就是用来强化管外对流传热的。钉头和翅片的材质应根据计算的钉头和翅片尖端温度按表6－5选用。另外钉头和翅片材质的热膨胀系数应与炉管相同或相近，以避免多次开停工后钉头或翅片从管壁剥离。

图6－13　钉头管和翅片管

表6－5　钉头和翅片材料的最高使用温度

钉头材料	最高使用温度/℃	翅片材料	最高使用温度/℃
碳钢	510	碳钢	450
5Cr－0.5Mo	600		
11～13Cr	650	11～13Cr	600
18Cr－8Ni	815	18Cr－8Ni	815

钉头与炉管的焊接一般采用埋弧焊或电阻焊。翅片与炉管的焊接一般采用高频焊或钎焊。当炉管材质是铬钼钢或钉头，翅片式铬钼钢和铬钢时，应采用焊前预热和焊后保温缓冷的措施，以避免焊根开裂。由于钉头焊接时的应力较大，当管内被加热的是高腐蚀性介质时，钉头管焊接完毕后应进行消除应力退火处理。

3)炉管支撑件

常用的炉管支撑件是管板和管架。在对流室的炉内和两端，卧管立式炉辐射式的两端设置管板；在辐射式的炉膛内设置各式各样的管架、吊钩、拉钩及管排连接件。除两端管板可采用钢板焊接外，其他炉管支撑件大都是铸造的。

炉管支撑件应根据其设计温度、设计载荷、许用应力和烟气腐蚀性进行选材和设计。

6.3.2.3 炉墙和耐火材料

炉墙(也称炉衬)的作用是耐火和隔热。现代管式炉常用的炉衬有三种结构：耐火砖、衬里(浇注料)和耐火陶瓷纤维。常用材料有以下几种。

(1)耐火砖

管式炉常用耐火砖有以下几种：

①黏土质耐火砖。用作燃烧器砖的牌号通常是 N－2a。这种砖也用于氢炉烟道盖板和火墙等处。

②黏土质隔热耐火砖。常用作对流室折流砖、炉底表面砖和圆筒炉侧砖墙等。常用的牌号有 NG－1.0 和 NG－0.8。

③高铝砖。常用 LZ－55 或 LZ－65 做火焰直接冲刷温度较低的火墙。

④高铝质隔热耐火砖。常用 LG－1.0 或 LG－0.8 做温度较低的火墙和制氢炉的烟道。

常用耐火砖的主要性能列于表 6－6。制氢炉附墙火焰的矮墙、制氢炉和裂解炉的高温炉墙常用莫来石质隔热耐火砖。这种砖国内使用和制造已经有三十多年的历史，但其标准目前才着手制定。表 6－7 所列其性能指标是根据 ASTM 标准和国内个别生产厂的数据做出的，仅供读者参考。

表 6－6　常用耐火砖的主要性能

名称		黏土质耐火砖		黏土质隔热耐火砖		高铝砖		高铝质隔热耐火砖	
牌号		PN－42	PN－40	NG130－1.0	NG130－0.8	LZ－65	LZ－55	LG140－1.0	LG140－0.8L
$w(Al_2O_3)$/%	$\mu_0 \geq$	42	40	—	—	65	55	48	
	σ	2.5		—	—	1.5		1.0	
$w(Fe_2O_3)$/%	$\mu_0 \leq$	2.0	—	—	—	—	—	2.0	
	σ	0.4		—		—	—	0.3	
显气孔率/%	$\mu_0 \leq$	20(22)	24(26)	—	—	24(26)	22(24)	—	
	σ	2.0		—	—	1.5		—	
常温耐压强度/MPa	$\mu_0 \geq$	45(35)	35(30)	3.5	3.5	50(40)	40(35)	3.5	2.5
	X_{min}	35(25)	25(20)	3.0	2.0	35(30)	30(35)	3.0	2.2
	σ	10		1.0		15		1.0	0.5

续表

名称		黏土质耐火砖		黏土质隔热耐火砖		高铝砖		高铝质隔热耐火砖	
0.2MPa 荷重软化温度 $T_{0.6}$/℃	$\mu_0 \geqslant$	1400	1350	—	—	1500	1450		
	σ	13		—	—	—	—	—	—
加热永久线变化	$U-L$	1400℃ ×2h —0.4 ~0.1	1350℃ ×2h —0.4 ~0.1	1300℃ ×2h —0.4 ~0.1	1250℃ ×2h —0.4 ~0.1	1450℃ ×2h —0.4 ~0.1		1400℃ ×12h —0.2 ~1.0	
导热系数/[W/(m·k)] 平均温度(350 ±25)℃	$X_{min} \leqslant$	—	—	0.40	0.35	—	—	0.5	0.35
标准号		GB/T 34188—2017		GB/T 3994—2013		GB/T 2988—2023		GB/T 3995—2014	

注：μ_0 代表合格质量批均值，σ 代表标准偏差估计值，U 代表上规范限，L 代表下规范限。

表 6-7 莫来石质隔热耐火砖性能指标

牌号		MG-23	MG-25	MG-26	MG-27
$w(Al_2O_3)$/%	$\mu_0 \geqslant$	45	50	55	60
	σ	1.0			
$w(Fe_2O_3)$/%	$\mu_0 \leqslant$	1.0	1.0	0.9	0.8
	σ	1.0			
体积密度	$\mu_0 \leqslant$	0.55	0.85	0.85	0.9
	σ	0.05			
常温耐压强度/MPa	$\mu_0 \geqslant$	1.0	1.5	2.0	2.5
	X_{min}	0.2	0.5		
	σ	10		1.0	
0.2MPa 荷重软化温度 $T_{0.6}$/℃	$\mu_0 \geqslant$	1400	1350	—	—
	σ	13		—	—
加热永久线变化	$U-L$	1230℃ ×12h —1.5 ~0.5	1350℃ ×12h —1.5 ~0.5	1400℃ ×12h —1.5 ~0.5	1450℃ ×12h —1.5 ~0.5
导热系数/[W/(m·k)] 平均温度(350 ±25)℃	$X_{min} \leqslant$	0.18	0.26	0.28	0.32
标准号		GB/T 25845—2018			

注：μ_0 代表合格质量批均值，σ 代表标准偏差估计值，U 代表上规范限，L 代表下规范限。

(2)耐火陶瓷纤维及其制品

耐火陶瓷纤维国内曾叫作陶瓷纤维、陶质纤维、耐火纤维、硅酸铝棉等，是一种新型的耐火材料。它具有一般纤维的特性(如柔软、强度高等)，可加工成各种纸、带、线绳、毡和毯等，又具有普通纤维所没有的耐高温、耐腐蚀和抗氧化的性能，克服了一般耐火材料的脆性。同时，有非常显著的节能效果。

a. 硅酸铝质耐火纤维用杂质含量较低的黏土熟料(焦宝石)作为原料，经1800～2000℃高温熔融、喷吹或甩丝成纤，纤维中 Al_2O_3 含量45%左右，长期使用温度不超过1000℃。

b. 高纯硅酸铝耐火纤维采用工业氧化铝和高纯硅石砂或石英砂作原料，亦可加入少量 B_2O_3 或 ZrO_2 等作为添加剂，经配料混合、熔融喷吹或甩丝成纤，制成的纤维含 $Al_2O_3$50%左右，$Al_2O_3+SiO_2>99\%$，最高使用温度1260℃，长期使用温度约1100℃。

c. 含铬硅酸铝耐火纤维以工业氧化铝、硅石粉和氧化铬为原料，按照硅石粉40%～60%、工业氧化铝40%～55%、氧化铬3%～6%配制，经熔融喷吹或甩丝成纤，最高使用温度1400℃，长期使用温度1150～1200℃。

d. 高铝耐火纤维以工业氧化铝和高纯硅石作为主要原料，配合料经熔融喷吹或甩丝成纤，得到氧化铝含量58%以上的高纯度玻璃态硅酸铝耐火纤维。最高使用温度1400℃，长期使用温度1200℃。

e. 莫来石质耐火纤维用氯化铝、金属铝粉、硅溶胶、冰乙酸及各种有机添加剂作原料，经制胶、纤维化、热处理等工艺过程，制得含 Al_2O_3 72%～80%的多晶纤维，其主要成分为莫来石，使用温度1300～1500℃。

f. 氧化铝耐火纤维用氯化铝、金属铝粉、硅溶胶、冰乙酸和各种有机添加剂作原料，经制胶、纤维化、热处理等工艺过程，制得含 Al_2O_3 95%左右、SiO_2 约5%的多晶纤维，其主要矿物成分为 $\theta-Al_2O_3$ 或 $\alpha-Al_2O_3$，使用温度1400～1600℃。

g. 氧化锆耐火纤维用醋酸锆、氧氯化锆及 YCl_3、$MgCl_2$、$CaCl_2$ 等作原料，经制胶、纤维化、热处理等工艺过程，制得主成分为 ZrO_2(含稳定剂)大于98%的耐火纤维，使用温度1600℃。

(3)隔热耐火浇注料

隔热耐火浇注料是由轻质骨料和结合剂组成的混合干料，加水或其他液体调配后使用，可以用喷涂、涂抹或捣制等方法施工。在石油化工管式炉上，施工成型后的隔热耐火浇注料一般叫作衬里，有时也将隔热耐火浇注料直接称为衬里或轻质耐热衬里。从前管式炉上只用124轻质耐火衬里，即高铝水泥：陶粒：蛭石＝1：2：4(体积比)。目前，国外管式炉上只用这种衬里，国内基本上已不用，主要原因是国产蛭石二次膨胀问题解决得不好，常常造成炉墙开裂。国内最近十多年来，研制和开发了许多种配方的隔热耐火浇注料，大多数仍用高铝水泥和陶粒，只是用漂珠和膨胀珍珠岩代替蛭石，有的加入一定量的超微粉以减少水泥用量，有的还加入少量的促凝剂和增强剂等混合而成。近年来，管式炉上还开始使用无水泥隔热耐火浇注料，或称气硬性隔热耐火浇注料。其结合剂改用干粉状的改性化学结合剂，而主料不变。由于采用了化学结合剂，气硬性隔热耐火浇注料相比使用水泥的水硬性耐火浇注料具有更多的优点：

①不用烘炉。由于没有水化反应，不需要烘炉排出结晶水，只需随工艺流程的要求缓慢升温即可。这将给石油化工厂带来可观的经济效益。

②没有过期问题。高铝水泥的保质期一般仅3个月，化学结合剂通常可以长期保存。这给采购和储存带来许多方便。

③不怕过冬。在北方，水硬性隔热耐火浇注料施工后，如果不烘炉过冬，会因结冰而变疏松，常常需要采取保暖措施，而气硬性隔热耐火浇注料无此问题。表6－8列出的是ASTM C401关于耐火浇注料按水泥用量分为四种的规定。

表6－8　ASTM C401关于耐火浇注料按水泥用量分类　%

名称	普通耐火浇注料	低水泥耐火浇注料	超低水泥耐火浇注料	无水泥耐火浇注料
CaO	>2.5	1.0～2.5	0.2～1.0	<0.2

6.3.2.4　高温临氢作业用耐火隔热材料的特殊性

制氢转化炉和合成氨一段转化炉冷壁下集合管用耐火隔热材料，以及合成氨二段转化炉用耐火隔热材料均在临氢状态下工作，其工作气氛是氢气加水蒸气，工作压力为2.5～4.5MPa，工作温度高达800～900℃。耐火隔热材料在这种高温临氢气氛下工作与在普通氧化性或还原性空气气氛下工作是完全不一样的。其特殊性主要在于氯离子限制、硅迁移问题、热导率大幅度增加等三个方面。在此不做详述，解决方法主要包括限制与奥氏体不锈钢接触的耐火隔热材料中的氯离子含量、二氧化硅含量（≤0.5%）。

6.4　蒸馏塔及其材料

原油是极其复杂的混合物，必须经过一系列加工处理，才能得到合格的石油产品。原油蒸馏是原油加工过程中必不可少的第一道工序。借助于蒸馏过程，将原油分割成相应的直馏汽油、煤油、轻柴油或重柴油馏分及各种润滑油馏分等。这些半成品馏分经过适当的精制和调和便成为合格的产品。在蒸馏过程中，也可以按不同的生产方案分割出一些二次加工过程所用的原料，如重整原料、催化裂化原料、加氢裂化原料等，以便进一步提高轻质油的产率或改善产品质量。所谓的原油一次加工，通常就是指原油的常减压蒸馏；而进行常减压蒸馏的设备，就是原油蒸馏塔。

6.4.1 蒸馏塔概述

目前，炼油厂最常采用的原油蒸馏工艺流程是两段汽化流程和三段汽化流程。所谓汽化段数就是原油经历的加热汽化蒸馏次数。两段汽化流程包括两个部分：常压蒸馏和减压蒸馏。三段汽化流程包括三个部分：原油初馏、常压蒸馏和减压蒸馏。下面介绍典型的三段汽化工艺流程。

石油蒸馏的目的是得到各种石油产品，以原油蒸馏为例，蒸馏的目的是把原油中沸点低于500~535℃的油品蒸馏出来并按照其沸点范围分割成为石油气、汽油、煤油、轻柴油、重柴油、催化裂化原料油及黏度在不同范围的润滑油原料。

一般原油蒸馏装置生产过程大致如下所述，原油由储罐经原油泵送入装置内部后，先经过一部分换热器换热，根据不同原油的脱盐要求换热到100~140℃，再进入电脱盐设备在加入洗涤水、破乳剂的情况下进行混合洗涤，然后在电脱盐罐中在700~1000V/cm的电场强度作用下聚结沉降脱除含盐污水，要求处理后的原油达到含盐量小于5mg/L原油，含水量低于0.3%的质量指标。脱水原油继续加热到190~240℃进入初馏塔或闪蒸塔蒸出少量轻质油品，塔底油经换热至270~310℃进入常压炉，加热到360~370℃进入常压塔。

常压塔塔顶蒸出汽油，以下侧线依次蒸出航空煤油、轻柴油、重柴油，常压蒸馏过程蒸出的油品数量(常压拔出率)相当于原油实沸点蒸馏切割到360~380℃的总馏出量。沸点更高的馏分油在常压蒸馏的条件下无法被蒸馏拔出，常压塔塔底产物俗称常底重油，送入减压炉内加热到390~410℃进入减压塔，采用真空精馏的方法蒸出重质馏分油。

减压蒸馏塔可以分为干式减压蒸馏与湿式减压蒸馏两种，干式减压蒸馏主要依靠抽到比较高的真空度的方法来进行蒸馏，而湿式减压蒸馏是指在蒸馏过程中，除了采用抽真空的方法协助油品汽化外，还利用在塔内通入过热水蒸气降低油气分压的方法以促进油品的汽化。为了降低塔顶冷却器的阻力，减少塔顶抽空器的负荷，减压塔馏出的产品基本上全部从侧线抽出。为了保证侧线产品的质量，侧线产品从蒸馏塔抽出之后进入汽提塔进行汽提操作，以保证侧线产品闪点等符合质量要求，常压测线以及生产润滑油的减压侧线基本上都设置有汽提塔。

典型的三段汽化常减压蒸馏工艺流程见图6-14。

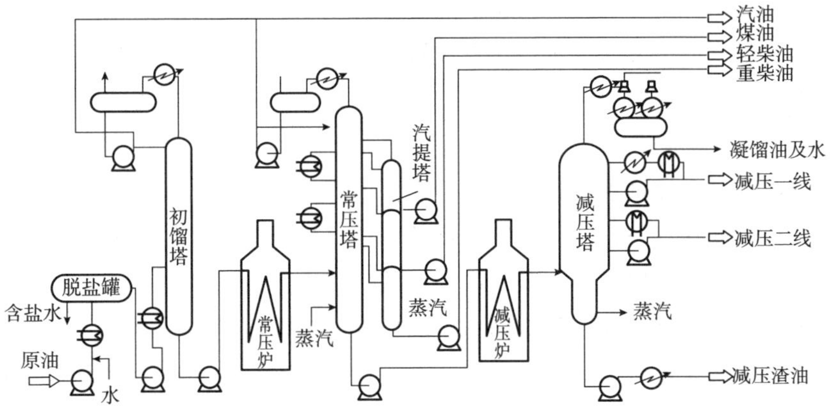

图 6－14　三段汽化常减压蒸馏工艺流程

原油蒸馏是否采用初馏塔应根据具体条件对有关因素进行综合分析后决定，其中原油性质是主要因素，下面分别讨论几种可能因素。

1) 原油轻馏分含量

原油在加热升温时，当其中轻质馏分逐渐汽化时，原油通过系统管路和换热器的流动阻力就会增大，因此在处理轻馏分含量高的原油时设置初馏塔。换热后的原油在初馏塔中分出部分轻馏分再进入常压炉，可显著减少换热系统压力降，避免原油泵出口压力过高，减少动力消耗和设备泄漏的可能性。原油中的轻质馏分含量到多少才应该采用初馏塔还与换热流程的安排有关，需通过综合对比才能得到合理的方案，一般认为，原油中汽油馏分含量接近或超过 20% 就应考虑设置初馏塔。

2) 原油脱水效果

若原油脱盐脱水不好，在原油加热时，水分汽化会增大流动阻力及引起系统操作不稳。水分汽化的同时盐分析出附着在换热器和加热炉管壁影响传热，甚至会堵塞管路。采用初馏塔可减小或避免上述不良影响。

3) 原油的硫含量和盐含量

在加工含硫、含盐高的原油时，虽然会采取一定的防腐措施，但很难彻底解决塔顶和冷凝系统的腐蚀问题。设置初馏塔后，可使大部分腐蚀转移到初馏塔系统，从而减轻主塔(常压塔)塔顶系统腐蚀，经济上是合算的。

4) 原油的砷含量

汽油馏分中砷含量取决于原油中砷含量以及原油被加热的程度，如作重整原料，砷是重整催化剂的严重毒物。例如，加工大庆原油时，初馏塔的进料仅经过换热温度达 230℃左右，此时初馏塔塔顶重整原料砷含量 $<200\mu g/kg$，而常压塔

进料因经加热炉加热温度达 370℃，常压塔塔顶汽油馏分砷含量达 1500μg/kg。当处理砷含量高的原油时，蒸馏装置设置初馏塔可得到含砷量低的重整原料。

此外，设置初馏塔有利于装置处理能力的提高，设置初馏塔并提高其操作压力(如达 0.3MPa)能减少塔顶回流油罐轻质汽油的损失等，因此蒸馏装置中常压部分设置双塔，虽然增加一定投资和费用，但可提高装置的操作适应性。当原油含砷、含轻质馏分量较低，并且所处理的原油品种变化不大时，可以采用二段汽化，即仅有一个常压塔和一个减压塔的常减压蒸馏流程。

为了节能，一些炼油厂对蒸馏装置的流程做了某些改动。例如，初馏塔开侧线并将馏出油送入常压塔第一中段回流中，或将初馏塔改为预闪蒸塔，塔顶油气送入常压塔内。

6.4.2 蒸馏塔的工艺特征

1)常压塔的工艺特征

原油精(蒸)馏塔的工作原理与一般精馏塔相同，但也有其自身特点，主要是它所处理的原料和所得到的产品组成比较复杂，不同于处理有限组分混合物的一般精馏塔。概括地说，结构上是带有多个侧线汽提的复合塔，在操作上是固定的供热量和小范围调节的回流比。

原油常压蒸馏就是原油在常压(或稍高于常压)下进行的蒸馏，所用的蒸馏设备称为原油常压精馏塔，简称常压塔，如图 6-15 所示。

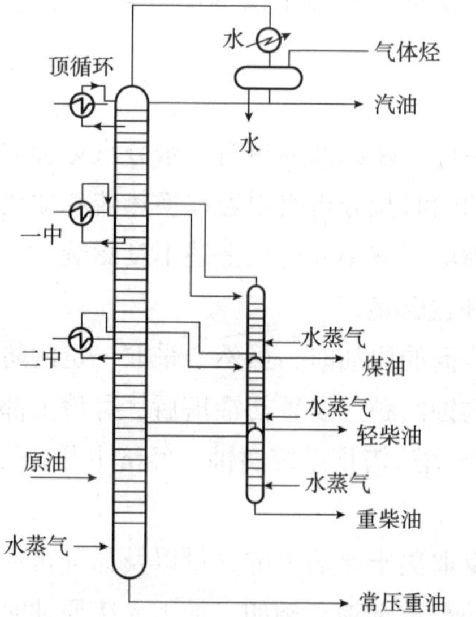

图 6-15　常压塔

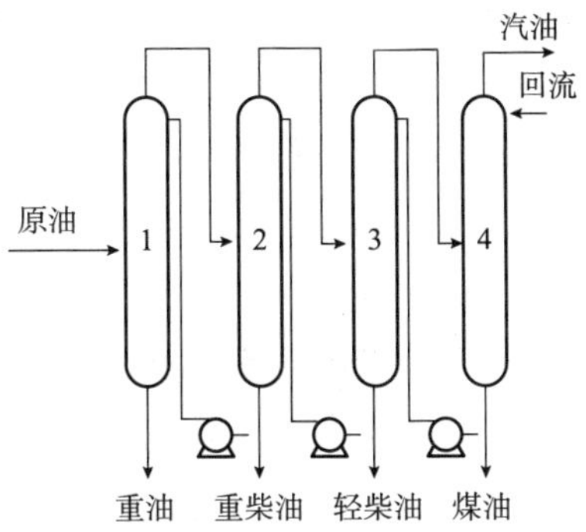

图6－16　常压蒸馏四塔分离方案

从常压塔系统的流程可以看出，常压塔系统实际上是一个相当于图6－16的常压蒸馏四塔分离方案的组合流程。它的主蒸馏塔——常压塔，实际上是由以下几个部分组成的。

①原油进料段（又称汽化段）下方是常底重油的提馏段。

②在原油进料段上方可看成由四个精馏段重叠布置而成的，见图6－16。每个精馏段相互连通，能够这样连接的原因主要是石油蒸馏产品分离要求不高，一般抽出3～5个侧线的塔，其总板数不超过45块，将这些塔重叠布置，既可以节省占地面积，又可以省去不少机泵，可以节约能耗。

③在主塔内除了顶部打入冷回流之外，在塔顶还设置了若干个循环回流。循环回流是从塔侧抽出流出物经换热后再从抽出板上部打入塔内的。

它的侧面的汽提塔相当于由图6－16中2、3、4三个精馏塔的提馏段重叠布置而成，三个提馏段是互相隔绝的。值得注意的是，在石油蒸馏塔的提馏段常常采用水蒸气汽提，水蒸气进入塔内降低了汽提塔内的油气分压，使侧线中的轻质油品得以挥发出来，从而保证了抽出侧线油品的闪点及其他质量指标，石油精馏塔侧线产品的提馏之所以用水蒸气汽提，而不是像常规精馏塔那样采用再沸器，主要是因为石油蒸馏塔侧线抽出温度比较高，难以解决再沸热源，而采用水蒸气方式在炼油厂简单易行。但是用水蒸气进行汽提由于水的汽化潜热高，是一般油品汽化热的10倍以上，故而生产汽提蒸汽以及在塔顶将其冷凝都要大量耗能，并且水的分子量低，采用水蒸气提馏将会使塔内气相负荷显著增加。有些产品，例如航空煤油，当少量水分混入油品中时，将会使其冰点显著上升，灯用煤油混入水分以后也会影响其浊点，故对这些油品最好采用再沸方式进行提馏。目前绝大多数炼油厂的航煤侧线已采用了再沸提馏的方式，少数炼油厂对生产灯用煤油的侧线也采用了再沸提馏的方式，其热源主要来自塔下部的高温侧线油品。国外也有个别炼油厂将常压炉少量出口热油返回初馏塔底作为提馏介质的工艺方案。

常压蒸馏工艺具有以下特征：

(1)常压塔是一个复合塔和不完全塔

原油通过常压蒸馏要切割成汽油、煤油、轻柴油、重柴油和重油等几种馏分。按照一般的多元精馏办法，需要有 $n-1$ 个精馏塔才能把原料分割成 n 个馏分。而常压塔是在塔的侧部开若干侧线以得到如上所述的多个馏分，就像 n 个塔叠在一起一样，故称为复合塔或复杂塔。这样的塔由于侧线产品未经过严格的提馏，分离能力较低，不可能分离得到较纯的组分，但由于对石油产品的分馏精确度要求不高，还是可以满足分离要求的，且具有占地面积小、投资少、能耗低的优点，因此被广泛应用于原油蒸馏中。

(2)设置汽提段和侧线汽提塔

对原油精馏塔，提馏段的底部常常不设再沸器，因为塔底温度较高，一般在350℃左右，在这样的高温下，很难找到合适的再沸器热源，通常向底部吹入少量过热水蒸气，以降低塔内的油气分压，使混入塔底重油中的轻组分汽化，这种方法称为汽提。因此，原油精馏塔的提馏段习惯上被称为汽提段，汽提段的分离效果不如一般精馏塔的提馏段。汽提所用的水蒸气通常是400～450℃，约为0.3MPa的过热水蒸气。

在复合塔内，汽油、煤油、柴油等产品之间只有精馏段而没有提馏段，侧线产品中会含有相当数量的轻组分，这不仅影响本侧线产品的质量(如闪点等)，而且降低了较轻馏分的收率。所以通常在常压塔的旁边设置若干个侧线汽提塔。侧线产品从常压塔中抽出，送入汽提塔上部，从该塔下部注入水蒸气进行汽提，汽提出的低沸点组分同水蒸气一道从汽提塔顶部引出返回主塔，侧线产品由汽提塔底部抽出装置。侧线汽提塔相当于一般精馏塔的提馏段，塔内通常设置3～4层塔板，因此可将这些汽提塔重叠起来，但相互之间是隔开的。

当某些侧线产品需严格控制水分含量时(如生产喷气燃料)，不能采取水蒸气汽提，而需用“热再沸”的方式，即侧线油品与温度较高的下一侧线油品换热，使之部分汽化，产生气相回流，起到提馏作用，这与使用再沸器的提馏段完全一样。

(3)基本固定的供热量和小范围调节的同流比

原油主要是各种烃类的混合物，在高于350℃的温度下就会受热分解而影响产品质量。因此常压塔进料温度通常限制在360～370℃，允许油料有轻微的分解，但又不至于严重影响产品质量。原油精馏所需的供热，主要是靠进料在加热炉中获得，使其加热到限定的最高温度后进入塔内，而不像一般精馏塔用塔底再沸器供热，这就意味着原油精馏塔的供热量大体上是固定的，因此回流比也大体上是固定的，在正常生产中调节余地很小，但由于对原油精馏的分离精确度要求不高，这样做还是能满足生产要求的。

(4)进料应有一定的过汽化率

原油精馏所需的热量，主要靠原油本身带入，因此原油在进料段的汽化率应略高于塔顶和各侧线产品收率的总和，以保证要求的拔出率或轻质油收率。这个过量的汽化百分率称为过汽化率。过量汽化的目的是使精馏塔最低侧线以下的几层塔板有一定的内回流，以保证其分馏效果。常压塔的过汽化率一般为2%～4%，但过汽化率也不宜太高，以免使进料温度过高而引起进料分解和能量消耗。

(5)恒分子回流的假定不成立

在二元和多元精馏塔的设计计算中，为了简化计算，对性质及沸点相近的组分所组成的体系作出了恒分子回流的近似假设，即在塔内的气、液相的摩尔流量不随塔高而变化，但石油是复杂混合物，各组分间的性质有很大的差别，它们的摩尔汽化相变焓可以相差很远，沸点之间的差别甚至可达几百度，例如，常压塔塔顶和塔底之间的温差就可达250℃左右。显然，以精馏塔上、下部温差不大，塔内各组分的摩尔汽化相变焓相近为基础作出的恒分子回流这一假设对常压塔是完全不适用的。

2)减压蒸馏塔的工艺特征

减压蒸馏塔就其生产用途来划分，可分为燃料型减压塔和润滑油型减压塔两类，燃料型减压塔主要是为催化裂化或加氢裂化装置提供原料，一般只有2～3个侧线，除在下部侧线控制残炭含量之外，在馏分切割上没有十分严格的要求。实际上在塔内没有严格意义的精馏段，每个抽出侧线抽出以后本部分油品返回该段顶部进行循环回流取热。可以将其视为气液直接接触的冷凝器，侧线也不设汽提塔。

润滑油型减压塔的主要任务是将沸点在350～520℃的石油馏分切割成为轻重不同的4～5个产品，以适应生产不同黏度要求的基础润滑油，而且要求润滑油的每个馏分的沸点范围不得过宽，因此分割要求比较严格，每个精馏段都设置了4～6块精馏塔板，如果需要用循环回流取热，则还需要增设塔板。为了改善分割效果，每个侧线都设有汽提塔，采用水蒸气进行汽提。因此润滑油型减压塔绝大部分是湿式减压蒸馏，而燃料型减压塔目前多数都是干式减压蒸馏。

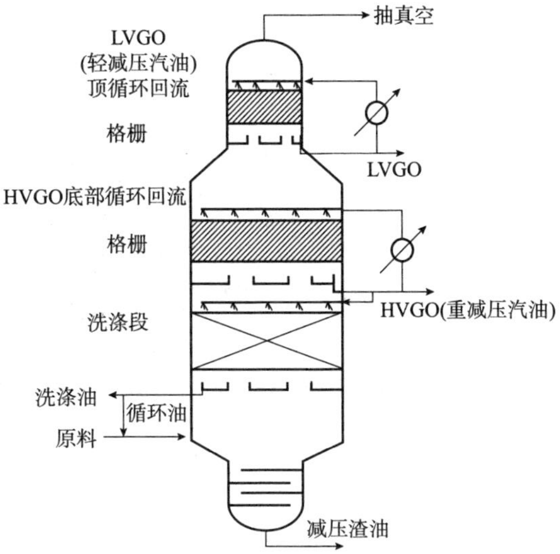

图6－17 燃料型减压塔

燃料型减压蒸馏和润滑油型减压蒸馏的流程分别见图6－17和图6－18，要实现减压蒸馏必然不能离开抽真空设备。干式减压蒸馏采用三级抽真空的工艺流程，湿式减压蒸馏由于对真空度要求不高，一般采用二级抽真空工艺流程。为了在真空的条件下能顺利排出在抽空器后冷凝器中产生的冷凝水，在工程设计时一般将冷凝器放在比较高的位置，下面连接高度在 9m 以上的排水管，排水管的下端插没在水面下方以免空气漏入设备内。减压塔真空系统的流程见图 6 – 19。

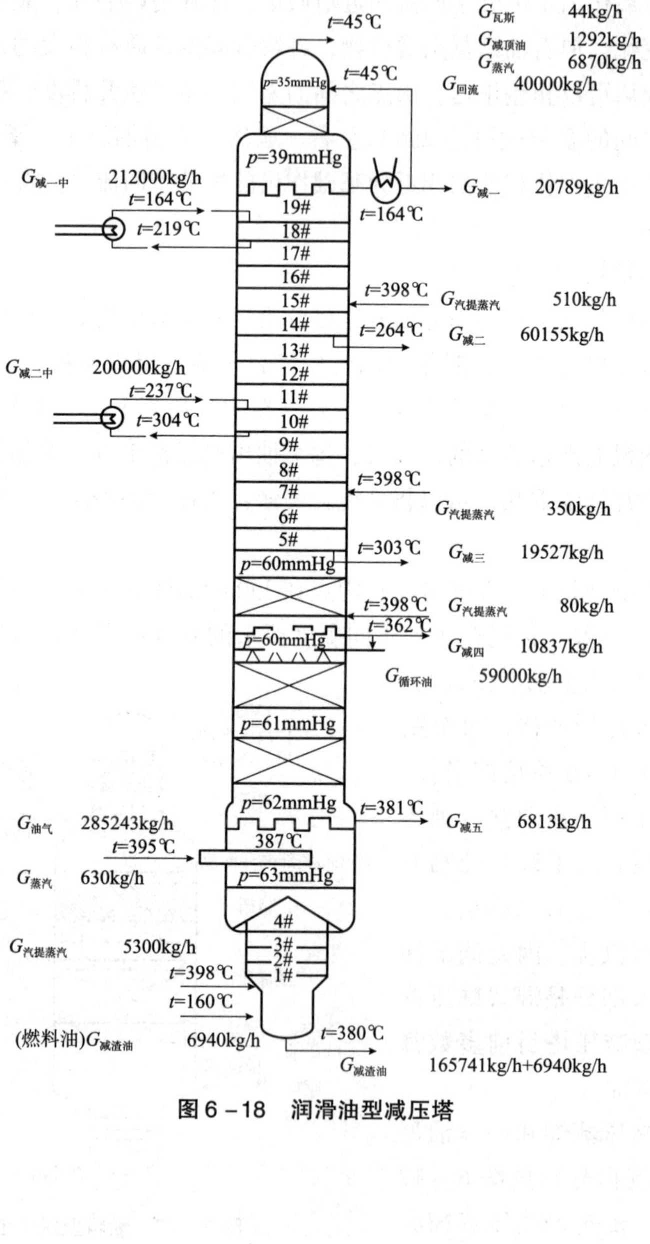

图 6 – 18　润滑油型减压塔

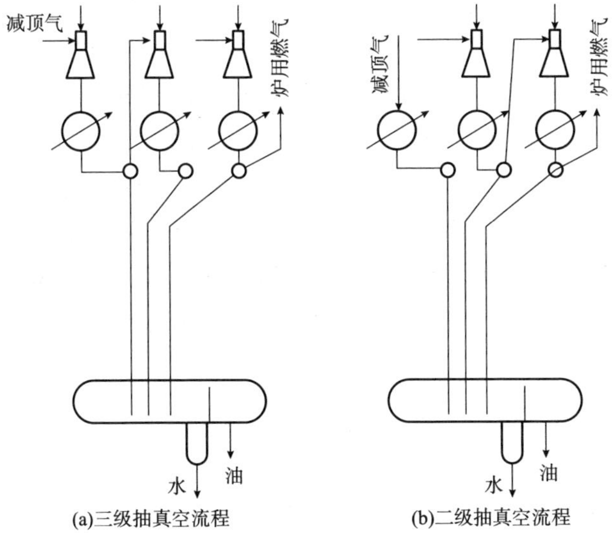

图 6－19 减压塔的真空系统

3）催化裂化分馏塔

馏程范围在 350～530℃的混合馏分油经催化裂化反应之后生成以下产物。

①催化裂化干气：主要包括惰性气体（H_2、N_2、CO、CO_2、H_2S 等）、C_2烃以及少量的 C_3、C_4烃。

②液化气：主要是 C_3、C_4的烷烃和烯烃，并有少量 C_5以上的烃类。

③汽油。

④柴油。

⑤回炼油。

⑥催化油浆。

催化裂化分馏塔的流程见图 6－20，温度高达 460～500℃的催化裂化产物是含有大量催化剂粉末的过热油气。在催化裂化塔底部进料。在进料段的上方称为脱过热段，脱过热段设置有人字挡板，利用塔底油浆提供塔底循环回流。过热的油气与过热段上方注入的经过冷却的催化油浆相接触，使油气由过热状态变成饱和状态，以便进入精馏段进行分离，通过油浆对油气的洗涤作用，使油气中的催化剂粉末转移到油浆中，从而保护上方的精馏塔板免被催化剂粉末污染和堵塞。

由于高温热油气入塔，大部分产品是在较低的温度下以液相抽出，因而在催化裂化分馏塔内有大量过剩的热量需要通过回流取出。催化裂化分馏塔除过热段采用塔底循环回流之外，还设有 1～2 个中段循环回流和顶循环回流，所提供的热量除预热催化裂化原料油之外还用以产生蒸汽。有些装置还与常减压蒸馏装置联合，为常减压蒸馏装置提供热源，使其与初馏塔底油或闪蒸塔底油进行换热，换热后的原油温度可以提高到300～315℃后再进入常压加热炉，从而使常减压蒸馏装置的加工能耗显著降低。催化裂化装置顶部的回流取热一般采用顶循环回流而不使用冷回流，其原因在于催化裂化分馏塔塔顶馏出物中含有大量的裂化气，在大量不凝气体存在的情况下，塔顶冷凝冷却器的传热系数较小，采用塔顶循环回流取热可以降低塔顶冷凝冷却器的热负荷。由于取消了冷回流，塔顶馏出物数量减少，在塔顶管线和冷凝冷却器中的油气密度降低，流速减小，从而使其阻力降明显减小，有助于提高富气压缩机的入口压力，有利于吸收稳定工序的操作。

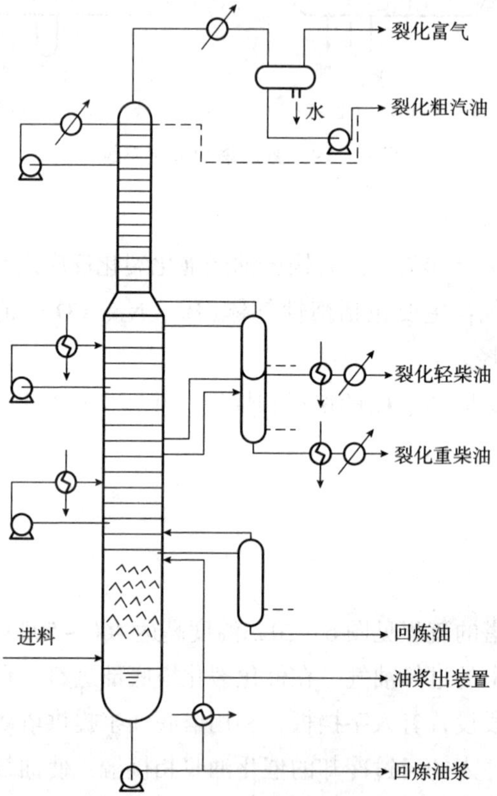

图6－20　催化裂化分馏塔的流程

催化裂化塔塔体从结构来看也有其特点，由图6－20中很容易看出催化裂化主分馏塔是一个只有精馏段的不完全精馏塔。其原因在于抽出的催化裂化油浆量很少，而且抽出温度很高的油浆即使含轻馏分其绝对数量也是很少的，不进行汽提也不会对催化裂化装置的轻油收率产生明显的影响。从简化催化裂化蒸馏塔的结构，节约投资和操作费用的角度来看，没有必要设置油浆的提馏段。

4)焦化分馏塔

焦化是以常减压蒸馏装置中的减压渣油为原料，在加热到500℃甚至更高温度的条件下减压渣油同时发生热裂解和缩合反应，得到焦化气体、汽油、柴油以及大量的焦化蜡油，同时得到石油焦的过程。焦化产物自焦炭塔进入焦化分馏塔进行分离，其流程见图6-21。焦化分馏塔的进料情况与催化裂化分馏塔有些类似，油气也是处于高温过热状态，同时也带有一定数量的焦炭粉。焦化分馏塔是通过焦化反应产物与焦化原料油——减压渣油换热来解决入塔油气过热的问题，同时也为预热减压渣油提供了热量，焦化分馏塔的下部也装有人字挡板，提供气相与减压渣油换热的气液接触传热的条件，由于该段具有预热焦化原料油的功能，因此把该段命名为预热段。焦化分馏塔塔顶同样也采用顶循环回流取热，一般由于焦化柴油性能不好，需要经过加氢精制等二次加工，在焦化分馏塔中焦化柴油采用侧线产品的方式。焦化柴油抽出侧线的下部塔，下方的中段循环回流取走了全部的内回流热。

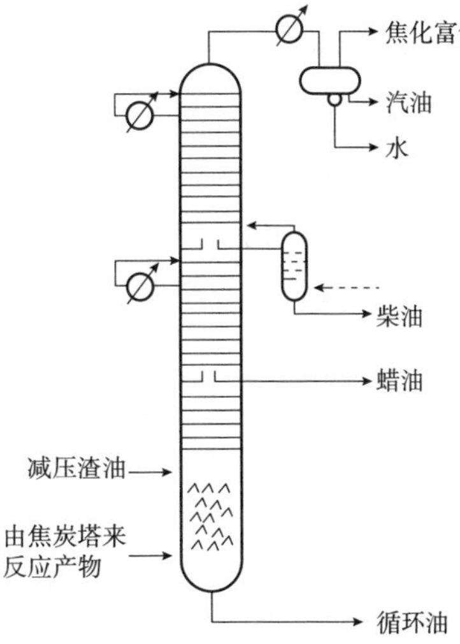

图6-21　焦化分馏塔

6.4.3　蒸馏塔常用材料分类

蒸馏装置主要设备有加热炉、塔、容器、冷换设备和机泵五大类，共有160多台件。由于加热炉在前文中已进行介绍，本节不作讨论。蒸馏装置其他四部分设备分述如下。

①塔：塔是蒸馏装置的主体设备，是实现气相和液相或液相和液相间传热的设备。一般由塔体、头盖、塔底支座、塔板、接管、人孔、塔侧线馏出口、塔的进料口、破沫网、外部保温层和平台梯子等组成。

蒸馏装置塔器为板式塔，塔盘板由降液管、出口堰、入口堰、塔板组成，一般常见形式有泡罩塔板、筛孔塔板、浮阀塔板、喷射塔板、斜孔塔板、网孔塔板、筛板塔板等。

②容器：蒸馏装置中主要容器的用处不同，主要用在原油脱盐和分馏后的油气冷凝冷却分离中。

③冷换设备：蒸馏装置冷换设备主要有管壳式换热器、冷却器、空冷器、热管式换热器，其中常用的是浮头式换热器及空冷片。浮头式换热器管束一端可相对壳体滑动，可承受较大的管壳程间温差热应力，浮头端可拆卸，管束可抽出，方便检修。空冷器是一种以空气代替冷却水作为冷却介质的换热器，湿空冷器在传统空冷器(干空冷器)的基础上，增加了喷淋水系统，利用水蒸发吸热来大幅提高冷却效率。

④机泵：蒸馏装置主要是离心式油泵(简称离心泵)，离心泵靠内外压差将液体吸入，靠高速旋转的叶轮使液体得到能量，靠排出室使液体压力升高，并以压力形式将液体输送出去。离心泵的主要部件有轴、叶轮、泵体、轴承、轴承箱、轴套、密封装置、轴向推力平衡装置、对轮。

在原油蒸馏过程中，有些部件不仅要承受较高的温度，而且原油组分复杂，在蒸馏过程中会导致产生低温 $HCl-H_2S-H_2O$ 腐蚀、硫及硫化物腐蚀和高温环烷酸腐蚀，其中以高温环烷酸腐蚀尤为突出，对蒸馏装置选材的防腐蚀性能提出了较高的要求。针对这些问题，在蒸馏塔设备选材用材方面，主要分为以下几类。

1)碳钢

碳钢中常用的钢种是20R系列材料。20R(已经由GB/T 713—2023《承压设备用钢板和钢带》中Q245R代替)是一种低碳低合金碳素钢，总力学性能优良，是石油化工设备中的常用材料。国内相应的牌号还有20R－Z35，国外相应的牌号有SA516－60和SA285GrB等。由于20R强度低和韧性好，是目前湿 H_2S 环境下的常用材料。其化学成分如表6－9所示。

表6－9　20R的化学成分　　%

元素	C	Si	Mn	P	S	Cr
含量	≤0.20	≤0.35	0.50～1.00	≤0.025	≤0.015	≤0.30

2)铬钼钢

铬钼钢是石油化工常用材料，铬、钼均能有效地提高钢的蠕变断裂强度和高温持久强度。铬钼钢作为耐热材料在石油炼制工业中应用于高温压力容器、加热炉管、热换器及其他受热部件用材。

铬钼钢在不同温度下的使用极限随钢中铬含量提高而增高。钢中Cr含量从5%起，铬的影响就逐渐明显。在600～650℃温度下含Cr 5%的钢具有良好的抗氧化性，而低合金钢在此温度下却猛烈氧化，随着Cr含量增加到10%～12%，钢在800℃下也能保持稳定。

在高温硫化物、环烷酸腐蚀介质中常用 Cr5Mo 钢，它的耐蚀性和高温强度比碳素钢高出好多倍。Cr5Mo 钢的化学成分如表 6－10 所示。

表 6－10 Cr5Mo 钢的化学成分 %

元素	C	Mn	Si	Cr	Mo	S	P
含量	≤0.15	0.30～0.60	≤0.50	4.0～6.0	0.45～0.65	≤0.025	≤0.025

铬钼钢在焊接时必须考虑焊接裂纹及由热处理引起的机械性能变化。铬含量增高 2%～3% 以上的铬钼钢，其焊缝金属和焊接热影响区就会显著硬化。因此，在焊接时为了避免硬化裂纹就必须采取预热，通常预热处理可以降低焊缝区的残余应力，降低硬度并改善金相组织。

在蒸馏装置中，Cr5Mo 主要应用于加热炉炉管，炉温度 800℃以下，介质温度 360～390℃，在使用过程中耐蚀性和高温强度较好。主要用在炉子各路辐射室进口。具体腐蚀速率在 0.1mm/a 左右。

3）奥氏体不锈钢

蒸馏装置应用的奥氏体不锈钢主要是 18－8 型不锈钢和 316L。单相奥氏体组织的抗酸腐蚀能力强，Cr－Ni 含量越高，耐蚀能力越强。

（1）18－8 型不锈钢

18－8 型不锈钢的化学成分如表 6－11 所示。18－8 型不锈钢中含有约 18% 的 Cr，主要作用是产生钝化，阻碍阳极反应，增加耐蚀性；含约 9% Ni，主要作用是扩大 γ 区。铬镍的共同作用进一步改善了钢的耐蚀性。钢中加入 Ni 的目的，主要是抑制 $(Cr、Fe)_{23}C_6$ 在晶界析出，Ni 含量一般≥0.8%，过多会出现铁素体和产生夹杂物，降低钢的耐蚀性，还可能导致产生裂纹。

表 6－11 18－8 型不锈钢的化学成分 %

元素	C	Mn	P	S	Si	Cr	Ni	N
含量	≤0.07	≤2.00	≤0.045	≤0.030	≤0.75	17.5～19.5	8.0～10.5	≤0.10

但 18－8 型奥氏体不锈钢在使用中有产生晶间腐蚀的危险，原因是碳在常温下在奥氏体内的溶解度是很小的，所以奥氏体不锈钢是一种过饱和固溶体，是不稳定的，当将它加热到 400～850℃时，或将它冷变形使晶格歪扭，将会促使这种不稳定固溶体中的碳慢慢析出而聚集在晶粒界面上。由于碳很容易与铬生成碳化物，碳的析出也就使晶界附近晶粒内的铬带到晶界面上来，这样就使晶界面上铬含量很高，而晶界面附近的铬含量就低于耐腐蚀所必需的最低铬含量（13%），所以沿晶界处就被腐蚀，称为晶间腐蚀。

为提高 18－8 型不锈钢的耐蚀性能，一般采取固溶化处理以及选择合理焊接工艺等方法。

(2)316L 不锈钢

316L 不锈钢(00Cr17Ni14Mo2)是经典 18－8(Cr－Ni)不锈钢成分改进型合金，是为改善耐腐蚀性能而发展的一种 CrNi－Mo 型超低碳不锈钢，其化学成分如表6－12所示。316L 不锈钢属于耐介质腐蚀的钢，又称不锈耐酸钢。应用过程中，常称耐弱腐蚀介质的钢为不锈钢，称耐化学介质的钢为耐酸钢。由于这两种钢存在化学成分上的不同，因此不锈钢不一定耐化学腐蚀，而耐酸钢一般不易生锈。不锈钢的耐腐蚀程度主要取决于钢中所含的合金元素。316L 属于含钼元素的不锈钢种，因钢中含钼，使得该钢种总体性能优于 310 和 304 不锈钢。高温条件下，316L 不锈钢常被应用于浓度低于 15% 或高于 85% 的硫酸环境下。316L 不锈钢还具有极佳的耐氯化物侵蚀性能，被广泛应用于海洋环境作业设备中。

表 6－12　316L 不锈钢的化学成分　　%

元素	C	Mn	P	S	Cr	Ni	Mo
含量	≤0.03	≤2.00	≤0.045	≤0.030	16.0～18.0	10.0～14.0	2.00～3.00

316L 不锈钢在 1600℃以下的间断性使用和 700℃以下的连续使用中均具有良好的耐氧化性能，但不能在 800～1575℃连续使用。当在该温度范围以外连续使用 316L 不锈钢时，该不锈钢又具有良好的耐热性。

316L 不锈钢还具有优异的焊接性能，在所有标准的焊接方法中均适用。在焊接时，可根据用途分别采用 316Cb、316L 或 309Cb 不锈钢填料棒或焊条进行焊接。

如果对 316L 不锈钢的焊接断面进行焊后退火处理，可以获得最佳的材质耐腐蚀性能。而如果直接使用 316L 不锈钢，则无须进行焊后退火处理。

将 316L 与 20R 材料进行复合，可以将不锈钢良好的防腐蚀性能和碳素钢优良的机械性能结合起来，这种复合材料能够有效防止高温硫和环烷酸的腐蚀，解决了不锈钢在设备制造过程中的一些实际困难，价格便宜，可使成本降低。

4)渗铝钢

渗铝是在高温条件下活性铝原子扩散到碳钢或合金的表层形成铝铁合金层的一种工艺方法，表面具有铝铁合金的钢叫渗铝钢。渗铝在母材表面形成 0.1～0.3mm 的渗铝表层，渗铝层具有耐磨、耐蚀和抗氧化性能，且母材本身的性能不变或有所提高。

渗铝的方法有很多，如热浸法、包埋法、料浆感应法等。我们通常采用的渗铝钢方法是包埋渗铝工艺。

钢材渗铝温度在 Ac3 点以上奥氏体内，一般为 1000℃左右，由于渗铝后冷却速度不同，母材可能出现各种不同的相变组织。低碳钢渗铝后不会产生相变，只有晶粒大小的变化，若渗铝工艺恰当，晶粒变细小，可提高强度和韧性，故应用最广。以 20 钢渗铝为例，渗铝后空冷速度较快，晶粒细化，由原来的 5 ~ 6 级升到 7 ~ 8 级，强度和韧性都有所提高。

在高温氧化环境中，包埋渗铝钢的性能优于多数不锈钢。不锈钢的抗氧化性能是它生成一层富铬氧化膜，保护了下层钢材。同样，渗铝钢表面生成氧化铝膜，比氧化铬更稳定。例如，20 钢的使用温度为 500℃，渗铝后使用温度可提高到 800℃，达到 1Cr18Ni9Ti 不锈钢的使用温度。

此外，渗铝钢耐蚀性能极优。渗铝钢的耐环烷酸腐蚀性能大大优于 18 – 8 钢并与高级材料 316L 接近。渗铝钢对高温 H_2S 也具有很好的耐蚀性，其性能优于 18 – 8、0Cr13、12AlMoV，与 316L 性能接近。

渗铝钢每吨价格为 18 – 8 钢的 60%左右，而寿命却远高于 18 – 8 钢，渗铝钢的应用节约了大量检修费用，延长装置开工周期，经济效果十分可观。

参考文献

[1]王学生．化工设备设计[M]．上海：华东理工大学出版社，2017.

[2]聂清德．化工设备设计[M]．北京：化学工业出版社，1996.

[3]顾芳珍，陈国恒．化工设备设计基础[M]．天津：天津大学出版社，1994.

[4]国家能源局．NB/T 47042—2014 卧式容器[S]．北京：新华出版社，2014.

[5]国家能源局．NB/T 47041—2014 塔式容器[S]．北京：新华出版社，2014.

[6]林玉娟，王庆慧，丁宇齐．石油化工典型设备设计指导[M]．北京：中国石化出版社，2016.

[7]夏清，陈常贵．化工原理(下)[M]．天津：天津大学出版社，2005.

[8]卓震．化工容器及设备[M]．北京：中国石化出版社，2008.

[9]喻建良．化工设备机械基础[M]．大连：大连理工大学出版社，2015.

第7章　海洋石油装备及用材

海洋钻井分为海上钻井、海底钻井和深海科研钻井三类，主要是海上钻井。

海上钻井是在追踪陆地油田在海底延伸的过程中开始的。1890年，开始海洋油气勘探。根据陆地油气田向海洋延伸的趋势，在海岸边修建栈桥，开展海边浅水域的石油钻井。1920年，美国在委内瑞拉的马拉开波湖进行石油普查钻井。苏联也根据泥火山理论，在里海开始了从巴库到阿普塞隆近海油气田的勘探开发。当时是以木制的固定栈桥与陆岸相连接的。到了20世纪70年代末，欧洲许多国家在北海海域陆续开始油气勘探，并使之成为世界上油气勘探开发最活跃的地区。70年代初，全世界有75个国家在近海寻找石油，其中有45个国家进行海上钻探，30个国家在海上采油。80年代，全世界从事海上石油勘探开发的国家或地区超过100个。

目前，世界各国在海上寻找石油、天然气的活动正在向深水、超深水发展。海底油气资源的勘探、开发，已成为沿海国家重要的经济活动内容。

7.1　海洋钻井概述

7.1.1　海洋钻井的主要特点

海洋钻井基本是沿用陆上钻井的工艺方法，所不同的是海上钻井处于狂风巨浪的侵袭中，且与海底隔着巨大的水体，要在复杂的条件下完成钻井作业，其特点有以下几方面：

①在海上要求提供安装钻井的机械设备和钻井工作的场地，即海上钻井采油平台。将全套的钻井机械设备安装在平台上成为在海上能独立完成钻进工作的装置。

②采用浮动钻井装置钻井，要克服在浮动条件下作业的不利因素，满足井底钻压、将钻具导向海底井口、保持井位等技术要求，需要有升沉补偿装置、水下井口导向装置、伸缩隔水管系和自动定位装置等。

③海上建造平台费用昂贵、操作难度大。因此海上生产井一般均打丛式井

(定向井)。为了提高海上钻井速度，确保钻井的质量，海上钻井应用了高新钻井工艺技术和钻井方法。

④井身结构复杂，套管尺寸大，层次多。

⑤有一套防腐措施和设备。

⑥先进的交通、通信及良好的生活保障。

⑦要有坚不可摧的井场。

⑧注意安全。

⑨遵守海洋法。

7.1.2　海洋环境条件对钻井装备的影响和特殊要求

7.1.2.1　海洋环境条件对钻井装备的影响

海洋为人类提供了丰富的资源，但变化多端的海水给人类获取海洋资源增添了巨大的困难和风险。要获取海底油气资源，首先必须建造安全可靠的、能牢牢立在海面上的工作平台，这是开发海洋资源的前提和基础。

海上石油天然气的钻采工艺与陆上基本相同，所不同的是工作环境，陆上钻采设备不受场地限制，可以分散布置，而海上钻采设备必须集中布置在狭小的海洋平台上，受暴风雨、洋流、风力、化学腐蚀，寒冷环境下钢料强度、水深及钻井成本等问题的影响，自然条件恶劣，操作工况十分复杂。海洋钻井平台投资大，作业风险高，而且海上市场有诸多不确定因素。此外，海洋钻井远离陆地，运输十分困难。

海洋环境的特殊条件对钻井装备的影响很大，故海上平台及钻井设备除必须达到陆上设备的要求外，还要具备适合海上油气开发特点(经受得起风、浪、潮、流、冰、涌等海洋环境因素的冲击)的结构，以克服在海上作业的困难。

7.1.2.2　海洋环境条件对钻井装备的特殊要求

1)安全性

海上钻井平台离岸较远，平台空间不大，设备布置无足够的安全距离，操作者的活动空间有限，平台常年处于风、浪、潮之中，一旦发生事故，则救援困难，后果严重。因此，海洋石油钻井设备必须满足防爆、防火、防烟雾的要求，并要有完善的监控系统，以防事故发生。

2)可靠性

各类海洋钻井平台的造价都很高，若租用钻井平台，日租金也非常昂贵，如自升式钻井平台的日租金为2.5万~3万美元，半潜式钻井平台的日租金为

5 万 ~8 万美元，如果钻机性能不佳导致经常停修，就会造成很大的经济损失。因此，要求钻机各部件的性能都要十分可靠，且经久耐用，尤其是平台的供电设备必须十分可靠，一旦断电停产，不仅会造成经济损失，而且可能造成重大事故。

3)设备能力配备

海上钻井远离后方基地，设备故障所造成的损失及修复所需要的时间均大大超过陆地上，因此，海上钻井一般选用工作能力较大的设备以减少故障发生，即在相同井深条件下，海上配备的钻井设备能力一般比陆地上高 20% ~25%。目前，海上多选用钻深为 7000 ~ 8000m 的钻机、70 ~ 100t 提升能力的修井机。在油田生产后期，如果用修井机补钻调整井或加密井、分支井，修井机的提升能力要达到 100 ~ 150t。

4)柴油机电驱动方式

海上钻井平台离岸较远，无工业电网供电，平台用电靠自配电站供电。海上钻井平台采用多台大功率柴油发电机组发电，供各电动机分别驱动钻井绞车、泥浆泵、转盘、顶部驱动装置等钻井工作主机。

5)可钻或修多口井

钻机或修井机可在平台上纵、横移动，即从一个井位很快移到另一个井位。目前，世界上有的平台最多可钻或修 97 口井，一般的平台可钻或修几口至几十口井。

6)配备应急设备

海上钻井平台必须配备应急设备，如柴油发电机组配有应急柴油发电机，转盘配有应急驱动链轮，泥浆泵配有应急泵。当主要机组出现故障时，相应的应急设备可以立即启动，以保证全平台的生活和动力用电，避免卡钻事故的发生。

7)技术先进、效率高

海洋钻井平台的空间十分有限，因此，平台上所采用的钻井设备要求必须技术先进、体积小、质量轻、效率高。

在同样技术性能的前提下，设备体积越小，钻井平台的建造费用也就越低。

7.1.3 海上钻井装置的类型

7.1.3.1 海洋石油平台

海上石油平台(图 7 -1、图 7 -2)是一种岛状空间结构物，具有一个高出海面的水平台面，是一种可供进行生产作业或其他活动用的海上工程设施。海上石油平台是海上石油开采的主要装置，它的分类方法有很多，其中按用途大体可以为四类。

①钻井/勘探平台：主要用于勘探石油资源、钻探石油。

②采油平台：主要用于石油生产。

③中心平台：用于石油初步加工和石油输送。

④储存式平台：主要用于石油采集后海上储存，并且还有预处理功能。

以上四种平台又可以细分为很多类，下面我们主要讲述一下海洋钻井平台的分类及其特点。

图7－1　海上石油平台

图7－2　海洋石油平台群和海洋石油平台模型

7.1.3.2　海上钻井装置的分类

海洋钻井平台(Drilling Platform)是主要用于钻探井的海上结构物。平台上装钻井、动力、通信、导航等设备，以及安全救生和人员生活设施，是海上油气勘探开发不可缺少的手段。

开发海洋石油，首先从浅水海域开始，然后逐渐向深海发展。海洋钻井平台经历了由浅海到深海、由简单到复杂的发展过程。海洋石油钻井平台可分为两类：固定式钻井平台、移动式钻井平台。其具体分类如下所示。

- 海上钻井装置
  - 固定式
    - 导管架式钻井平台
    - 重力式钻井平台
    - 张力腿式钻井平台
    - 绷绳塔式钻井平台
  - 移动式
    - 底撑式平台
      - 坐底式钻井平台
      - 自升式钻井平台
    - 浮动式平台
      - 半潜式钻井平台
      - 浮式钻井船

海洋钻井平台如图 7－3 所示。

图 7－3　海洋钻井平台

1)固定式钻井平台

固定式钻井平台，固定于海底，在整个使用寿命期内位置固定不变，不能再移动。主要用于有工业油流的油田，一般工作水深在20m左右(如渤海早期的埕北A/B钻井平台)。某些钻采综合固定平台的工作水深超过90m，但平台建造费用较高。固定式平台的结构特点是通过管架结构在海底将平台固定。

(1)固定式钻井平台的主要类型

按导管架结构分：直桩式、直桩－斜桩式、联结式。

按桩柱结构分：木桩、钢桩、混凝土。混凝土桩要先预制好，再在海上打桩。现在的钢管桩都要在管中加注混凝土。

按打桩的设施分：带桩架、不带桩架。

按设备布置分：带浮船、不带浮船。

按照结构特点分：导管架式钻井平台、重力式钻井平台、张力腿式钻井平台、绷绳塔式钻井平台。

①固定式钻井平台——张力腿式。张力腿式钻井平台(TLP)是利用绷紧状态下的锚索产生的拉力与平台的剩余浮力相平衡的钻井平台或生产平台，如图7－4所示。

图7－4 张力腿式钻井平台

②固定式钻井平台——导管架式。导管架式钻井平台是在软土地基上应用较多的一种桩基平台，如图7－5所示。

图7－5 导管架式钻井平台

③固定式钻井平台——重力式。重力式钻井平台是靠平台自身重量稳坐在海底坚实土层之上，如图7－6所示。

④固定式钻井平台——绷绳塔式。绷绳塔式钻井平台亦称牵索塔式钻井平台，是将一个预制的钢质塔身安放在海底基础块上，四周用钢索锚定拉紧而成，如图7-7所示。它适用于水深较大的海域。

图7-6　重力式钻井平台

图7-7　绷绳塔式钻井平台

(2)各类固定式钻井平台性能对比

各类固定式钻井平台性能对比如表7-1所示。

表7-1　各类固定式钻井平台性能对比

性能指标	导管架式	重力式	张力腿式	绷绳塔式
用途	钻井、采油	钻井、采油、集输	钻井、采油	钻井、采油
工作水深/m	到达400	超过150	超过180	超过300
可钻井深/m	超过3000	超过3000	超过3000	超过3000
海底条件限制	对海底无特殊要求	要求平整、稳定的海底	各种海底	各种海底
灵活性	极差	极差	差	差
可钻井数/口	10~70	10~70		
工作效率/%	90	90	90	90
安全性	好	好	好	好
定位方法	桩基固定	靠重力定位	靠张力腿定位	桩和绷绳定位
船体储藏能力	较大	很大	较大	大

(3)固定式钻井平台的优缺点

固定式钻井平台的优点是稳定，海面气象条件对它的影响较小，而且完井后可作为采油平台，使用时间大大延长；但是，它的灵活性差，不能及时运移，而且造价高，不能在较深的水域工作。

固定式钻井平台的面积和平台上的设备都要合理，而且结构强度要满足要求。

2)移动式钻井平台

移动式钻井平台，作业完成后，可拖航或自航到其他地点。包括坐底式钻井平台、自升式钻井平台、半潜式钻井平台以及浮式钻井船。可随意移动，特别适用于钻勘探井或纵式生产井。

钻井模块既可以放到固定式平台上，也可以采用移动式平台，但是上部模块价格比较贵，一套要好几亿美元，所以一般都放到移动式平台上面，且打一枪换一个地方。

(1)移动式钻井平台的类型

①移动式钻井平台——坐底式。坐底式钻井平台又称钻驳或插桩钻驳，适用于河流和海湾等30m以下的工作水深，如图7－8所示。

(a)单立柱坐底式钻井平台　　(b)坐底式钻井平台

图7－8　坐底式钻井平台

②移动式钻井平台——自升式。自升式钻井平台又称甲板升降式或桩腿式钻井平台，如图7－9所示。

③移动式钻井平台——浮式钻井船。浮式钻井船是一种移动式钻井平台，它用改装的普通轮船或专门设计的船作为工作平台，如图7－10所示。

图7－9　自升式钻井平台

图 7-10 浮式钻井船

④移动式钻井平台——半潜式。半潜式钻井平台（SEMI）又称立柱稳定式钻井平台，如图 7-11 所示。

图 7-11 半潜式钻井平台

（2）各类移动式钻井平台性能对比见表 7-2。

表 7-2 各类移动式钻井平台性能对比

性能指标		坐底式	自升式	半潜式	浮船式
工作水深/m		5～30	10～100	>300	>300
可钻井深/m		超过 3000	超过 5000	超过 5000	超过 5000
海底限制条件		黏土、砂质黏土海底；海底坡度要小	根据海底土壤承载，决定插入深度	各种海底	各种海底
正常作业气象	风速/（m/s）	20	20	20	20
	潮流/节	4	4	4	4
	浪高/m	约 7	约 7	约 7	约 3
设计极限	风速/（m/s）	70	70	70	70
	潮流/节	4	4	4	4
	浪高/m	10	10	15	10
底撑时的稳定性		较好	很好	很好	很好
浮动时的稳定性		易受风浪影响	易受风浪影响	抵抗风浪的能力强	抵抗风浪的能力较强

续表

性能指标	坐底式	自升式	半潜式	浮船式
船体定位方法	主要靠压载	柱脚插入，底垫压载	锚定，自动动力定位	锚定，自动动力定位
船体储藏能力	较大	较小	较大	很大

7.1.3.3　固定式钻井平台优缺点

优点：

①稳定性好；

②海面气象条件对钻井工作影响小；

③如有工业性油气可很快转换成采油平台。

缺点：

①不能够移动和重复使用；

②造价较高；

③其成本随水深增加而急剧增加。

7.1.3.4　海上钻井装置的选择

各个钻井平台适合于不同的水深。重力式钻井平台适用的水深较浅，桩基式钻井平台适用的水深稍深，张力腿式和绷绳塔式钻井平台则可在较深的水域使用。

坐底式钻井平台一般作业在0～10m，自升式钻井平台一般作业在10～120m，半潜式钻井平台一般作业在70～1000m，浮式钻井船一般作业在1000m(现在已有能在2900m水深的海域作业的钻井船)。目前使用范围最广的还是自升式钻井平台。

7.1.3.5　海上钻井装置的选择依据

海上钻井平台的选择是一个涉及面很广的问题，需要综合考虑各种因素。

①钻井类型：是钻勘探井还是生产井，是直井还是丛式井以及完井方式等。

②作业海区的海洋环境条件：包括水深、风、波、潮流等海况，海底地质条件及离岸距离等。

③经济因素：主要是各种装置的建造成本、租金及操作费用。

④可供选择的钻井平台及其技术性能、使用条件。

7.1.3.6　海上钻井装置的选择

对作业海域水深、海床地质情况及钻井目标进行综合考虑，可对钻井装置做出最优的选择。

①在浅水区，当油田已探明或已进入开发阶段，宜选用固定式钻井平台。

②水深在 20～30m，风浪不大，海底平坦柔软且无冲刷海流，可选用坐底式钻井平台。

③水深在 20～30m，浪高大于 3m 的海况仅占 1 年的 1/10 以下时：

对勘探井，宜选用自升式钻井平台加辅助船或自给式的自升式钻井平台；

对生产井，可选用固定式钻井平台(钻完井后改为采油平台)加辅助船，或选用带辅助船的自升式钻井平台或完全自给式自升式钻井平台。

④水深在 30～70m(或更深一些)，风浪较大时：

对生产井，选用固定式钻井平台(钻完井后改为采油平台)加辅助船，或自升式钻井平台(先期在导管架上钻井，钻完井后改为采油平台)；

对勘探井，选用自给式自升式钻井平台。

⑤水深超过 70m，一般可选用半潜式钻井平台或浮式钻井船，用来钻探井或预钻生产井组。浮式钻井船适用水深可达 700m。

⑥海上特殊作业，如安装平台、吊装重型设备等，宜选用自升式钻井平台或半潜式钻井平台作为支持平台。

⑦钢筋混凝土钻井平台的强度较低，不适宜进行钻井作业。

需要说明的是，除了采用以上方法，还可以根据实际装备条件、技术水平、作业费用等灵活选用合适的钻井平台及钻井机具。

7.1.4 海上钻井装置的发展简况

7.1.4.1 海洋石油钻井的发展

海洋油气开发大致分为地球物理勘探、钻井勘探、油气田开发建设和油气生产 4 个阶段，每个阶段都会用到不同的海洋工程装备。例如，地球物理勘探阶段主要用到物探船、震源船；钻井勘探阶段会用到各类钻井装备；油气田开发建设阶段会用到起重船、铺管船和半潜船等；油气生产阶段会用到生产平台、海上浮式生产储油轮(FPSO)和穿梭油轮等。其中，钻井勘探是海洋油气开发非常重要的一个阶段，它是评估海洋油气资源储量的重要途径，这个阶段的实施需要采用钻井装备。此外，油气田开发建设中的钻生产井以及油气生产中的修井作业，均离不开钻井装备。可见，钻井装备在海洋油气开发中扮演着十分重要的角色。

钻井装备的发展经历了陆地钻机、固定式钻井平台、自升式钻井平台、半潜式钻井平台和钻井船等装备类型，目前具备深水钻井作业能力的装备主要包括半潜式钻井平台和钻井船，它们各具特点和优势。半潜式平台的主要优点是运动性能优异，定位性能受环境载荷方向影响较小，甲板面积大，可抵御更恶劣的海况；其缺点是机动性比较差，可变载荷有限。钻井船的主要优点是机动性好，可变载荷大，某些大型钻井船还具有储油功能；其缺点是运动性能和定位能力受环境载荷方向影响较大，运营成本稍高。

1)国外海上钻井装置的发展现状

目前，国际上用于海洋油气资源开发的钻井装备已发展至第7代。钻井装备的代级主要是根据作业水深、钻机大钩载荷等指标来区分的。第1代和第2代钻井装备作业水深一般在200m以内，大钩载荷不超过200st(1st =0.907t)；第3代钻井装备最大作业水深为500m，大钩载荷为300st；第4代钻井装备最大作业水深为1500m，大钩载荷为300st以上；第5代钻井装备最大作业水深为2250m，大钩载荷为750st；第6代钻井装备作业水深超过3000m，大钩载荷为1000st；第7代钻井装备作业水深为3600m以上，大钩载荷达1250st。

半潜式钻井平台早期多采用多立柱、多撑杆和单甲板平台形式，后期逐渐发展为4立柱、少撑杆和箱形甲板平台形式。钻井船的更新换代在早期不如半潜式平台明显，但在20世纪90年代以后，钻井船技术发展的步伐越来越快。当前市场主流的钻井装备仍处于第6代水平，第7代钻井装备还停留在设计方案阶段，建成投入使用的不多。国际上典型的深水半潜式钻井平台主要包括挪威AKER Solution公司的Aker H－6、荷兰GustoMSC公司的DSS50、瑞典GVA公司的GVA7500M、美国F&G公司的ExD和挪威Frigstad公司的D90。

Aker H－6平台[图7－12(a)]最大作业水深为3000m，钻机大钩载荷为1000st。其船型特点为采用双下浮体、8立柱、呈空间布置的多撑杆，静气隙高达18.5m，适用于北海恶劣海域作业，目前已建造了2座。在总体布置上，该平台隔水管水平布置于井口区前部，钻杆、套管布置于井口区后部，备用泥浆布置于下浮体内。DSS50平台[图7－12(b)]最大作业水深为3000m，钻机大钩载荷为1000st。其船型特点为采用双下浮体、4立柱、4根横撑、箱形甲板，静气隙为12.8m，适用于缓和海域作业，目前已建造了6座，主要用于墨西哥湾、西非海域。在总体布置上，该平台主、辅井口对称布置，隔水管采用平放与立放相结合的方式，钻杆、套管布置于井口区后部，备用泥浆布置于下浮体内。GVA7500M平台[图7－12(c)]最大作业水深为3650m，钻机大钩载荷为1000st。其船型特点采用双下浮体、4立柱、2根翼形横撑、箱形甲板，静气隙为15m，适用于较恶劣海域，目前已建造了6座，主要用于北海、巴西海域。

(a)Aker H-6半潜式钻井平台

(b)DSS50半潜式钻井平台

(c)GVA7500M半潜式钻井平台

图7-12 国外半潜式钻井平台

2)我国海上钻井装置的发展历程

我国已具备浅水和深水钻井装备设计建造能力。在浅水钻井装备方面，已自主设计建造了胜利三号、中国油海三号坐底式钻井平台，渤海一号、港海一号、中国油海系列自升式钻井平台和勘探三号半潜式钻井平台等；在深水钻井装备方面，完成了海洋石油981超深水半潜式钻井平台、蓝鲸号超深水半潜式钻井平台以及TIGER号钻井船等超深水钻井装备的设计建造。

图7-13 海洋石油981超深水半潜式钻井平台

海洋石油981超深水半潜式钻井平台(图7-13)是我国设计、建造和使用的首座第6代半潜式钻井平台。它是在ExD船型基础上，考虑南海作业的适应性改进而来，在可变载荷、南海恶劣环境适应性和定位能力等方面都有显著提升。该平台投入使用以来，在南海成功发现了荔湾3-2、荔湾21-1和流花29-2等多个油气区块，取得了良好的经济效益。

蓝鲸号超深水半潜式钻井平台(图7-14)是由中集来福士于2016年建成的准第7代半潜式钻井平台，其采用挪威Frigstad公司设计的D90船型。该平台相较于第6代钻井平台，在作业水深、钻井深度、可变载荷和钻井作业能力上均有了明显提升。特别是该平台配置了高效的液压双钻机和闭环动力系统，作业效率可提升30%，燃料消耗可

图7-14 蓝鲸号超深水半潜式钻井平台

节省10%。2017年5月，我国使用“蓝鲸1号”在南海神狐海域成功进行了天然气水合物试采，实现了我国海洋天然气水合物试采的历史性突破。2020年3月，我国又使用“蓝鲸2号”在南海神狐海域成功完成了第2轮天然气水合物试采，创造了产气总量和日均产气量2项世界纪录。

BULLY号钻井船(图7-15)是采用PRD12000的设计方案，于2007年由上海船厂作为分包商承担了船体部分的建造。该钻井船拉开了我国深水钻井船建造的序幕。TIGER号钻井船(图7-16)是上海船厂于2011年承接的1500m水深钻井船EPC总包建造项目(2+2艘)，是国内拥有自主知识产权并负责完整建造的首个钻井船项目。该船属紧凑型钻井船，采用锚泊定位方式，经济性十分突出。另外，主要钻井设备由四川宏华集团供货，在钻井设备国产化应用上取得了里程碑式突破。

图7-15　BULLY号钻井船

图7-16　TIGER号钻井船

7.2　海洋石油装备材料

由于海洋自身的独特性，与陆地环境相比，海洋环境更为复杂，海洋石油装备在生产利用时会受多种载荷的影响，同样海洋石油装备容易受到海水中盐分的侵蚀，可能遇到低温或高温环境作用。海洋石油装备材料载荷条件根据生产原因可以分为建造载荷、功能载荷、环境载荷以及偶然载荷。在装备建造过程中维护以及运行产生的载荷称为建造载荷；装备在运转时产生的载荷称为功能载荷；由于海洋周边环境复杂，可能会受到风力、波浪、海流等影响，称为环境载荷；在装备运行维护过程中，出现的意外情况称为偶然载荷。相关工作人员在工作时要充分考虑各种载荷对装备材料产生的影响，确保材料符合使用要求。

7.2.1　海洋石油装备常用材料

7.2.1.1　常用钢种

海洋石油装备材料中主要涉及碳钢和低合金钢，其中平台用钢在20世纪末已出现，初期是中浅水域的平台采用栈桥用钢，20 世纪中期由于此种材料在管架平台的利用，海洋平台得到了迅速发展，现有材料大多由之前容器用钢移植而来。

欧洲作为海洋资源开发较早的区域，其海洋工程用钢性能已达到国际领先水平，欧洲的海洋平台用钢主要是 S355、S420、S460 及 S690。挪威埃科菲斯克Ⅱ号海洋钻井平台是欧洲第一座使用改进韧性 S690Q 钢板的海洋平台。我国对于海洋石油材料和焊接规范做了一定要求，分为三种类型的钢种，第一强度级别又按照韧性要求不同细分为多个质量级别，为保证平台质量，对材料内在质量要求较高，对于材料中富含的有害元素和气体夹杂物等要进行全面消除，保证材料表面质量。

自升式海洋平台中的齿条钢厚度和单重大，厚度多为 127 ~ 210mm，用抗拉强度为 690 ~ 800MPa 的调质型高强度钢制造。目前，国外生产大规格齿条钢的企业主要是德国的迪林根、日本的新日铁和法国的阿赛洛，主要应用于各大钻井平台。由美国 F&G 公司设计建造，中国海油采购的 JU2000 型 CP – 400 自升式钻井平台，所用齿条钢厚 178mm。随着采油深度和难度的加大，齿条钢的厚度不断增加，目前世界上齿条钢的最大厚度已达到 259mm。国内开发 ASTM A514/A517Gr. Q 系列产品的企业主要有宝钢、舞阳钢厂和鞍钢等。其中，宝钢采用模铸坯生产的钢板最大厚度为 178mm，舞钢先后研发了 114mm、127mm、152. 4mm 和 177. 8mm 厚度的齿条钢，渤海装备辽河重工在建的自升式平台 CP – 300 齿条钢的厚度达到 127mm 和 152. 4mm，CP – 400 齿条钢的厚度则达到 178mm。

目前中国海洋平台主要使用的屈服强度为 355 ~ 460MPa 的 D、E 及 F 级钢板已基本实现国产化。中国首次自主设计建造的深水半潜式钻井平台“海洋石油 981”所用钢包括屈服强度大于 690MPa 的 EQ70 级超高强度钢以及高强度钢 AH36/DH36/EH36 等。“蓝鲸 1 号”是中国建造的全球首座超深水半潜式海上钻井平台，钻探深度、工作水深都堪称世界之最。为满足该深水钻井平台对钢板厚度的特殊要求，鞍钢股份通过热机械控制（Thermo Mechanical Control Process）工艺，研发生产出一系列厚度为 8 ~ 80mm 的 TMCP 态 FH420、FH460、FH550 等级别的超高强海工钢产品。其具有低碳当量、易焊接、超高强度、低屈强比、超低温冲击韧性等优异特性。同时“蓝鲸 1 号”使用了大约 4000t 抗拉强度达到 772 ~ 940MPa 的 NVF690 超强超厚钢。在“蓝鲸 1 号”的基础上，于 2019 年交付的“蓝鲸 2 号”海上钻井平台，其型长 117m，型宽 92. 7m，型高 118m，最大作业水深 3658m，最大钻井深度 15240m，其采用了 100mm 厚的 NVF690 超厚钢板，使“蓝鲸 2 号”拥有极强的抗扭曲能力，可在全球大部分深海海域进行钻井工作。

7.2.1.2　铝合金和铜合金

在海洋石油装备生产过程中会用到铝合金和铜合金，铝合金密度小，耐腐蚀性能较好，应用铝合金在一定程度上能提高海洋使用装备的性价比，而纯铝硬度及强度一般较低，并不适合做零部件。铜合金在海洋开发中使用较广泛，铜合金耐腐蚀、化学性能较强，导热性能较高，在海洋工程中具有重要作用，按照化学成分可分为不同种类的铜合金。白铜、黄铜等可以用于制造海水管道、换热器等，而除白铜和黄铜之外的其他铜合金称为青铜，用作耐腐蚀的零件，青铜的强度、硬度等均高于黄铜。总而言之，铜合金在化学工程中使用较为广泛，在海洋油气开发中铜合金是最理想的选择，加工性能优良，可以焊接，并且具有一定的力学性能，耐腐蚀，成为海洋油气用材的主流材料。

7.2.2　展望

海洋油气资源丰富，具有巨大的开发前景。深海钻井平台和采油装置的研究成为各国攻关重点。新型的半潜式钻井平台、SPAR 钻井平台等作业水深不断创造新纪录。深海钻采装置的尺寸、可变荷载等各项指标都趋于大型化，从而实现更好的稳定性和更强的作业能力。随着技术进步，平台建造用钢的种类和性能也不断升级，超高强度钢、Z 向钢、耐海水腐蚀特种钢等得到很好的应用。平台的设计性能也逐步优化，例如，可变荷载与平台自重比、工作水深与自重比等指标值不断提高。在不久的将来，随着设备性能的不断提高，必将为海上油气开采打下坚实基础。

参考文献

[1]李栋，吴国忠，齐晗兵．海底输油管道热力影响范围的确定[J]．油气田地面工程，2006，25(11)：23.
[2]李子丰．油气井管杆柱力学[M]．北京：石油工业出版社，1996.
[3]陈庭根，管志川．钻井工程理论与技术[M]．东营：石油大学出版社，2000.
[4]李颖川．采油工程[M]．北京：石油工业出版社，2002.
[5]王仲茂，王怀彬，胡之力．高新采油技术[M]．北京：石油工业出版社，1998.
[6]刘吉林，戚海龙．我国海洋石油工程装备现状及发展趋势[J]．中国化工贸易，2023(1)：55 – 57.
[7]张海彬．深水钻探装备技术发展现状及展望[J]．船舶，2022，33(2)：1 – 12.
[8]崔青．海洋平台发展现状及前景[J]．石化技术，2018，25(6)：213.

第8章　油气田开发用新材料

8.1　新材料概述

8.1.1　新材料的定义

新材料是指那些新研发或已在发展中的、具有传统材料所不具备的优异性能和特殊功能的、具有远大应用前景的一类材料。新材料有两个层次的含义：一是对传统材料的再开发，使其在性能上获得重大突破的材料；二是采用新工艺和新技术合成，开发出具有各种新的、特殊功能的材料。由此可以看出，新材料与传统材料之间并没有截然的分界，新材料是在传统材料基础上发展而成，传统材料经过组成、结构、设计和工艺上的改进，从而提高材料性能或出现新的性能都可发展成为新材料。

新材料同传统材料一样，也可以从结构、组成、功能和应用领域等多种不同角度对其进行分类，不同的分类相互交叉和嵌套。目前，一般按应用领域和当今的研究热点把新材料分为电子信息材料、新能源材料、纳米材料、高性能结构材料、新型功能材料、生物医用材料、智能材料、新型建筑及化工新材料等。

纵观近代科技史可以发现，新材料以及新材料中的高新技术正为人类展开了一个新世界，现代社会的进步，在很大程度上依赖于新材料的研制与发展。现代材料从单一功能向多功能发展，使得人类超越自然界，根据材料来设计产品，根据产品的需要，通过新的组成、结构和工艺设计来实现其所需功能，也就是说，它的功能要求正在迎合人类各个领域的需要而发展。

随着新材料产业的种类和规模的不断壮大，对社会发展的全面影响日益明显而深入，因而现今世界的许多国家都把新材料技术作为重点研究发展领域之一，美国等国家先后出台了《先进技术计划(ATP)》《先进技术与工艺技术计划(AMPP)》《光伏建筑物计划》《先进汽车材料计划》等政策支持当地新材料的发展。我国政府对新材料的研究开发一直给予高度重视，在新材料产业发展目标上提出三大重点方向：先进基础材料、关键战略材料、前沿新材料。同时，在“十四五”开局之年，我国发布《中华人民共和国国民经济和社会发展第十四个五年规划和2035年远景目标纲要》，提出未来我国新材料产业将重点发展高端新材料，如高端稀土功能材料、高温合金、高性能纤维及其复合材料等。

在21世纪初，新材料的发展正处于一个日新月异的大发展时期，其发展趋势可归结为以下几个方面：

①由于多种材料学科的交叉、融合，新材料的功能化、复合化、智能化特征更加突出；

②新材料将层出不穷，诸如信息功能材料、生物材料、纳米材料、低维材料、环保材料、梯度材料、智能材料将日益受到重视，从而获得发展；

③新能源材料、环保材料及其制造工艺、加工技术被优先采用，材料可再生循环技术将备受青睐。

材料既是人类社会进步的里程碑，又是高新技术发展和社会现代化的物质基础，先导新材料的出现和使用往往会给技术进步、新产业的形成，乃至整个社会和经济带来重大影响。同时，高新技术的发展又给新材料的研制和开发创造了必要的条件和可能。材料是一切科学技术的物质基础，是高新技术的发展和社会现代化的先导，是一个国家科学技术和工业水平的反映和标志，也是提高人类生活质量、推进人类物质文明和精神文明进步的必要基础，世界上工业先进的国家都把新材料作为优先发展的领域。

8.1.2 新材料在油气田中的应用概况

新材料是国家高新技术快速发展的基础和先导，它同信息技术、生物技术一起成为21世纪最重要和最具发展潜力的领域，应用范围极其广泛，已渗入物理、化学、控制、信息、航天、油气田等领域，推动了社会生产力的发展。

从目前油气田使用的材料来看，可主要归结为如下两个方面。

1)油气田勘探开发技术中的新材料

首先是耐磨材料及其先进工艺，如高韧性硬质合金、金刚石复合片、高韧耐磨涂层等；其次是材料腐蚀防护技术，如新型阴极保护技术、耐蚀涂层、高分子耐蚀材料、腐蚀的在线监测等；再次是管道钢的增韧止裂，特别是天然气输送管道的止裂与风险评估；最后还有金刚石与金属的连接，新型功能材料在封隔器、管接头连接等方面的应用等。

2)石油天然气炼制加工中所涉及的新材料

首先是油气加工中起到关键作用的催化材料；其次是利用石油加工低附加值产品合成新材料；最后是提高石油深加工产品——高分子材料的性能。

随着材料科学技术迅速发展，传统的结构材料主要是提高材料强度和韧性，如金属材料向高强度和高韧性发展，陶瓷材料主要向高韧性发展，高分子材料向耐高温与导电等多功能发展。在结构材料发展的同时，出现了许多新型功能材料，如形状记忆合金、功能陶瓷、磁致伸缩材料、电子信息材料、薄膜材料与技术、纳米材料等。新兴表面技术与工艺使材料或装备表面的耐磨、耐蚀和耐冲蚀等性能得到很大提高。

近年来，国内外研制成功的高强度高韧性钢，可大大提高油气集输管道与钻杆的使用寿命；国外研制出碳纤维增强高分子复合材料，其强度和刚度提高了数倍，并且密度较小，已被成功应用于制作钻杆，大大提高了钻杆使用寿命与钻井效益。美国安可公司采用堆焊方法将 Cr 合金粉末涂敷在钻杆接头表面，形成的碳化铬复合涂层与套管摩擦系数小，既能保护钻杆又能保护套管，目前这种钻杆已商业化。国外对油气田钻井工具的超硬耐磨材料进行了大量的研究，将不同尺寸的金刚石颗粒与选择的黏结剂热压，可获得高耐磨性高韧性聚晶金刚石。采用梯度分布方式将聚晶金刚石与硬质合金复合，可获得高韧性与高耐磨性金刚石复合片。采用部分 Si 代替 Co 黏结剂，利用 Si 与金刚石表面 C 反应形成 SiC，可大大增强黏结剂与金刚石的结合强度，并大大降低因黏结剂与金刚石膨胀系数差异而产生的应力，从而大大提高聚晶金刚石的韧性与耐磨性。

NiTi 形状记忆合金是新兴的功能材料，除具有形状记忆效应与超弹性外，还具有优异的耐磨、耐冲蚀性，后者使用寿命是硬质合金的 10 倍左右。利用记忆合金的形状记忆效应，国外已研制成功 NiTi 形状记忆合金输油管接头、采油封隔器与套管修复等器件；利用 NiTi 形状记忆合金的耐磨性与耐冲蚀性，已制作出采油装备的凡尔座、钻头泥浆流道等。

超磁致伸缩材料是新兴的功能材料，在高频磁场的作用下，可产生大的高频应变，已被美国用于井底振动，提高采收率。

高温自蔓延是近年来材料领域出现的合成材料新工艺，将选择的混合粉末点燃，可以放出巨大的能量，且燃烧速度与温度可以被控制，已考虑用于井底加热，提高采收率。

石油工业是我国重要的基础产业，在我国能源结构中，石油天然气消费占 20% 以上，以油气为主要燃料和原材料的工业部门产值约占全国工业总产值的 1/6。材料一直是支持我国石油工业发展的重要基础，新材料及其技术的发展必将成为推动石油工业进步的有力保障，而石油工业作为材料的重要用户和新材料的供应者，将从双方面受益，因此，关注并加强新材料的研究与开发是促进石油工业发展的大计。

8.2　油气田开发用高性能结构材料

结构材料指以力学性能为基础，制造受力构件所用的工程材料，是国民经济中应用最为广泛、最为基础的材料。从日用品、建筑到汽车、飞机、卫星火箭和油气田开发等，均以某种形式的结构框架获得其外形、大小和强度。根据材料的本性或结合键的性质，结构材料可分为金属材料、陶瓷材料、高分子材料和复合材料等。

结构材料的比强度是一个重要工程指标。自人类社会进入工业化以来，这项指标已有很大的提高(表 8－1)。人类经历了由木材、石材、青铜、铸铁、合金钢、铝及铝合金到复合材料以及现代的碳纤维材料等发展过程。例如，作为现代先进材料代表的芳香族聚酰胺纤维的比强度与两个世纪前的铸铁相比提高了大约 50 倍。

表 8－1　一些结构材料的价格与比强度的关系

材料	钢	铝	钛	水泥	氧化铝	碳纤维	木材	聚丙烯
比强度	5.2	11.1	13.3	0.8	97.4	160.9	12.5	3.0
价格/比强度	1	3.0	16.7	6.4	4.0	5.2	0.8	3.8

高性能结构材料一般指具有更高的强度、硬度、塑性、韧性等力学性能，质轻、耐高温、耐腐蚀、耐磨损、结构功能一体化，能适应特殊环境要求的结构材料。高性能结构材料可分为高性能金属材料、先进陶瓷材料、高性能高分子材料和表面工程材料等。高性能结构材料是航天航空、能源动力、交通运输、电子信息、国家重大基础工程建设以及油气田开发等领域的重要物质基础，是目前国际上竞争最激烈的高技术领域之一。高性能结构材料的进步不仅对国家支柱产业的发展和国家安全保障起着关键性的作用，而且还影响和带动一大批基础材料和传统产业的升级改造。

8.2.1　油气田开发用高性能金属

高性能金属材料主要是指具有高强、高韧、耐高温、耐腐蚀、耐磨损或结构功能一体化的新材料，它不仅对冶金、油气田钻采、能源动力、机械制造、交通运输等支柱产业的发展和航空航天等国防尖端行业起着关键性的作用，而且有明显的性价比优势和广阔的市场前景。

自近代产业革命以来到 20 世纪中叶，金属材料在材料工业中一直占绝对优势，20世纪下半叶才逐渐被高分子材料和复合材料等部分取代，但目前金属材料的生产仍是材料工业的主导部分，而由于钢铁材料具有生产规模大、综合性能好、易于加工、使用方便、性价比高、便于回收等优势，故在可以预见的未来，钢铁仍将是占主导地位的工程结构材料。目前在整个结构材料中，钢铁占70%左右。

除了开发新的钢材加工技术，不断提高钢材的性能外，人们还在积极研制开发性能优异或具有特殊功能的新金属材料，主要是合金，使其能适应各种特殊性能的要求，开发出一系列合金钢，即在一般碳素钢中，掺入铬、镍、钨、钛、钒、钼等金属元素，使之具有某一特殊性能，以满足特殊环境的要求。例如，用于油气田设备的耐蚀不锈钢、磁性钢、高温钢、低温钢、合金结构钢、弹簧钢等。目前大有前途的金属结构新材料主要包括各种轻质高强和高温结构材料，如快速冷凝材料、高强高模量铝合金、金属间化合物高温结构材料、纳米金属材料、定向凝固柱晶、单晶合金等。

日本1997年出台了举世瞩目的“超级钢”研究工程(STX－21)项目，为期10年，日本政府的总投资为1000亿日元。与此同时，日本通产省宣布为期5年(1997—2002年)的“超级金属”计划，以五大钢铁公司与工业技术院合作，从事钢铁材料显微组织控制技术的研究，主要目标是把晶粒尺寸控制在微米级，每年支付250亿日元。日本的举措被认为是对世界最重要的工程结构材料——钢铁的再认识，是“第二次铁器时代”来临的前期征兆。经过努力，传统材料可以提高性能，使强度和寿命提高一倍，预期到2030年，钢铁的强度和寿命可以再提高一倍。

1998年10月，我国在“973”项目中批准了“新一代钢铁材料的重大基础研究”，为期5年，前两年投入1500万元。经过多年研究，提出了形变诱导铁素体和“弛豫－析出”的新技术，获得亚微米级的贝氏体－马氏体复合组织，钢的屈服强度达到730MPa。高强度合金钢的开发研制，除F－P钢外，还有超低碳贝氏体钢、析出硬化型高强度低合金钢等。

金属材料是油气田钻采中应用最广泛的材料。油气田用钢主要是管线钢、油井管钢、石油矿场用钢、海洋油气田用钢等。

“九五”期间，我国高性能金属材料为油气田开发提供了强大的技术支持。例如，6000m电驱动沙漠石油钻机、西气东输用管线钢，西部油气田开采用高强度等级、高耐腐蚀性石油钢管和高压锅炉管，以及“川气东输”管线钢等，都是以高性能金属材料作为先导的。随着油气田钻采的发展，对金属材料性能的要求越来越高。例如，在深钻时的加热加压条件下，二氧化碳、硫化氢对各种设备的腐蚀一直是一个亟待解决的问题，这就需要更耐久、更耐腐蚀的金属材料，用以制造性能更高的钻探设备。另外，石油和天然气集输管线也需要更可靠的管道材料和连接技术。

1)在油井管中的应用

套管、油管及钻柱构件(钻杆、钻铤、方钻杆等)统称油井管，在油气田装备资产中，油气田钻采钻杆设备占重要位置。随着勘探开发难度加大，环境越来越恶劣，深井、超深井和水平钻井新工艺、新技术不断发展，技术水平不断提高，使得钻井速度加快、钻井深度增加，使勘探开发钻井设备不断更新改进，对超高强度油井管的需求日益增加，列入 API SPEC 5CT 的最高钢级为 Q125。近年来，国外已开发了 130、150(155)钢级油井管，但由于韧性较差，使用中安全可靠性难以得到保障。

用于超短半径钻井的钛合金钻杆已经研制成功，但制造成本非常高，大约是常规钢钻杆的 7～10 倍。在 ERD(大位移井钻井)、UDD(超深井钻井)和深水钻井应用中，钛合金钻杆具有明显的优势。钛要比钢轻 56%，适于钻杆用的标准的钛合金最小屈服强度为 827.4MPa，单位质量强度比 S－135 钢钻杆提高 37%(包括钢制钻具接头)；钛具有高度抗腐蚀、抗冲蚀和良好的耐疲劳特性，但对疲劳缺口相当敏感，当长时间处于应力条件下时，其磨损速率极快。

超高强度钢展现了一个用于 ERD/UDD 和深水钻井的近－中－长期的技术解决方案。目前，市场上可提供的高强度级别钢钻杆和 S－135 钻杆相比成本适中。高强度钢应用的一个障碍是钢的延展性和刚性之比降低的问题，但制造商已经对其进行了明显的改进，提供的钢级比 S－135 更好：165 级钢的开发使得其产品的强度质量比相比 S－135 钻杆提高了 22%，仅比钛合金钻杆低 15%，居于第二位，其成本却大大低于钛合金钻杆。

2)在油气集输管线中的应用

随着世界石油工业的发展，管道成为原油和天然气重要的输送工具，其重要性是无法替代的；但是，原油和天然气中含 H_2S、CO_2、Cl^-、O_2等腐蚀介质，严重威胁到油气集输管线的安全和使用寿命，为保证集输管线的安全生产，对集输管线钢的抗腐蚀性能须有特殊要求。

以前，通常用注入防腐剂的普通合金管作为油气集输管线，但普通合金管注入防腐剂会提高成本，且在高温下效果也不稳定，一旦泄漏还会污染环境。后来发展到使用双相不锈钢等耐腐蚀钢管，双相不锈钢具有良好的耐腐蚀性能，相对其他材料而言，采用合适级别的双相高性能钢可以保证设备使用寿命长，维修方便，虽然材料一次性投入成本较高，但从长远来看其性价比较高。由于双相不锈钢韧性、可焊接性好，规格多样，因而广泛用于油气管道领域。

日本 STX－21 超级钢研究计划将高性能管线钢作为其中的重要内容，如耐 CO_2腐蚀的超级钢和 H_2S、CO_2、Cl^- 和 H_2O 共同作用下的高 Ni、高 Cr 耐腐蚀油井管钢或镍基合金。日本和欧洲、北美已批量生产供应的高钢级管线钢为 X80，酸性环境用管为 X65；已初步研制成功尚未正式投入使用的高强度和耐酸性环境腐蚀的管线钢分别为 X100 和 X70；列入 STX－21 计划的高强度管线钢为 X120 和 X140；酸性环境用管线钢为 X80 和 X90。

我国"973"项目"新一代钢铁材料的重大基础研究"将"高性能管线钢的基础研究"列为二级课题之一，由中国科学院金属研究所、中国石油天然气管材研究所和上海宝钢共同承担。其目标是将现有管线钢的使用寿命延长 1 倍，并且进行高强度 X80 和酸性环境用 X65 管线钢的基础研究。

3）在油气田矿场机械中的应用

油气田的地质勘探、钻井、采油设备及工具，一般统称为油气田矿场机械。油气田矿场机械的服役条件与矿山机械有相似之处，但油气井要比其他矿井深得多，因而对材料的要求也较高。油气田矿场机械大量使用碳素钢、低合金钢和合金结构钢。日本 STX－21 超级钢计划和我国的"973"超级钢计划所列的碳素钢、合金钢的强度提高 1 倍的计划，将惠及石油装备。

4）在海洋油气田中的应用

日本和欧洲的超级钢计划都有这方面的内容。海洋石油钻采设备结构庞大复杂，除本身所受的工作载荷外，还受飓风、海浪、潮汐、冰川及海水腐蚀、海生物侵蚀等环境影响，服役条件非常恶劣，对钢的性能要求很高。

8.2.2 油气田开发用高性能工程塑料

工程塑料一般是指可以作为结构材料承受机械应力、能在较宽的温度范围和较为苛刻的化学及物理环境中使用的塑料材料。工程塑料具有高强度、高模量、耐热性好、尺寸稳定、耐磨性好、难燃、耐辐射、介电性能优良、耐老化、耐疲劳、抗水解、加工性能较好等特点，可替代金属作为结构材料，被广泛应用于电子电气、油气田钻采、交通运输、机械设备及日常生活用品等领域。

工程塑料的发展只有 50 多年的历史，其增长速度远远超过通用塑料。当前工程塑料的发展方向是对现有的品种进行改性，向高性能发展，即高性能工程塑料。高性能工程塑料相对于工程塑料而言，具有高强度、高模量、耐高温（>150℃）等优越独特的性能，如：透明的聚芳砜、聚芳酯均耐温 160℃；聚醚砜、聚醚酰亚胺均耐温 180℃；聚苯硫醚、聚醚醚酮均耐温 240～430℃。高性能工程塑料结构特点是都有刚性骨架，大分子链上含有大量的芳环、杂环，有的共轭双键以梯形或半梯形结构有序排列，分子规整性好，其化学结构中大分子构象变化的位垒较高，呈现出高刚度、高熔点等独特特性：

①暴露于特殊苛刻环境下超乎寻常的稳定性以及超越传统聚合物的性能。例如：177℃下的长期稳定性大于1000h；热分解温度大于450℃；高温低质量损失率(450℃时0.05%/h)；热变性温度大于177℃(1.52MPa载荷下聚合物的样品发生10%形变的温度)；高芳香含量以及相对刚性的链段，从而赋予高玻璃化转变温度(200℃)以及高机械性能与高尺寸稳定性。

②以非弹性热塑性材料为主。高性能工程塑料主要是热塑性材料，其加工是通过挤出或注射方法成型。

③研究开发、推广费用高。对于高性能工程塑料而言，其高性能与高成本并存，从而使其性价与工程塑料相比不够优越。

另外，高性能工程塑料的其他性能还包括耐化学及耐辐射稳定性，耐燃性及优异的机械性能(刚性、强度、韧性、蠕变、磨损、疲劳)等。

到目前为止，具有高性能的工程塑料有以下几大类：芳香族聚酮(PEEK与PEKK)；高性能聚酰胺(HTTP、尼龙46、Zytel HT以及MXD－6)；液晶聚合物(LCP)；聚芳酯(PAR)；聚对苯二甲酸环己基二甲醇酯(PCT)；聚苯硫酯(PPS)；聚甲醛(POM)；砜聚合物(PSO、PES、PPSO、PTES)；热塑性聚酰亚胺(Aurum、PAI、PEI)。此外还有，氟聚合物、聚苯并咪唑、聚醚腈、改性PP(聚丙烯)、改性PVC(聚氯乙烯)、改性PE(聚乙烯)及改性PA(聚酰胺)、改性ABS、改性POM(聚甲醛)、PC(聚碳酸酯)/ABS合金、PA/PPO(聚苯醚)合金、PA/PP合金等。目前，已工业生产的高性能工程塑料主要品种为聚芳酯、聚苯酯、聚砜、聚苯硫醚、聚酰亚胺、液晶聚合物和聚芳醚酮等。

工程塑料高性能化和低成本化已成为今后工程塑料品种发展的主要趋势，如改性PA、改性ABS、改性POM、PC/ABS合金、PA/PPO合金、PA/PP合金、ABS/纳米$CaCO_3$复合材料、ABS/改性抗菌纳米ZnO、ABS/氯化聚乙烯(PEC)、PC/ABS/SBS－g－DABPA共混体系、POM/COPA二元共混物、CPPS/PA1010/EMG合金、PPESK/PTFE共混物、PTFE/GF系、PTFE/纳米$CaCO_3$复合材料等。在合成树脂方面，一些用茂金属催化剂改变分子排列，从而改善工程塑料材料性能的产品，这几年发展很快，如PPR、SPS等。另外，由现有聚合物和单体经过合金化、共混改性等技术制成新的品种材料，以满足市场的不同需求，使通用塑料工程化。今后工程塑料制品将在家电、汽车、油气田、电子、通信、国防等领域得到快速发展。

1)油气田开发地面工程方面

在油气田开发的一些地面工程中，工程塑料的使用比例一直在不断增加，被证明具有较好的发展前途。例如，地面建筑用给排水管材、异型管材门窗等制品现已被广泛采用，并成为国家鼓励使用、积极组织推广的新型建材。目前在油气田工程建筑上，塑料管材和异型管材使用比例已分别达到30%和15%，“十四五”期间年需求量将达到300万t以上。电缆、光缆的绝缘材料和护套材料均已从橡胶、铅、纸等材料转为全塑材料，数量年年大幅度增加。其他塑料制品，如贴墙纸、地板革、地板块、地毯以及防水卷材等也在现代建筑材料中成为不可缺少的品类。

2)管材方面

管材方面，除了已规模化生产的供、排水PVC管材，化工管材，农用排灌管材，燃气用聚乙烯管材外，近年开发的有PVC芯层发泡管材、PVC双壁波纹管材、铝塑复合管材、交联PE管材、塑钢复合管材、改性PP管材等。特别是PVC双壁波纹管材和铝塑复合管材，全国已分别形成几十条至上百条生产线的生产规模。如PE、PA和环氧树脂等具有强韧、耐磨、耐腐蚀等特性，可用于制造油气田集输管线，延长集输管线使用寿命。

8.2.3 油气田开发用表面工程材料

腐蚀和磨损是危害油气田生产的严重问题，随着油气田开发年限和设备使用年限的增加及油气田开发环境越来越恶劣，油井管、集输管线的腐蚀和磨损程度越来越严重，对设备安全稳定运行带来的不利影响会越来越突出，迫切需要提高油气田开采设备的耐磨性和耐蚀性。对磨损、腐蚀造成零件失效的研究表明，这些失效大多发生在材料表面。利用表面工程的技术手段对材料表面进行处理，改善材料的表面性能，能有效地延长零件使用寿命，因此，表面工程材料在油气田中占有重要地位。

8.2.3.1 新型防腐蚀涂料

在油气田钻采中，油井套管、钻井机械及集输管线的腐蚀和磨损一直是困扰油气田钻采的技术难题。用防腐蚀涂料涂装油井套管及集输管线是防腐蚀的重要手段之一，如粉末状的无溶剂型环保涂料、高固相低溶剂环保涂料、聚脲类无溶剂型环保涂料等，已在油气田钻采中得到应用。新型环保防腐蚀涂料要替代传统的环氧煤沥青涂料在油井套管及集输管线的应用，就要求其涂层具有以下性能特征：a. 良好的耐腐蚀性及机械性能；b. 较低的成本；c. 良好的现场施工性能，包括操作简便、施工效率高等；d. 环境适应性强，不受环境温度、湿度的影响；

e. 尽可能减小对环境的污染和对人体的伤害。

目前，用于油气田钻采的新型防腐蚀涂料主要有以下几类。

1)水性防腐蚀底漆和面漆

主要解决结构钢底材“闲蚀”和耐水性差的难题，一些新的无乳化剂乳液的出现从根本上改进了其耐水性差的问题，如聚脲类无溶剂型环保涂料。

2)无溶剂防腐蚀涂料

钻井、海洋平台等迫切需要超耐久防腐蚀性能的无溶剂涂料，尤其是开发无铅和无铬防锈颜料的底漆，即以磷酸锌和三聚磷酸铝为主的防锈底漆是一个热点。

3)水性富锌底漆

无机富锌底漆和环氧富锌底漆是长效的溶剂型底漆涂料，而以高模数的硅酸钾为基料的水性无机富锌底漆是高性能防腐蚀防污涂料。

4)氯化橡胶系列防腐蚀涂料的代用品

由于氯化橡胶是单组分，施工方便，耐水性、耐油性、耐大气老化等性能优异，在油井管及集输管线防腐蚀等领域应用广泛；但由于生产氯化橡胶以 CCl_4 作溶剂，破坏臭氧层，工业发达国家纷纷开发其代用品，比较成功的有德国巴斯夫公司的 MP 氯醚树脂系列、水相法氯化橡胶聚乙烯或改性产品。

5)有机改性无机防腐蚀材料

近年来，国外应用有机乳液改性混凝土，以改进其强度、耐腐蚀性，如环氧水乳液发展最快，称为聚合物水泥，可用于固井。

8.2.3.2 热喷涂技术

热喷涂技术是表面工程中重要的表面处理技术，它是指在零件本体材料原有性能的基础上，用特殊的手段使金属、陶瓷等材料表面生成一层具有优越性的覆盖层，赋予零件表面耐磨损、耐腐蚀、耐高温、抗氧化、抗疲劳等多种性能。采用热喷涂技术的最大优势是能够以多种方法制备出优于本体材料性能的表面功能薄层，其厚度仅为结构尺寸的几十分之一，却使零件具有了比本体材料更高的耐磨、抗腐蚀和耐高温等性能。即使采用性能优异的贵重、稀有元素，也不会显著增加成本。

热喷涂技术与其他表面涂层技术相比，具有以下特点：

①方法多样：热喷涂方法多达十几种，为制备涂层提供了多种手段。

②适用于多种基体材料：热喷涂可以在几乎所有固体表面制备涂层，如金属材料、无机材料(玻璃、陶瓷)和有机材料(木材、布、纸)等。

③喷涂材料种类多、范围广：几乎所有的金属、合金、陶瓷、塑料等都可以作为喷涂材料。

④适用于任何形状构件：既可对大型设备进行大面积喷涂，也可对工件的局部进行喷涂。既可喷涂零件，又可对制成后的结构进行喷涂。

⑤可赋予普通材料特殊的表面性能：可使材料满足耐磨、耐蚀、抗高温氧化、隔热、密封等特殊性能要求，达到节约贵重材料，提高产品质量，满足多种工程和尖端技术的需要。

⑥涂层厚度较易控制：薄者可为几十微米，厚者可为几毫米。

⑦成本低，经济效益显著。

在油气田开发中，热喷涂技术主要用于以下几方面。

1)修复石油机械

随着先进制造技术及设备工程学的不断发展，制造与维修将趋于统一，“维修”已被赋予了更广泛的含义。1984 年美国《技术评论》提倡旧品翻新或再生，并称之为“重新制造”。重新制造所需能源约为制造新品的 20% ~60%，价格只有新品的 40% ~60%。许多采用热喷涂技术处理过的旧零部件，其性能要优于新品。

石油钻机等设备中一些大功率曲轴磨损后均可采用热喷涂技术进行修复。如可采用电弧喷涂 3Cr13 涂层或等离子喷涂陶瓷涂层来修复。这样既可显著降低成本，又能延长设备使用寿命，尤其是可有效解决进口设备的修复问题。

油气田使用的各类泵的柱塞、缸套、叶轮等零件均可采用多种热喷涂方法进行修复。如可采用超音速火焰喷涂 WC - 12Co 或等离子喷涂 Al_2O_3 等来修复和强化，也可采用电弧喷涂 1Cr13 钢丝进行修复。采用热喷涂技术修复后的柱塞使用寿命高于表面淬火柱塞，略低于工作表面喷焊镍基合金的柱塞。对于一些大直径柱塞，因变形而无法采用喷焊进行修复时，热喷涂则不失为一种无变形、低成本的最佳修复方法。国内曾修复一个 12t 的柱塞，喷涂层重达 33kg，涂层做封孔处理后，使用性能优于新柱塞，而成本只有新柱塞的 1/4。

2)喷涂石油机械零件

(1)耐磨耐蚀球阀

对于工作在温度达 540℃、压力达 140MPa 的含有腐蚀性砂浆的管道中的金属座球阀，应用超音速火焰喷涂 WC - Co 涂层、Cr_2O_3 - NiCr 涂层、Fe - Cr - Ni - Mo 涂层或 WC - Ni 涂层，可大大改善球阀的耐腐蚀和耐冲蚀性能，提高使用可靠性和增加使用寿命。

(2)抽油杆

美国用 ANSI431 不锈钢材料制造了不锈钢抽油杆，该抽油杆的特点是耐腐蚀性强，但成本较高。为了节约成本，美国 Continental Oil Company 利用 AISI316 不锈钢粉末，对 API 的 C 级和 D 级抽油杆进行了等离子喷涂，制成了喷涂不锈钢抽油杆，该抽油杆具有优异的防腐性能，但成本比不锈钢的要低。

(3)抽油泵柱塞

采用热喷涂技术在柱塞表面喷涂 87% Al_2O_3 + 13% TiO_2 的陶瓷材料形成陶瓷涂层。用这种方法制造的抽油泵柱塞，在含砂井中的运行时间可达两个多月，其寿命为传统工艺所制造柱塞的两倍。

(4)钻头

爆炸喷涂 WC－Co 涂层成功地应用于钻头，提高了钻头的抗磨损、抗腐蚀和抗冲蚀性能，也可采用等离子喷涂工艺在人造金刚石钻头表面制备复合合金涂层。

8.3　油气田开发用新型功能材料

功能材料是指具有一种或几种特定功能，如电学、磁学、光学、热学、声学、力学、化学和生物学功能及相应的互转化功能，被用于非结构目的的高新技术材料。特定的功能与材料的特定结构是相联系的，如金属结构中由于弹性体马氏体相变产生记忆效应，因此出现了形状记忆合金；导电聚合物一般具有长链共轭双键等。功能材料作为一门新的学科，并作为高技术密集型材料，与结构材料相比，有以下主要特征：

①功能材料的功能对应于材料的微观结构和微观物体的运动，这是最本质的特征。

②功能材料的聚集态和形态非常多样化，除了晶态外，还有气态、液态、液晶态、非晶态、准晶态、混合态和等离子态等。除了三维体相材料外，还有二维、一维和零维材料。除了平衡态外，还有非平衡态。

③结构材料常以材料形式为最终产品，而功能材料有相当一部分是以元件形式为最终产品，即材料元件一体化。

④功能材料是利用现代科学技术，多学科交叉的知识密集型产物。

⑤功能材料的制备技术不同于结构材料用的传统技术，而是采用许多先进的新工艺和新技术，如急冷、超净、超微、超纯、薄膜化、集成化、微型化、密集化、智能化以及精细控制和检测技术。

功能材料种类繁多、涉及面广，至今还没有一个公认的分类方法。若按材料的主要使用性能大致可以分为以下 9 大类：电学功能材料、磁学功能材料、光学功能材料、声学功能材料、力学功能材料、热学功能材料、化学功能材料、生物医学功能材料及核功能材料。表 8-2 列出的是功能材料的特性及应用。

表 8-2　功能材料的特性及应用

种类	功能特性	应用
磁性高分子	导磁作用	塑料磁石、磁性橡胶、磁性元件、微型电机、传感器等
光纤材料	光的曲线传播	通信、显示、医疗器件
光降解材料	光化学作用	减少化学污染
分离膜与交换膜	传质作用	化工、制药、环保、冶金
高分子催化剂	催化作用	化工、食品加工、制药、生物工程
高分子试剂絮凝剂	吸附作用	稀有金属提取、水处理、海水提铀
储氢材料	吸附作用	化工、能源
高吸水树脂	吸附作用	化工、农业、纸制品
微晶玻璃	耐高温、耐热冲击	化工、通信
光导玻璃	光传导	激光技术、图像处理

随着技术的发展和人类认识的扩展，新型功能材料不断被开发出来，对高新技术的发展起着重要的推动和支撑作用。在全球新材料研究领域中，新型功能材料约占 85%。新型功能材料是新材料领域的核心，是 21 世纪信息、生物、能源、环保、空间等高技术领域的关键材料，成为世界各国新材料领域研究发展的重点，也是世界各国高技术发展中战略竞争的热点。

8.3.1　形状记忆合金接头和封隔器

形状记忆合金(SMA)是通过热弹性体和马氏体相变及其逆变而具有形状记忆效应的由两种及两种以上的金属元素构成的材料。形状记忆合金是目前发现的形状记忆性能最好的材料之一。到目前为止，人们发现具有形状记忆效应的合金有 50 多种。

按照合金组成和相变特征，具有完全记忆效应的合金可分为三大类：Ti-Ni 系形状记忆合金、铜基系形状记忆合金、铁系形状记忆合金。Ti-Ni 系形状记忆合金具有丰富的相变现象、优异的形状记忆效应和超弹性性能、良好的力学性能、耐腐蚀、生物相容性及高阻尼特性，主要包括 Ti_2Ni、TiNi、$TiNi_2$ 金属化合物；铜基系形状记忆合金的形状记忆效果明显低于 Ti-Ni 系形状记忆合金，且形状记忆稳定性差，表现出记忆性能衰退现象，有 Cu-Zn-Al、Cu-Al-Ni、Cu-Al-Ni-Ti、Cu-Al-Be 等；铁系形状记忆合金分为三类：第一类由面心立方γ－体心立方α马氏体(薄片状)驱动，如Fe－Ni－C、Fe－Ni－Ti－Co等；第二类是面心立方γ－密排六方ε马氏体，具有呈现形状记忆效应，如Fe－Cr－Ni、Fe－Mn－Si等；第三类是面心立方γ－面心正方(四角)马氏体(薄片状)，如Fe－Cd、Fe－Pt等。

利用形状记忆合金优良的形状记忆效应，可制造各种连接紧固件，如管接头、紧固圈、连接套管和紧固铆钉等。美国古德伊尔公司最早发明形状记忆合金接头(图8－1)，其原理是将Ti－Ni合金加工成内径稍小于欲连接管外径的套管(管接头内径比待接管外径小4%)，然后在液氮温度下将套管扩径约8%，使其内径稍大于欲连接管的外径，装配时将这种套管从液氮取出，把欲连接的管子从两端插入，当温度升高至常温时，套管接头的内径即恢复到扩管前的口径，从而将两根管子紧密地连接在一起。

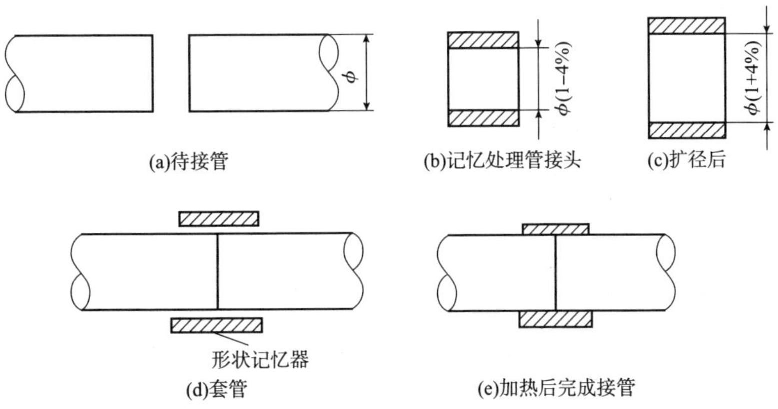

图8－1 形状记忆合金管接头使用示意图

形状记忆合金连接件结构简单、重量轻、所占空间小，并且连接得很牢固，可防止渗漏、抗腐蚀，耐压强度高、密封性好、装配时间短，操作方便。在国内的中原油田、大庆炼油厂已使用形状记忆合金接头，用于石油复合输油管和石油注水管的连接，可以防止油气集输中的漏油。美国用形状记忆合金制成的10万多个油压系统接头，在飞机上使用20多年没有漏油。最初开发形状记忆合金接头所采用的合金为Ti－Ni、Ni－Ti－Fe，但其相变滞后较窄，安装前必须保存在液氮中，使用很不方便。最近开发的经适当处理相变滞后的Ni－Ti－Nb形状记忆合金接头，储存、运输、使用十分方便。

形状记忆合金补井装置主要用于修补油井套管漏洞，与一般补井方式相比，耐压能力高且安全可靠，同时价格下降50%。形状记忆合金封隔器用于油井套管分隔密封空间，以达到高效采油的目的。

8.3.2 形状记忆聚合物异径管接头

形状记忆聚合物(SMP)是由固定相(或称硬相)和软化－硬化可逆相(或称软相)构成，通过可逆相的可逆变化而具有形状记忆效应。形状记忆聚合物的种类很多，只要具有固定相和软化－硬化可逆相两部分结构的高聚物都可能具有形状记忆效应。目前主要有聚降冰片烯、苯乙烯－丁二烯共聚物、反式1，4－聚戊二烯、聚氨酯、聚氟代烯烃、交链聚乙烯甲醚、聚已酸内酯等，表8－3列出的是几种形状记忆聚合物的组成和性能。

表8－3 几种形状记忆聚合物的组成和性能

名称	聚降冰片烯	反式1，4－聚戊二烯	苯乙烯－丁二烯共聚物	聚氨酯
分子量	>300万	25万	几十万	—
相对密度	0.96	0.96	0.97	1.04
拉伸强度/MPa	>34.3	28.6	9.8	34.3
断裂伸长率/%	>200	480	400	400
形变记忆温度/℃	>150	—	>120	200
形变恢复温度/℃	35	67	60~90	-30~60
硬度(肖氏)	>100	50	43	70

形状记忆聚合物与形状记忆合金相比具有形变量大、形变加工方便、形变恢复温度易于调节、保温和绝热性能好、易着色、不锈蚀、质轻和价廉等优点，但其缺点也比较明显，如强度低、形变恢复驱动力小、刚性和硬度低、稳定性较差、易燃烧、耐热性差、易老化和使用寿命短。表8－4列出的是形状记忆聚合物与形状记忆合金一些物理性能的差异。

表8－4 形状记忆聚合物与形状记忆合金一些物理性能差异

物理性能	形状记忆合金	形状记忆聚合物
密度/(10^3kg/m^3)	6~8	0.9~1.1
变形量/%	6~7	250~800
形状恢复温度/℃	-10~100	25~90
变形力/℃	50~200	1~3
形状恢复应力/MPa	150~300	1~3

在油气田开发中，形状记忆聚合物可用作异径油井管的管路接头。先将SMP

树脂加热软化制成管状，趁热向内插入直径比该管子内径稍大的棒状物，以扩大口径，然后冷却成型抽出棒状物，得到热收缩管制品，表 8 - 5 列出的是几种收缩管的性能。使用时，将直径不同的金属管插入热收缩管中，用热水或热风加热，套管收缩紧固，使各种异径的油井管有机结合，施工操作十分方便，且耐腐蚀性能优异，适用于强腐蚀油气田的异径油井管接头。

表 8 - 5 几种收缩管的性能

名称	聚酯	聚偏氯乙烯	硅橡胶	聚全氟乙丙烯
抗张强度/MPa	110 ~ 200	55	>50	21
伸长率/%	25 ~ 50	150	>300	250
径向收缩率/%	10 ~ 50	50	50	20
轴向收缩率/%	10 ~ 50	<10	—	—
耐化学腐蚀性	优	优	优	优
使用温度范围/℃	-70 ~ 150	-55 ~ 175	-60 ~ 250	-200 ~ 205

8. 3. 3 光纤传感器

在油气田开发过程中，产液或注水过程通常使用传感器来详细掌握井内流体的特性与状态的可靠性和准确性。光纤传感器与电子基传感器相比，具有抗高温、抗高压(几十兆帕)及抗强烈的冲击与振动、抗电磁干扰、抗化学腐蚀、安全性强、形状可塑等优点，可以高精度地测量井筒和井场环境参数，并长期在高温高压井下获得压力和温度数据。光纤传感器有光纤温度传感器、应力应变光纤传感器、光纤陀螺、光纤加速计、光纤水听器、光纤机械操作系统、遥控遥感光纤网、光纤激光告警传感器和光纤延迟线等类型。

8. 3. 3. 1 光纤传感器在测井上的应用

1)压力监测

合理的油藏压力对减少原油的损失有着重要的作用，当在注气过程中因油藏超压时，可将原油挤入含水层以减少原油的损失。在压力监测时，应变压力计和石英晶体压力计等传感器存在安装困难、长期稳定性差等问题，而井下光纤传感器没有井下电子线路、易于安装、体积小、抗干扰能力强，十分利于进行井下压力监测。

2)温度监测

目前油井使用的测温工具只能在给定时间内测量某个点的温度，若要测量全范围的温度，需要将点式传感器在井中来回移动，这不可避免地会影响井内环境平衡。光纤分布式温度传感器无须在检测区域内来回移动光纤，从而不影响井内的温度平衡状态，而且由于光纤被置于毛细钢管内，因此只要毛细钢管能通达的地方都可进行光纤分布式温度传感器测试，并且，分布式光纤温度传感器可通过沿整个完井长度连续性采集温度资料，可以根据油井的温度剖面的变化，为操作者提供有关在井下出现变化的定性和定量信息(如流量、含水、井口压力等)，从而实现监测生产和油层。

3)多相流测井

生产井和注水井稳定可信的总流量剖面和各相流体的效率是做好油藏监控和油田管理的关键。液体在油管中的摩阻和从油藏中向井筒内的喷射使得压差密度仪无法准确测量，电子探头更是无法探到液体中的小油气泡，而运用光纤测量多相流是一种有效的方法。一般采用气率光纤传感仪，能直接测量多相流中含气率。测井试验表明，它提供的资料能直接测定和量化多相混合物中气体和液体，能准确诊断井眼问题，并有助于生产调整。该仪器的四个光纤探头均匀地分布在井筒的横剖面中，其空间取向方位可用一个集成化的相对方位传感器准确测量，在气液混合物中，通过探头反射的光信号来确定气率和泡沫数量，并利用每个探头的测量值来建立一种井中气体流动的图像，这些图像资料特别适用于斜井和水平井，可以更好地了解多相流流型以及解释在倾斜条件下这些流型固有的相分离。

8.3.3.2 光纤传感器技术在钻机井架和钻台上的应用

目前钻井指重表为液压传感器，它的指示精度不高，且管路中经常容易混入空气，导致数据指示失误，且不容易发现，通过分析光纤光栅结构监测到的数据可反映出钻井井深以及钻柱的重量，对指重表是一个有效的补偿。武汉理工光科股份有限公司与南阳二机石油装备(集团)有限公司研究了光纤光栅传感器技术，并对钻井装备具体问题进行具体分析，开发了一套适合油田钻井井架和钻台底座的光纤光栅结构安全监测系统，它集成了力学、光学、电子技术、信息技术的最新成就，能实现对井架及钻台底座的实时长期动态监测，已应用于河南油田ZJ40K钻机上。

光纤光栅结构安全监测系统能对被监测结构每隔一定时间，自动分析所监测的数据，动态显示模型上各点应力变化，并自动绘出应力曲线。当达到或超过结构件的设定应变或应力、温度等参数时，会发出声光报警。在特定的钻井场合，如处理频繁遇卡，通过此套系统实时了解钻机井架及钻台底座的受力情况与安全度，具有非常现实的意义。系统采用485通信方式可实现结构件应变的远距离监视，一路就近在钻房监视，另一路在工程师房或监理办公房监视，相关人员根据监测到的数据，指导钻井。

在油气田钻采中，还可以运用光纤光栅传感器技术，配备便携式数据采集器、监测诊断软件及笔记本电脑，既能对复杂现场进行数据采集，又能对大量的老钻机在各种环境下进行现场检测及评价，指导老钻机作业，因而光纤光栅传感器技术在油气田钻采中有很广阔的前景。但由于光纤光栅传感器成品率较低，价格相对较高，尤其是光纤光栅解调器价格太高因而光纤光栅传感器一方面要提高自身制作技术，降低应用成本；另一方面要增加系统监控功能，实现对井场有毒气体、可燃气体的监测，易燃易爆区域的温度监测，井下工况监测，设备振动与应变等多方位监测，增强应用价值。

8.3.4 油气田用其他新型功能材料

新型功能材料有效地推动了油气田钻采的发展，而油气田钻采技术的进步又为新型功能材料提供了广阔的舞台。

智能材料是能模仿生物体，同时具有感知和控制等功能的材料或结构。它既能感知环境状况，又能传输分析相关信息，同时作出类似有生命物体的智能反应，如自诊断、自适应、自修复等。在油气田钻采中智能材料具有广阔的应用空间，如生物传感器技术使石油的勘探、开采、储运和加工实现过程控制、自动控制、精确控制、人机对话等。全程仿生自动化智能高分子凝胶材料在处理井喷事故中取得了成功，如在重庆气矿井喷中，使用的就是一种智能高分子凝胶材料，有效地抑制了井喷。国外开发了一种“自修复”的智能高分子纤维材料，它可感知混凝土中的裂纹和腐蚀并自动将其修复。这种由硅酸盐纤维和聚丙烯高分子创造的多孔中空纤维可以埋入混凝土结构中，混凝土的过度挠曲会撕裂纤维、使其释放化学物质填充裂纹，以达到修补的目的。此外，可将这种分子纤维缠绕在加固混凝土的钢筋周围，它对造成钢筋腐蚀的酸度变化非常敏感。当纤维周围环境的pH值发生变化时，某些成分发生溶解，释放出一种化学物质可以阻止进一步的腐蚀。自动修复智能材料可用于一些油气田地面工程设施，例如，在材料的空心管内装上赛璐珞、香蕉水、丙酮和其他高分子愈合剂。当基体材料，如有机玻璃、水泥、聚乙烯等在载荷作用下发生断裂或受腐蚀而损伤时，空心管也会断裂，其中的愈合剂流出并与基体材料反应或者进入邻近裂缝，从而连接纤维或填充裂缝，提高材料韧性。不论什么时候，不论什么地方，只要有损伤就会有愈合能力，利用这种材料所制作的构件能自行修复油田地面工程建筑以及其他采输构件的裂缝。用磁致伸缩材料制成的稀土－铁超磁伸缩智能驱动元件，可以用来直接推动油泵柱塞，代替海底油泵的所有转动装置，克服水下维修困难。

环境材料是指同时具有优良的使用性能和环境协调性，或者能够改善环境的材料。在油气田钻采中，环境材料有广阔的应用前景，将对环境友好的材料用于油气田工程建设或治理油气田的环境污染，创造能源与环境的和谐是新世纪新材料应用的大趋势。纳米半导体无机抗菌剂因性能稳定、抗菌效果好、价格低而受到重视。如一种降解有机污染物的二氧化钛复合陶瓷材料可用于光催化处理油田污水。这种二氧化钛材料主要由二氧化钛粉末和磷灰石两部分构成，二氧化钛遇到紫外线可发挥很强的氧化作用，但是它只能分解与其接触的有机物，无法吸收细菌，而磷灰石只能吸附蛋白质，却不能分解，时间一长吸附作用会下降。这种可吸附并分解细菌的二氧化钛复合陶瓷材料正好取长补短，夜间可利用磷灰石吸附细菌和污垢，白天由氧化钛来杀菌，分解有机物物质。因此，该材料在油气田水处理的杀菌抑菌方面有广泛的潜在应用价值。

另外，高吸水材料是一种具有一定强度的无机凝胶材料，在油气田上可用于低压和易破裂地层的固井，同时可以用于废弃钻井液的固化，还可用于堵漏和防水，在控制粉末粒径的基础上还可以用于防砂。微晶玻璃是指将加有成核剂(个别可以不加)的特定组成的基础玻璃，在一定温度下经热处理后，就变成具有微晶和玻璃相均匀分布的复合材料。微晶玻璃具有耐高温、耐冲击、高强度和硬度、耐磨耐腐蚀等优良性能，可作油气田钻采的切削工具、管道、阀和泵等。

8.4 油气开发用纳米材料

8.4.1 纳米材料

纳米是一个尺度单位，一纳米是十亿分之一米($1nm = 10^{-9}m$)。纳米的研究是从金属粉末、陶瓷等领域开始的，随后在世界各国引起高度重视。从广义讲，纳米材料是指三维空间中至少有一维是处于纳米尺度范围或由它们作为基本单元构成的材料。如果按照维度数，纳米材料的基本单元可以分为四类(图 8－2)：

①零维纳米材料，是指材料尺度在三维空间尺度上均为纳米尺度，如纳米尺度颗粒、原子簇团等；

②一维纳米材料，是指材料尺度在三维空间尺度上有二维为纳米尺度，如纳米丝、纳米棒、纳米管等；

③二维纳米材料，是指材料尺度在三维空间尺度上有一维为纳米尺度，如超薄膜、多层膜、超晶格等；

④三维纳米材料，是指三维空间中含有零维、一维、二维纳米材料的块体，如纳米陶瓷和复合体等。

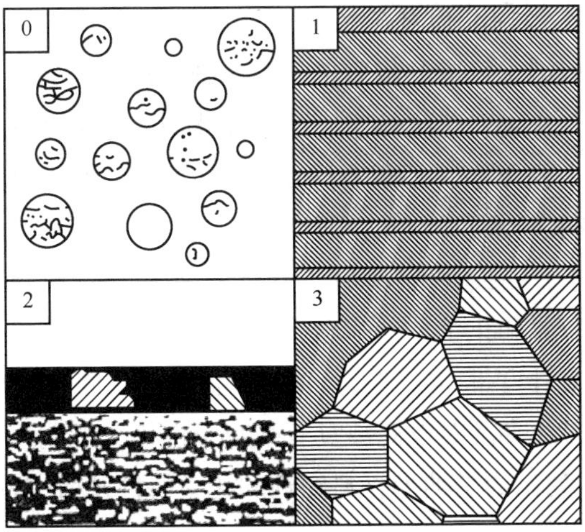

图8－2　纳米结构材料分析

0—零维的原子簇和原子簇的集合；2——维的多层薄膜；
3—二维的超细颗粒覆盖膜；4—三维的纳米块体材料

按照相组成可将纳米材料分为纳米相材料和纳米复合材料。纳米相材料是指单相纳米颗粒组成的固体，而纳米复合材料是由两相和多相构成，其中至少有一相为纳米级固体材料。纳米复合材料涉及面宽，有多种分类方法：

①按基体种类分：金属基纳米复合材料、陶瓷基纳米复合材料、高分子基纳米复合材料；

②按增强体种类分：颗粒增强纳米复合材料、晶须增强纳米复合材料、纤维增强纳米复合材料；

③按增强体形状分：零维（颗粒状）、一维（纤维状）、二维（片状）；

④按复合方式分：晶内型、晶间型、晶内－晶间混合型、纳米－纳米型；

⑤按基体形状分：0－0复合、0－2复合、0－3复合；

⑥按用途分：结构纳米复合材料、功能纳米复合材料、智能纳米复合材料。

在纳米新材料及产品方面，我国已成功采用多种方法制成纳米陶瓷颗粒材料，主要有ZrO_2、TiO_2、Al_2O_3、SiO_2、SiC、Si_3N_4等，而纳米$CaCO_3$、硅基纳米陶瓷粉及制品已有产业化应用。纳米添加剂改性聚乙烯管材有很好的自阻燃特性，表面几纳米涂料具有优异的防雾和自清洁效果。另外，在纳米粉体材料、纳米催化剂材料、纳米蛋白质芯片、有机纳米存储材料的开发和产业化方面都有较大的发展。

8.4.2 纳米材料的特殊结构及基本效应

8.4.2.1 纳米材料的特殊结构

纳米结构是指以纳米尺度的物质单元为基础，按一定规律构筑或营造一种新的体系，包括一维、二维、三维体系。纳米固体中的原子排列既不同于长程有序的晶体，也不同于长程无序、短程有序的“气体状”固体结构，是一种介于固体和分子间的亚稳中间态物质。因此，研究人员把纳米材料称为晶态、非晶态以外的“第三态晶体材料”。纳米材料具有传统材料所不具备的物理、化学性能，表现出独特的光、电、磁和化学特性。当金属或非金属被制备成小于100nm 的粉末时，其物理性质就发生了根本的变化，如高强度、高韧性、高比热容、高导电率、高扩散率、高磁化率及对电磁波具有强吸收性等，据此可制造出具有特定功能的产品。表 8-6 列出的是纳米材料物理和化学特性及研究领域。

表 8-6 纳米材料物理和化学特性及研究领域

基本性能	研究及应用领域	基本性能	研究及应用领域
光学性能	隐身材料、发光材料、光通信、光开关等	电学性能	电极、超导体、导电及绝缘浆料等
力学性能	超硬、高强、高韧、超塑性材料等	悬浮性能	过滤、吸附等
		催化特性	助剂、催化剂等
热学性能	耐热材料、隔热保温材料、低温烧结材料等	敏感特性	失敏、温敏、热释电等
		显示记忆特性	记忆元件、显示装置等
燃烧性能	固体燃烧剂、推进剂、阻燃剂等	流动特性	固体润滑剂、石墨等

8.4.2.2 纳米材料基本效应

1)小尺寸效应

纳米材料中的微粒尺寸小到与光波波长或德布罗意波波长、超导态相干长度或透射深度等物理特征尺寸相当或更小时，周期性边界条件被破坏，量子效应块状物体能吸收连续变化，产生光、热、磁、电特性均依靠小尺寸效应，如光吸收显著增加，吸收峰的等离子共振频移，磁有序态向磁无序态转变，超导相向正常相转变，质子谱发生改变，熔点降低，化学活性与催化活性与普通材料出现很大差异，这种效应称为小尺寸效应(或体积效应、能级离散效应)，也有人将尺寸效应与体积效应分开，体积效应指体积极小，许多现象不能同块体材料物质加以区分。

小尺寸效应为粉末冶金工业提供了新工艺，利用等离子共振频率随颗粒尺寸的变化的性质，可以改变颗粒尺寸，控制吸收边的位移，制造一定频宽的微波吸收纳米材料。

2)表面效应

纳米材料的表面效应是指纳米粒子表面原子数与总原子数之比随粒径变小而急剧增大后所引起的性质上的变化。随着纳米粒子粒径的减小，表面原子百分数迅速增加。例如，当粒径为10nm时，表面原子数约为完整晶粒原子总数的20%；而粒径为1nm时，其表面原子百分数增大到99%，此时组成该纳米粒子的所有约30个原子几乎全部集中在其表面(图8－3)。

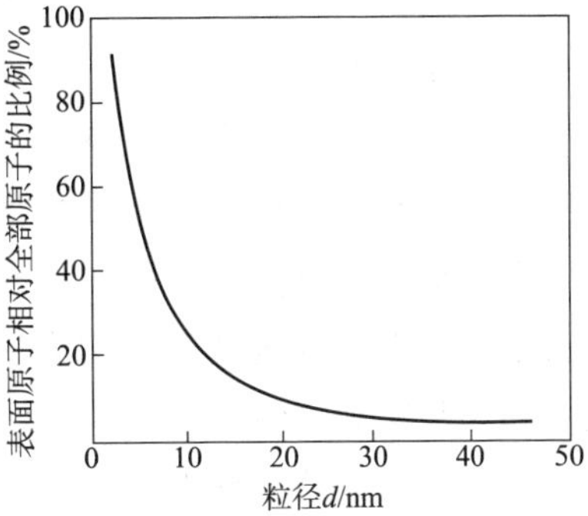

图8－3　表面原子数占全部原子数的比例和粒径之间的关系

纳米材料表面原子所处环境与内部原子不同，它周围缺少相邻的原子，有许多悬空键，具有不饱和性，易与其他原子相结合而稳定下来，所以其比表面积、表面能及表面结合能都迅速增大，表现出很高的化学活性和很强的吸附能力。纳米微粒尺寸表面能高，位于表面的原子占了总原子数相当大的比例(表8－7)。随着粒径减小，表面层原子数迅速增加，比表面积急剧增加，如粒径10nm，比表面积66m^2/g，随着表面原子数增大，表面能也迅速增大。表8－8列出了Cu纳米粒子粒径、比表面积、原子数比例、比表面能和一个粒子中原子个数。

表8－7　纳米粒子尺寸与表面原子数关系

纳米粒子尺寸/nm	包含原子数/个	表面原子所占比例/%	纳米粒子尺寸/nm	包含原子数/个	表面原子所占比例/%
10	3×10^4	20	2	2.5×10^2	80
4	4×10^3	40	1	70	90

表8－8　Cu纳米粒子粒径与比表面积、原子数比例

粒径/nm	比表面积/(m^2/g)	表面原子/全部原子	一个粒子中原子个数	比表面能/(J/mol)
100	6.6	—	3.46×10^7	5.9×10^2
10	66	20	8.46×10^4	5.9×10^3
1	600	99	—	5.9×10^4

3）量子尺寸效应

当粒子尺寸下降到某一值时，金属费米能级附近的电子能级由准连续变为离散能级的现象和纳米半导体微粒存在不连续的最高被占据分子轨道和最低未被占据的分子轨道能级，能隙变宽现象均称为量子尺寸效应。量子尺寸效应不仅造成纳米粒子的光学性质发生变化，而且它的电学性质也发生明显的变化。随着粒子粒径的减小，有效带隙增大，其光生电子与块体相比具有更负的电位，相应地，具有更强的还原性，而光生空穴因具有更正的电位而具有更强的氧化性。当粒子粒径下降到某一定值时，金属的费米能级附近的电子能级准连续变为离散能级现象，以及纳米半导体粒子存在不连续的最高被占据分子轨道和最高未被占据的分子轨道之间能隙变宽现象，均为量子尺寸效应，表现出纳米微粒的磁、光、热、电、超导与宏观特性显著不同，如粒子磁化强、比热容小与所含电子的奇偶数有关，产生光谱频移，介电常数变化，催化性质不同等。

4）宏观量子隧道效应

微观粒子具有贯穿势垒的能力称为隧道效应。近年来，人们发现一些宏观量，如微颗粒的磁化强度，在量子相干器件中的磁通量等亦具有隧道效应，称为宏观的量子隧道效应。早期曾用来解释超细镍微粒在低温继续保持超顺磁性。近年来人们发现 Fe－Ni 薄膜中畴壁运动速度在低于某一临界温度时基本上与温度无关。于是，有人提出量子力学的零点振动可以在低温起着类似热起伏的效应，从而使零温度时近微颗粒磁化矢量重取向，保持有限的弛豫时间，即在绝对零度仍然存在非零的磁化反转率。相似的观点解释了高磁晶各向异性单晶体在低温产生阶梯式的反转磁化模式，以及量子干涉器件中一些效应。宏观量子隧道效应的研究对基础研究及实用都有着重要意义。它限定了磁带、磁盘进行信息储存的时间极限。量子尺寸效应、隧道效应将会是未来微电子器件的基础，或者它们确立了现存微电子器件进一步微型化的极限。当微电子器件进一步细微化时，必须考虑上述的量子效应。

8.4.3 纳米材料的制备方法

纳米材料的制备方法很多，其思路大致分为粉碎式和构筑式两种。粉碎式即从大块固体块状物质粉碎而获得超细粉末；构筑式即由小到大，从离子、原子通过成核合成超细粉末。归纳各种纳米材料制备方法，可分为三类：

1）化学法

采用化学合成方法，合成制备纳米材料，如沉淀法、水热法、相转移法、界面合成法、溶胶－凝胶法等。其优点是所合成的纳米材料均匀、可大量生产、设备投入少，缺点是产品有一定的杂质、高纯度难。

2)物理法

物理法是最早采用的纳米材料制备方法，其方法是采用高能消耗的方式，“强制”材料“细化”得到晶体。其优点是产品纯度高，缺点是产量低、设备投入大。

3)综合法

综合法是指在纳米材料制备中结合化学物理法的优点，同时进行纳米材料的合成与制备，这类方法是把物理方法引入化学法中，提高化学法的效率或解决化学法达不到效果的难题。

纳米材料制备有很多方法，但所有纳米材料的制备方法离不开上述三类。表8－9列出的是纳米材料主要制备方法的对比。

表8－9 纳米材料主要制备方法的对比

方法	制备	特点
真空冷凝法	用真空蒸发、高频感应等使原料气化或形成等离子体，然后骤冷	纯度高、接近组织好、粒度可控，但设备要求高
物理粉碎法	通过机械粉碎、电火花爆炸等得到纳米粒子	操作简单，但产品纯度低、粒度分布不均匀
机械球磨法	利用球磨方法，控制条件得到纯元素、合金或复合材料的纳米粒子	操作简单，但产品纯度低、粒度分布不均匀
深度塑性变形法	原先材料在准静态压力作用下发生严重塑性形变，使材料的尺寸细化到纳米量级	纯度高、粒度可控、设备要求高
气相沉积法	利用金属化合物蒸气的化学反应合成纳米粒子	纯度高、粒度分布窄，但设备和原料要求高
沉淀法	把沉淀剂加入盐溶液反应后，将沉淀热处理得到纳米粒子	简单可行，但纯度低，颗粒半径大
水热合成法	高温高压下在水溶液或蒸气等流体中合成纳米粒子	纯度高，分散性好，粒度分布窄
苯热合成法	在苯溶液中进行高温高压反应合成纳米粒子	纯度高，分散性好，粒度分布窄
溶胶凝胶法	金属化合物经溶液、溶胶、凝胶而固化，再经低温热处理得到纳米粒子	反应物种多，产物颗粒均匀，过程易控制
微乳液法	两种互不相溶的溶剂在表面活性剂作用下形成溶液，在微泡中经成核、聚结、热处理后得到纳米粒子	粒子的单分散性和界面性好

8.4.4 纳米材料的表面改性

纳米材料表面改性是指用化学或物理方法对纳米离子表面进行处理，从而改变离子表面物理化学性质的方法。其改性方法主要有以下几种：

①机械化学改性：通过粉碎、摩擦等方法增加纳米离子的表面活性。

②表面覆盖改性：利用表面活性剂覆盖于离子表面，赋予表面新的性质。

③外膜层改性：指纳米离子表面包覆一层其他物质的膜，这层膜是均匀的，使纳米离子表面发生变化。

④局部活性改性：利用化学反应，在离子表面带有不同功能基团的聚合物，使离子表面有新的性能。

⑤高能量表面改性：利用高能量电晕放电、紫外线、等离子射线对纳米离子表面改性。

⑥利用沉淀反应表面改性。

8.4.5 纳米材料在油气田开发中的应用

纳米材料对油气田开发领域的影响引人注目，其巨大的应用价值将为油气田开发带来新的机遇和挑战，纳米技术突出的魅力体现在对传统产品改性。这种改性并不昂贵，但产品性能大幅度提升，极具市场活力。如普通塑料价格低，但性能逊于工程塑料，后者虽然性能优越，但价格因素限制了其大范围应用。纳米材料改性将完美地解决这一矛盾。例如，它将使普通聚丙烯塑料与工程塑料尼龙6相提并论，成本却只是其1/3。

目前，在油气田钻采中，Shell、Phillips、中国石化开始把纳米材料和技术有机介入石油勘探开发与机械领域中。例如，采油用滑石粉(MMTS)交联水溶性高分子聚丙烯酰胺(PAAM)纳米复合材料；钻井用MMTS增黏水溶性高分子PAAM纳米复合材料；MMTS纳米前驱体颗粒稳定乳状液体系；交联水溶性高分子PAAM纳米复合材料。但是，纳米材料在石油钻采中的应用，目前投入还较少，实际上，这方面的研究水平还不够高，大部分处于探索性阶段。

8.4.5.1 聚乙烯纳米合金管

利用纳米插层改性方法，可以得到具有良好的加工性能、优异力学性能的系列纳米合金材料，克服了普通聚乙烯刚性差，不耐高温等弱点，可生产耐磨管材和板材、强阻隔性中空容器和薄膜等。聚乙烯纳米合金有优良的耐磨、耐腐蚀、高强度和阻隔性等性能。其制品易于运输、安装和保养，具有优良的抗震性能，性价比优于铁管、钢管、铝管、铝塑管等，是油气钻采较理想的集输管线。

8.4.5.2 采油用纳米材料

目前，采用性能优异的驱油剂是提高原油采收率的一个重要方法，纳米材料在二次采油中，对提高原油采收率起到重要作用。纳米乳液是由油、水、表面活性剂和助表面活性剂组成，具有热力稳定性和各向同性的多组分分散体系。

纳米乳液与普通乳液的根本区别主要表现在：普通乳液的形成一般需要外界提供能量，如需搅拌、超声波振荡等处理才能形成；纳米乳液则自动形成，无须外界提供能量。普通乳液是热力学不稳定体系，存放过程中会发生聚结而最终分离成油、水相；而纳米乳液是热力学稳定体系，不会发生聚结，即使在超离心作用下出现暂时分层，一旦取消离心力场，则分层现象立即消失，又自动恢复到原来的稳定体系。

由于纳米乳液的超低表面张力，使其容易注入地层，特别是低渗、低孔和低压油田，纳米乳液使油藏中残留在岩石孔隙中的原油的表面张力急剧降低，从而使油脉可以从岩石孔隙的窄颈中流出，聚结成油带，在注入水的驱动下油带向产油井移动并被采出。如俄罗斯等国家已取得向井下注入乳液提高原油采收率的成功。另外，从分子沉积(MD)膜的理论而发展起来的分子沉积膜驱油技术，是一项新的提高原油采收率的技术。其机理有别于传统的化学驱油，该技术 MD 膜驱剂用量少，驱油效率高(大于10%)，施工工艺简单，实施成本低，不损害地层，且适用范围广。在油田三次采油中，为解决高温、高矿化度对高分子聚合物黏度等性能的不利影响，应用纳米沉积膜驱油剂，满足复杂油层使用要求，提高原油采收率。

8.4.5.3 钻井用纳米材料

1)钻井液中的应用

钻井液是紧紧围绕着黏土颗粒的利用和抑制而发展的，其性能对钻井作业十分重要。在钻井液中加入各种处理剂，是为了改变黏土性质，使其保持合适的颗粒状态，保持钻井液合理的流变性、造壁性、润滑性和抑制性。由于黏土在钻井液中的分散过程，颗粒表面聚集了大量的负电荷，负电性钻井液处理剂的加入，进一步加剧了黏土的分散，导致颗粒比表面积的增大。充分水化的钻井液具有较大的比表面积和较高的负电性，要将钻井液的负电荷进一步降低，就需要开发出一种呈正电性、颗粒粒径极小、比表面积极大的钻井液处理剂，这就是正电性纳米处理剂。正电性纳米处理剂加入钻井液中后，不仅中和黏土表面负电荷，更重要的是能进入黏土晶格内，压缩双电层，固结黏土颗粒，防止土的水化分散，从而使钻井液具有更优良的抑制能力、稳定井眼能力、更好的油层保护能力。

2)钻井设备上的应用

石油钻井作业通常在高温高压等非常恶劣的工况下实施，特别是在深水、超深水海域实施钻井作业时，制作井下钻具的材料是否具备高强度、耐腐蚀、抗磨损等高可靠性能显得至关重要。利用工程化纳米材料的特殊纳米粒子数量等级，可有效提升钻井设备性能。纳米粒子良好的界面特性和优良的扩散性能，导致纳米金属材料、纳米陶瓷材料和纳米塑料的性能发生本质变化，并由此而导致现有的许多结构和系统发生重大变化。目前，已开发的纳米碳素钻杆和纳米硅酸盐合成材料能适应在恶劣工况下的钻井作业，而且，这种材料还具备对自身状态进行自我监测与信息传送的材料状态记忆功能。在常规材料中添加少量的纳米材料，可以有效改善与优化基体材料的原有分子状态和晶状结构，从而获得常规材料无以比拟的特殊性能，并且显著降低结构质量。随着技术的进一步发展，一种具有结构形状记忆与自适应功能的新型纳米材料即将问世。这种材料的形状可以随其应用工况的温度、红外线强度、电流大小，甚至环境 pH 值大小等参数的变化而变化，这一特殊功能非常有利于提升井下工具和地面某些关键零部件的性能。

8.4.5.4 纳米材料在增注剂方面的应用

在各类油田的试验证明，新型降压增注剂纳米聚硅材料能够提高低渗油田注水井的吸水能力，平衡注水井之间的压力差异，从而提高低渗透油田开采速度及最终采收率等。纳米聚硅材料是一种以 SiO_2 为主要成分、粒径在 10～500nm、具有极强憎水亲油能力的白色粉末状物质。纳米聚硅材料具有很好的降压增注能力，其机理：纳米聚硅材料注入地层后，吸附于岩石表面，由于具有纳米微粒的表面效应，使岩石润湿性发生改变。将吸附在孔隙内表面的水膜赶走，从而有效地扩大孔径。由于其表面强憎水性以及使岩石具有大的比表面积，会大幅度降低注入水在孔隙中的流动阻力，同时避免了水化现象的发生。胜利石油管理局在以纳米聚硅材料作为降压增注剂的现场试验中，实施 12 井次，成功 9 井次，无效 3 井次，有效率达到 75%。施工后，有效井一般注入压力明显降低、注水量显著增加。应用表明，在注入压力基本保持不变的前提下，注水量可提高 40～100m^3/d。

8.4.5.5 纳米润滑材料在油井管中的应用

在油气田钻采的全过程中，需要大量的生产油管，且在油气井完井时需联入套管完成，而且在检泵、射孔、压裂、酸化作业、井下测试等一系列的井下作业中都需要起下油管作业。一根油管一般长为 10m 左右，几千米深的井通常需要几百根油管相连，质量达几十吨。因此，在起下油管过程中既要求油管扣上紧，以免因扣松使油管落入井中；又要防止过紧而发生咬扣。目前，油田现场普遍采用丝扣油或黄油作为管扣润滑剂，但都不十分理想，仍然经常出现咬扣现象，并且由于丝扣油或黄油的减摩效果不佳，油井作业工人连续数小时起下数十吨重的油管柱，上扣、卸扣劳动强度大，也降低了劳动效率。

纳米添加剂润滑油具有如下优点：在润滑油中添加纳米材料制成的润滑剂可显著提高其润滑性能和承载能力，减少添加剂的用量，提高产品的质量，特别适用于苛刻条件下的润滑场合。在石油管丝扣油中加入纳米粒子，涂于丝扣，这样既可避免咬口，又可改善扣与扣之间的摩擦，使上扣、卸扣省力。

8.4.5.6　纳米复合材料在井下传感装置与成像系统中的应用

与常规材料相比，纳米复合材料的光、电、磁性能发生了本质的变化，尤其在小体积、小尺寸下，纳米复合材料依然具有良好的电磁信号传输能力。因此，采用这种纳米复合材料可以制成性能卓越的井下传感装置，获取高清晰度的油藏成像和准确的井下信息。实验研究发现，纳米合成材料各向的力学性能和电磁性能呈现明显的差异。充分利用纳米材料十分突出的各向异性特征，可以制造性能优良的定向定位器。这种纳米复合材料在合适的传输介质中，对油井井下特殊环境下的温度、压力、应力等信号和参数能准确而有效地传输。最独特、最有实用价值的特性体现在，这种纳米合成材料可在非接触状态下获取温度、压力、应力等参数。利用纳米复合材料独一无二的吸光与导光性能，可以制成新型传感器。

此外，利用这种纳米复合材料优良的光、磁识别特性，在优化的相关计算方法帮助下，可以制成高清晰图像传感仪器和井下成像系统。适当改变纳米复合材料的化学特性，使之在油藏的不同液体介质和孔隙状态下，呈现鲜明的分离与渗入特性，通过纳米成像系统，实时监测工作液的流动状态和油藏孔隙尺寸、规模等特征，可以有效提高油气发现率。用纳米复合材料制成的信号采集系统使得信号识别与传输能力更强，传导光纤的强度更高，光谱分辨率更高。这一特性使得用于小井眼探井的控制与传导仪器的成功开发成为可能。此外，纳米复合材料的应用还能使钻井装置小型化，显著降低开发井的钻井成本。

8.4.5.7　纳米材料及技术在油气田污水处理中的应用

在油田生产过程中，随着原油自身含水量和注入水量的增加，油田产出水的处理非常重要。油气田勘探开发过程中要产生大量污水，由于这些污水中含有大量对环境有害的有机物和重金属离子，不加处理随意排放，会对生态环境产生影响。同时，在油气开采中分离出的污水，由于其中固体悬浮物和细菌含量较高，若不加以处理，重新用于油气井回注，悬浮物会堵塞油气层通道，影响油气井产量。由于细菌的大量繁殖，不仅会腐蚀油气管线和其他注水设备，而且会堵塞油气通道，影响油气井寿命。油田污水中最难处理的成分是各种菌类和有机物。

与传统材料相比，用纳米材料作为净水剂，其吸附能力和絮凝能力增强，能将污水中悬浮物完全吸附并沉淀，然后采用纳米磁性物质、纤维和活性炭的净化装置，除去水中的固体污染物，再经过带有纳米孔径的特殊水处理膜和带有不同纳米孔径的陶瓷小球组装的处理装置后可将水中的细菌等去除。

参考文献

[1]谢亚青．新型功能材料在机械工程中的应用[J]．机械工程师，2005(10)：131－133.

[2]钟俐苹，胡泽豪，李立君，等．高性能金属材料研究进展[J]．金属热处理，2003(11)：11－15.

[3]邱有德．高性能工程塑料的特性与应用[J]．化工新型材料，1990(12)：5－13.

[4]张振英．高性能热塑性工程塑料的应用与发展[J]．工程塑料应用，1990(3)：56－60.

[5]童茂松，李莉．光纤传感器在石油测井中应用进展[J]．传感器世界，2005，11(2)：17－20.

[6]杨杰，吴月华．形状记忆合金及其应用[M]．合肥：中国科学技术大学出版社，1993.

[7]郭团，乔学光，贾振安，等．光纤光栅传感技术及其在石油工业中的应用[J]．测试技术学报，2004(3)：208－213.

[8]王芳辉，朱红，邹静．纳米材料在石油行业中的应用[J]．西安石油大学学报：自然科学版，2006(6)：87－91，95，118.

[9]崔迎春，李家芬，苏长明．纳米技术在石油工业上游领域应用初探[J]．钻井液与完井液，2003(6)：14－15，72－73.

[10]李文魁，刘长松，林平，等．纳米润滑材料的研究及其在石油管连接中应用展望[J]．西安石油学院学报：自然科学版，2002(4)：59－61.

[11]陈玉祥，王霞．油气田应用材料[M]．北京：中国石化出版社，2009.